# 数字电子技术项目化教程

主　编　赵　庆　闫永存
副主编　展　慧　沈海莲
　　　　王大勇　梁莉娟
　　　　刘　博　孔　宁

华中科技大学出版社
中国·武汉

# 内 容 简 介

本书根据当前本科教学改革的新形势与基本要求,将数字电子技术的基本知识、基本技能、基本分析方法融入其中,注重实践应用。采用项目导向、任务驱动、工学结合的学习方式,使知识内容更贴近岗位需求。为增强教学效果,每个项目中配有知识目标、能力目标及项目介绍,每个任务提出任务要求及任务目标,以此来启发学生主动思考和学习。

全书共分六个项目,内容包括三人表决器电路的设计与调试、译码显示电路的设计与调试、抢答器电路的设计与调试、计数分频电路的设计与调试、防盗报警器的设计与调试、数字电压表的设计与调试等。每个项目后都附有思考与练习,用于知识的巩固和能力的提升。通过项目任务的完成,提高学生对数字电子技术的理解,使之能综合运用所学知识点,完成小型数字系统的设计制作与调试。

本书实用性强,内容丰富,深入浅出,可作为应用型高校电子信息、通信、电气、自动化等电类各专业和部分非电专业"数字电子技术""数字逻辑"等课程的教材或参考书,也可供从事相应工作的工程技术人员参考使用。

**图书在版编目(CIP)数据**

数字电子技术项目化教程/赵庆,闫永存主编.—武汉:华中科技大学出版社,2023.6
ISBN 978-7-5680-9578-5

Ⅰ.①数… Ⅱ.①赵… ②闫… Ⅲ.①数字电路-电子技术-教材 Ⅳ.①TN79

中国国家版本馆 CIP 数据核字(2023)第 096936 号

**数字电子技术项目化教程**
Shuzi Dianzi Jishu Xiangmuhua Jiaocheng

赵 庆 闫永存 主编

策划编辑:范 莹
责任编辑:余 涛
封面设计:原色设计
责任监印:周治超
出版发行:华中科技大学出版社(中国·武汉) 电话:(027)81321913
武汉市东湖新技术开发区华工科技园 邮编:430223
录 排:武汉市洪山区佳年华文印部
印 刷:武汉市洪林印务有限公司
开 本:787mm×1092mm 1/16
印 张:12
字 数:300 千字
版 次:2023 年 6 月第 1 版第 1 次印刷
定 价:36.00 元

# 前　言

本书是根据应用型高校的培养目标,结合当前本科教学改革的新形势与基本要求以及作者多年从事教学工作的经验与体会,参考了大量的国内外教材,为电子信息、通信工程、电气工程及其自动化、计算机等专业编写的一本教材。

本书以项目为单元,以应用为主线,将理论知识融入每一个实践项目中,通过不同的项目和实例来引导学生,将数字电子技术的基本知识、基本技能、基本分析方法融入其中。本书共有6个项目,包括三人表决器电路的设计与调试、译码显示电路的设计与调试、抢答器电路的设计与调试、计数分频电路的设计与调试、防盗报警器的设计与调试、数字电压表的设计与调试等。每个项目中配有知识目标、能力目标及项目介绍。通过项目介绍,引出项目所涉及的理论知识点,并结合理论知识设置任务,每个任务提出任务要求及任务目标,以此来启发学生主动思考和学习,每个项目后都附有思考与练习,用于知识的巩固和能力的提升。本书从选材到内容编排都尽量做到由易到难,循序渐进,突出数字电子技术的应用性,注重学生动手能力培养,提升工程素养。

本书项目内容选取力求具有典型性和可操作性,以项目任务为出发点,激发学生的学习兴趣。本书语言通俗易懂,层次清晰严谨,内容丰富实用。在教学安排上,紧密围绕项目开展,创设教学情境,尽量做到教学一体化。充分利用多媒体、电子仿真软件和实验平台组织教学,每个项目实践内容的时间安排可根据项目内容大小确定,设计与调试对于项目5、项目6建议四节课连上。教学评价可根据教学过程采取项目评价与总体评价相结合、理论知识考核与实践操作考核相结合的形式,注重操作能力。

本书由武昌工学院赵庆、河南牧业经济学院闫永存担任主编,湖北商贸学院沈海莲,武昌工学院展慧、王大勇、梁莉娟,河南牧业经济学院刘博、孔宁担任副主编。赵庆负责全书的项目设计及总体策划,编写了绪论、项目1和项目4,并对全书进行统稿;项目2由沈海莲编写,项目3由王大勇编写,项目5由展慧编写,项目6由刘博、孔宁编写,梁莉娟为各项目的设计与调试提供了相关技术支持,闫永存负责全书撰写的统筹和意见指导,提供许多专家学者的著作、习题等资料。

在本书的编写过程中,作者参考了国内外的大量专著、教材和文献,在此谨向有关著作者致以衷心的感谢。

由于我们的水平有限,书中还会有不足之处,恳请使用本书的师生和专家多提宝贵意见,以便不断提高本书的编写质量。

编　者

2023 年 5 月

# 目　　录

# 绪　　论

在现代社会中,数字电视、数码相机、数字手表等数字化电子产品正越来越多地影响着人们的生活。数字电路是数字电子设备的基本单元,数字电视和数码相机的信息存储和处理,计算机中的运算器、控制器、寄存器和存储器,数字通信中的编码器、译码器和缓存器等都是依靠数字电路来实现的。随着科学技术的发展,数字电子技术的应用将越来越广泛。

## 1. 模拟信号与数字信号

自然界中绝大多数物理量的变化是平滑、连续的,如温度、湿度、压力、速度、声音、水流量等,这些物理量通过传感器变成电信号后,其电信号的数值相对于时间的变化过程也是平滑、连续的,这种在时间上连续、数值上也连续的物理量通常称为模拟信号,如图 0.1(a)所示。能产生、传递、加工和处理模拟信号的电路称为模拟电路,如音频放大电路。

而另一类物理量的变化在时间和数值上都是不连续的,总是发生在一些离散的瞬间,而且每次变化时数量大小的改变都是某个最小数量的整数倍,这一类物理量称为数字量,把表示数字量的信号称为数字信号,如图 0.1(b)所示。能产生、传递、加工和处理数字信号的电路称为数字电路,如计算机中的存储器电路。

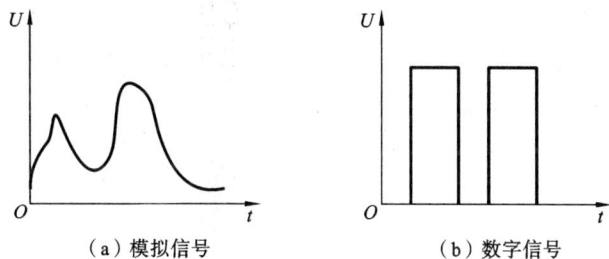

图 0.1　模拟信号与数字信号

## 2. 数字电路的特点

数字信号可能是二值、三值或多值信号。但目前数字电路中只涉及二值信号,即用 0、1 表示的数字信号,这里的 0 和 1 没有大小之分,只是表示逻辑关系,即逻辑 0 和逻辑 1,因而称之为二值数字逻辑或简称数字逻辑。

在数字电路中,用 1 和 0 分别表示高、低电平。用 1 表示高电平,0 表示低电平,称为正逻辑;用 0 表示高电平,1 表示低电平,称为负逻辑。只要能正确无误地区分出高、低电平,则允许高、低电平有一定的变化范围,这就大大降低了对电路参数精度的要求。

图 0.2 所示的波形为数字波形,是逻辑电平随时间变化的曲线。当电压值在高电平和低电平之间变化时,就产生了数字波形,数字波形由脉冲序列组成。

数字电路与模拟电路相比主要有以下特点。

0 1 0 1 0 1 1 1 0 1 0 1 0 1 1 1 0 1 0

图0.2　用逻辑1和0表示的数字信号波形

（1）采用二进制。在数字电路中,一般都采用二进制计数体制,因为晶体管具有导通和截止两种稳定状态,可用二进制数的两个数码来表示,这样组成的基本单元电路结构简单,对电路中各元器件参数的精度要求不高,并允许有较大的分散性,只要能正确区分两种截然不同的状态即可。

（2）抗干扰能力强、精度高。由于数字电路传递、加工和处理的都是二值逻辑电平,这样不易受到外界的干扰,因而电路的抗干扰能力较强。数字电路还可以用增加二进制数的位来提高电路的运算精度。

（3）便于长期存储、使用方便。二值数字信号具有便于长期存储的特点,使大量的信息资源得以妥善保存,并且容易调出,使用方便。

（4）保密性好。在数字电路中可以进行保密处理,使可贵的信息资源不易被窃取。

（5）通用性强。可以采用标准的数字逻辑器件和可编程逻辑器件(PLD)来设计各种各样的数字系统,应用起来也很灵活。

数字电路具有以上优点,加之集成电路工艺技术的迅猛发展,使数字电路在计算机、数字通信、数字仪表、数控装置以及国民经济的各个领域都得到了广泛应用。

**3. 数字电路的分类**

（1）按电路的组成结构进行分类,可分为分立元件电路和集成电路。前者是将独立的晶体管、电阻等元器件用导线连接起来的电路。后者是将元器件及导线制作在半导体硅片上,封装在一个壳体内,并焊出引线的电路。集成电路的集成度是不同的。

（2）按集成电路的集成度进行分类,可分为小规模集成数字电路(SSI)、中规模集成数字电路(MSI)、大规模集成数字电路(LSI)和超大规模集成数字电路(VLSI)。小规模集成数字电路通常指含逻辑门个数小于10门(或含元件数小于100个)的电路。中规模集成数字电路通常指含逻辑门数为10～99门(或含元件数100～999个)的电路。大规模集成数字电路通常指含逻辑门数为100～9999门(或含元件数1000～99999个)的电路。超大规模集成数字电路通常指含逻辑门数大于10000门(或含元件数大于100000个)的电路。

（3）按构成电路的半导体器件进行分类,可分为双极型数字电路和单极型数字电路。使用双极型晶体管作为基本器件的数字集成电路,称为双极型数字集成电路,一般为 TTL、ECL、HTL 等集成电路。使用单极型晶体管作为基本器件的数字集成电路,称为单极型数字集成电路,常用的有 NMOS、PMOS、CMOS 等集成电路。

（4）按电路的逻辑功能进行分类,可分为组合逻辑电路和时序逻辑电路。组合逻辑电路简称组合电路,电路没有记忆功能,输出状态随着输入状态的变化而变化,类似于电阻性电路,如加法器、译码器、编码器、数据选择器等。时序逻辑电路简称时序电路,具有记忆功能,输出不仅取决于当时的输入值,而且还与电路过去的状态有关,类似于含储能元件的电感或电容的电路,如触发器、锁存器、计数器、移位寄存器、储存器等。

4. 数字电路的应用

目前,数字电路在数字通信、电子计算机、自动控制、电子测量仪器等方面已得到广泛应用。

(1) 数字通信。用数字电路构成的数字通信系统与传统的模拟通信系统相比,不仅抗干扰能力强,保密性能好,适于远程传输,而且还能应用于计算机进行信息处理和控制,实现以计算机为中心的自动交换通信网。

(2) 电子计算机。用数字电路构成的数字计算机,处理信息能力强,运算速度快,工作温度可靠,便于参与过程控制。

(3) 自动控制。用数字电路构成的自动控制系统,具有快速、灵敏、精确等特点,如数控机床、电参数的远距离测控、卫星测控等。

(4) 电子测量仪器。用数字电路构成的测量仪器与模拟测量仪器相比,不仅测量准确度高,测试功能强,而且便于进行数据处理,实现测量自动化和智能化。

实际上,数字电路的应用是很广泛的。随着数字电路应用领域的扩大,数字电子技术将更深入地渗透到国民经济各个部门中,并产生越来越深刻的影响。因此,数字电子技术是现代电子工程技术人员必须掌握的基础知识。

# 项目 1  三人表决器电路的设计与调试

**【知识目标】**

➢ 掌握常用数制与码制的表示方法及相互转换。

➢ 掌握基本逻辑门电路和复合逻辑门电路的逻辑功能。

➢ 掌握逻辑代数的基本运算及相关运算法则与定律。

➢ 掌握逻辑函数的表示方法及各种方法之间的转换关系。

➢ 掌握逻辑函数的代数化简法和卡诺图化简法。

➢ 了解门电路的工作原理及主要特性和功能。

➢ 熟悉三人表决器电路的工作原理。

**【能力目标】**

➢ 能通过文献资料、网络等查询手段,查阅数电电路手册。

➢ 初步了解数字电路的故障检修方法。

➢ 会使用实验设备进行数字电路搭建。

➢ 会使用仪器仪表进行基本逻辑门电路的逻辑功能测试。

➢ 能完成三人表决器电路的设计与调试。

**【项目介绍】**

门电路是能够实现某一逻辑功能的电路,是数字电路的基本单元。按照逻辑功能,门电路可分为与门、或门、非门、与非门、或非门、与或非门、异或门、同或门等。根据电路中使用的半导体器件不同,门电路又可分为 TTL 门电路和 CMOS 门电路。本项目介绍了数字电路中常用的数制与编码,逻辑门电路的电路结构、工作原理、逻辑功能,TTL 和 CMOS 电路的使用方法,逻辑代数基础等。

在理解各种逻辑关系、掌握门电路的逻辑功能和外部特性的基础上,应用集成门电路完成三人表决器电路的设计与调试。三人表决器电路是用来判断三个输入信号的组合情况,若三人中至少有两人同意,则提案通过,否则提案不通过。本项目通过三人表决器电路的设计帮助同学们掌握数字电路中的逻辑关系、逻辑运算和门电路的电气特性,并学会简单数字电路的设计与功能验证,为实际应用门电路相关器件打下必要的基础。

# 任务 1.1  数制与编码

**【任务要求】**

作为数字电路的基础,数制与编码的概念在整个数字系统中起着非常重要的作用,本任务要求学会数制与编码的相互转换以及在实际中的运用。

**【任务目标】**

➤ 了解数的进制概念,掌握十进制、二进制、八进制、十六进制的表示方法。

➤ 掌握二进制与十进制、八进制、十六进制的相互转换。

➤ 了解编码的概念,掌握几种常见的编码表示方法,并能熟练应用。

### 1.1.1 数制

表示数码中每一位的构成及进位的规则称为进位计数制,简称数制。在数字系统中常用的进位计数制有十进制、二进制、八进制和十六进制。

进位计数制也叫位置计数制,其计数方法是把数划分为不同的数位,当某一数位累计到一定数量之后,该位又从零开始,同时向高位进位。在这种计数制中,同一个数码在不同的数位上所表示的数值是不同的。

一种数制中允许使用的数码符号的个数称为该数制的基数,记作 $R$。而某个数位上数码为 1 时所表征的数值,称为该数位的权值,简称"权"。各个数位的权值均可表示成 $R^i$ 的形式,其中 $i$ 是各数位的序号。利用基数和"权"的概念,可以把一个 $R$ 进制数 $D$ 用下列形式表示:

$$D_R = (a_{n-1}a_{n-2}\cdots a_1 a_0 a_{-1} a_{-2}\cdots a_{-m})_R$$
$$= a_{n-1}\times R^{n-1} + a_{n-2}\times R^{n-2} + \cdots + a_0\times R^0 + a_{-1}\times R^{-1} + \cdots + a_{-m}\times R^{-m}$$
$$= \sum_{i=-m}^{n-1} a_i\times R^i \qquad (1.1)$$

式中:$n$ 是整数部分的位数;$m$ 是小数部分的位数;$R$ 是基数;$R^i$ 称为第 $i$ 位的权;$a_i$ 是第 $i$ 位的系数,是 $R$ 进制中 $R$ 个数字符号中的任何一个,即 $0 \leqslant a_i \leqslant R-1$。所以,某个数位上的数码 $a_i$ 所表示的数值等于数码 $a_i$ 与该位的权值 $R^i$ 的乘积。

式(1.1)等号左边的形式为数制 $R$ 的位置计数法,等号右边的形式称为 $R$ 进制的多项式表示法,也叫按权展开式。

注意,为了避免在用到多种进制时可能出现的混淆,本书用下标形式来表示特定数的基数,如 $D_R$ 表示 $R$ 进制的数 $D$。

1. 十进制数

十进制数的基数 $R$ 为 10,有 0、1、2、3、4、5、6、7、8、9 十个数字符号,进位规则是"逢十进一"。十进制数的表示常用下标 10、D 或缺省不作任何标记。例如,十进制数 56 可以表示为 $56_{10}$、$56_D$ 或 56。

对照式(1.1),十进制数按权展开式如下:

$$D_{10} = \sum_{i=-m}^{n-1} a_i \times 10^i \qquad (1.2)$$

式中:$n$ 是整数部分的位数;$m$ 是小数部分的位数;$a_i$ 是数码 0~9 中的一个。

例如,十进制数 368.25,小数点左边的第一位为个位,8 代表 8;左边第二位为十位,6 代表 $6\times 10$;左边第三位为百位,3 代表 $3\times 100$;小数点右边第一位为十分位,2 代表 $2\times 10^{-1}$;右边第二位为百分位,5 代表 $5\times 10^{-2}$。由此可以看出,处于不同位置的数字符号代表着不同的意义,也就是说有不同的权值。

小数点用来区分一个数的整数和小数部分。相对于小数点不同位置所含权的大小可用

10 的幂表示。也就是说,10 进制数各位的权值为 $10^i$,$i$ 是各数位的序号。例如,245.214 这个数按权展开可以写成:

$$245.214 = 2 \times 10^2 + 4 \times 10^1 + 5 \times 10^0 + 2 \times 10^{-1} + 1 \times 10^{-2} + 4 \times 10^{-3}$$

### 2. 二进制数

所谓二进制,就是基数 $R$ 为 2 的进位计数制,它只有 0 和 1 两个数码符号,进位规则是"逢二进一"。二进制数一般用下标 2 或 B 表示,如 $101_2$、$1101_B$ 等。

对照式(1.1),二进制数按权展开式如下:

$$D_2 = \sum_{i=-m}^{n-1} a_i \times 2^i \tag{1.3}$$

式中:$n$ 是整数部分的位数;$m$ 是小数部分的位数;$a_i$ 是数码 0 或 1。

二进制也属于位置计数体系,其中每一个二进制数字都具有特定的数值,它是用 2 的幂所表示的权,即各位的权值为 $2^i$,$i$ 是各数位的序号。例如,二进制数 $1011.101_2$ 按权展开可以写成:

$$1011.101_2 = 1 \times 2^3 + 0 \times 2^2 + 1 \times 2^1 + 1 \times 2^0 + 1 \times 2^{-1} + 0 \times 2^{-2} + 1 \times 2^{-3}$$

为了求得与二进制数对应的十进制数,可把二进制数各位数字 0 或 1 乘以位权并相加,即可求得对应的十进制数。

### 3. 八进制数

八进制数的基数 $R$ 是 8,它有 0、1、2、3、4、5、6、7 共八个有效数码,进位规则是"逢八进一"。八进制数一般用下标 8 或 O 表示,如 $317_8$、$532_O$ 等。对照式(1.1),八进制数按权展开式如下:

$$D_8 = \sum_{i=-m}^{n-1} a_i \times 8^i \tag{1.4}$$

式中:$n$ 是整数部分的位数;$m$ 是小数部分的位数;$a_i$ 是数码 0~7 中的一个。

表 1.1 列出了 8 个八进制数及与其相对应的二进制数值。

表 1.1　八进制数与二进制数的对应形式

| 八进制 | 0 | 1 | 2 | 3 | 4 | 5 | 6 | 7 |
|---|---|---|---|---|---|---|---|---|
| 二进制 | 000 | 001 | 010 | 011 | 100 | 101 | 110 | 111 |

### 4. 十六进制数

十六进制数的基数 $R$ 是 16,它有 0、1、2、3、4、5、6、7、8、9、A、B、C、D、E、F 共十六个有效数码,使用了字母 A~F 来计数,进位规则是"逢十六进一"。十六进制数一般用下标 16 或 H 表示,如 $B1_{16}$、$5F_{16}$ 等。对照式(1.1),十六进制数按权展开式如下:

$$D_{16} = \sum_{i=-m}^{n-1} a_i \times 16^i \tag{1.5}$$

式中:$n$ 是整数部分的位数;$m$ 是小数部分的位数;$a_i$ 是数码 0~9 和 A~F 中的一个。

表 1.2 列出了 16 个十六进制数及与其相对应的十进制数值。

表 1.2　十六进制数与十进制数的对应形式

| 十六进制 | 0 | 1 | 2 | 3 | 4 | 5 | 6 | 7 | 8 | 9 | A | B | C | D | E | F |
|---|---|---|---|---|---|---|---|---|---|---|---|---|---|---|---|---|
| 十进制 | 0 | 1 | 2 | 3 | 4 | 5 | 6 | 7 | 8 | 9 | 10 | 11 | 12 | 13 | 14 | 15 |

5. 不同数制之间的转换

1) 二进制与八进制的相互转换

八进制能表示的最大十进制数值是 7,二进制计数系统需要 3 位数来表示 7。因此,每个八进制位需要 3 位二进制数来表示,具体参照表 1.1。将二进制转换为八进制时,只需将整数部分自右往左开始,每 3 位分成一组,最后剩余不足 3 位时在左边补 0;小数部分自左往右,每 3 位一组,最后剩余不足 3 位时在右边补 0;然后用等价的八进制替换每组数据。

例如,将二进制数 $10111011.1011_2$ 转换成八进制数为

<pre>
       补足3位                    补足3位
         ↓                          ↓
     010   111   011  ·  101   100      二进制
      2     7     3   ·   5     4       八进制
</pre>

即 $10111011.1011_2 = 273.54_8$。

反之,将八进制数转换为二进制数时,对每位八进制数,只需将其展开成 3 位二进制数即可。

例如,将八进制数 $67.721_8$ 转换为二进制数为

<pre>
      6    7   ·   7    2    1        八进制
    110  111  ·  111  010  001       二进制
</pre>

即 $67.721_8 = 110111.111010001_2$。

2) 二进制与十六进制的相互转换

十六进制能表示的最大十进制数值是 15(十六进制是 F),二进制计数系统需要 4 位数来表示 15。因此,每个十六进制位需要 4 位二进制数来表示,如表 1.3 所示。

表 1.3 十六进制数与二进制数的对应形式

| 十六进制 | 0 | 1 | 2 | 3 | 4 | 5 | 6 | 7 |
|---|---|---|---|---|---|---|---|---|
| 二进制 | 0000 | 0001 | 0010 | 0011 | 0100 | 0101 | 0110 | 0111 |
| 十六进制 | 8 | 9 | A | B | C | D | E | F |
| 二进制 | 1000 | 1001 | 1010 | 1011 | 1100 | 1101 | 1110 | 1111 |

将二进制转换为十六进制,只需将整数部分自右往左开始,每 4 位分成一组,最后剩余不足 4 位时在左边补 0;小数部分自左往右,每 4 位一组,最后剩余不足 4 位时在右边补 0;然后用等价的十六进制替换每组数据。

例如,将二进制数 $1110110000001001111_2$ 转换为十六进制数为

<pre>
      补足4位
        ↓
    0011  1011  0000  0100  1111       二进制
      3     B     0     4     F        十六进制
</pre>

即 $1110110000001001111_2 = 3B04F_{16}$。

反之,将十六进制转换为二进制,只需将每位十六进制数展开成 4 位二进制数即可。

例如,将十六进制数 $1C9.2F_{16}$ 转换为二进制数为

| 1 | C | 9 | · | 2 | F | 十六进制 |
|---|---|---|---|---|---|---|
| 0001 | 1100 | 1001 | · | 0010 | 1111 | 二进制 |

即 $1C9.2F_{16}=000111001001.00101111_2$。

3）非十进制转换为十进制

把非十进制数转换成十进制数采用按权展开相加法。具体步骤是,首先把非十进制数写成按权展开的多项式,然后按十进制数的计数规则求其和。例如,

$101011_2=1\times2^5+0\times2^4+1\times2^3+0\times2^2+1\times2^1+1\times2^0=32+0+8+0+2+1=43_{10}$

$457.4_8=4\times8^2+5\times8^1+7\times8^0+4\times8^{-1}=256+40+7+0.5=303.5_{10}$

$24A.8_{16}=2\times16^2+4\times16^1+A\times16^0+8\times16^{-1}=512+64+10+0.5=586.5_{10}$

4）十进制转换为任意进制

对于既有整数部分又有小数部分的十进制数转换成其他进制数,首先要把整数部分和小数部分分别进行转换,然后再把两者的转换结果相加。

整数部分的转换方法是采用基数连除法,即除基取余法。把十进制整数 $N$ 转换成 $R$ 进制数的步骤如下:

（1）将 $N$ 除以 $R$,记下所得的商和余数;

（2）将上一步所得的商再除以 $R$,记下所得的商和余数;

（3）重复做第（2）步,直至商为 0;

（4）将各个余数转换成 $R$ 进制的数码,并按照和运算过程相反的顺序把各个余数排列起来,即为 $R$ 进制的数。

例如,将 $37_{10}$ 转换成等值二进制数,转换过程如下:

| | | |
|---|---|---|
| $37\div2=18$ | …… 余数 1 → | 最低位 |
| $18\div2=9$ | …… 余数 0 | ↑ |
| $9\div2=4$ | …… 余数 1 | ↑ |
| $4\div2=2$ | …… 余数 0 | ↑ |
| $2\div2=1$ | …… 余数 0 | ↑ |
| $1\div2=0$ | …… 余数 1 → | 最高位 |

可得:$37_{10}=100101_2$。

将 $244_{10}$ 转换成等值八进制数过程如下:

| | | |
|---|---|---|
| $244\div8=30$ | …… 余数 4 → | 最低位 |
| $30\div8=3$ | …… 余数 6 | ↑ |
| $3\div8=0$ | …… 余数 3 → | 最高位 |

可得:$244_{10}=364_8$。

同理,将 $458_{10}$ 转换成等值十六进制数过程如下:

| | | |
|---|---|---|
| $458\div16=28$ | …… 余数 10=A → | 最低位 |
| $28\div16=1$ | …… 余数 12=C | ↑ |
| $1\div16=0$ | …… 余数 1=1 → | 最高位 |

可得:$458_{10}=1CA_{16}$。

小数部分的转换方法是采用基数连乘法,即乘基取整法。把十进制的纯小数 $M$ 转换成 $R$ 进制数的步骤如下:

(1) 将 $M$ 乘以 $R$,记下整数部分;

(2) 将上一步乘积中的小数部分再乘以 $R$,记下整数部分;

(3) 重复做第(2)步,直至小数部分为 0 或者满足预定精度要求为止;

(4) 将各步求得的整数部分转换成 $R$ 进制的数码,并按照和运算过程相同的顺序排列起来,即为所求的 $R$ 进制数。

例如,将十进制小数 $0.5625_{10}$ 转换成等值的二进制数小数,具体的步骤如下:

$$0.5625 \times 2 = 1.125 \quad \cdots\cdots \quad 整数\ 1 \rightarrow 最高位$$
$$0.125 \times 2 = 0.250 \quad \cdots\cdots \quad 整数\ 0 \quad \downarrow$$
$$0.250 \times 2 = 0.50 \quad \cdots\cdots \quad 整数\ 0 \quad \downarrow$$
$$0.50 \times 2 = 1.00 \quad \cdots\cdots \quad 整数\ 1 \rightarrow 最低位$$

可得:$0.5625_{10} = 0.1001_2$

同理,将十进制小数转换为八进制小数、十六进制小数,按以上方法乘 8 或乘 16 取整即可。

## 1.1.2　编码

在数字系统中,常用 0 和 1 的组合来表示不同的数字、符号、动作或事物,这一过程称为编码,信息的编码通常由编码表说明,这些编码的组合称为代码。代码可分为数字型的和字符型的,有权的和无权的。数字型代码用来表示数字的大小,字符型代码用来表示不同的符号、动作或事物。有权代码的每一数位都定义了相应的位权,无权代码的数位没有定义相应的位权。下面将介绍几种最常使用的二进制码。

### 1. 加权二进制编码

凡是用若干位二进制数来表示 1 位十进制数的方法,统称为十进制数的二进制编码,简称 BCD 码。用二进制码来表示 0~9 这 10 个数符,必须用 4 位二进制代码来表示,而 4 位二进制码共有 16 种组合,从中取出 10 种组合来表示 0~9 的编码方案约有 $2.9 \times 10^{10}$ 种。

加权码是每个数位都分配了权或值的编码。下面分别介绍几种常用的加权二进制编码。

1) 8421BCD 码

8421BCD 码是最基本、最常用的一种编码方案。在这种编码方式中,代码中从左到右每一位的 1 分别表示 8、4、2、1,所以把这种代码称为 8421 码。把 8421 码每一位的 1 代表的十进制数加起来,得到的结果就是它所代表的十进制数码。表 1.4 列出了十进制数 0~9 对应的 4 位 BCD 码。虽然 8421BCD 码的权值与 4 位自然二进制码的权值相同,但二者是两种不同的代码。8421BCD 码只是取用了 4 位自然二进制代码的前 10 种组合。

2) 2421BCD 码

2421BCD 码是另一种有权码,它的各位权值分别是 2、4、2、1。除了上面列出的两种,常见的还有 4221BCD 码和 5421BCD 码,如表 1.4 所示。

用 BCD 码表示十进制数,只要把十进制数的每一位数码,分别用 BCD 码取代即可,反之,若要知道 BCD 码代表的十进制数,只要 BCD 码以小数点为起点向左、右每四位分成一组,再

表 1.4　常见的几种加权 BCD 码

| 十进制 | 8421BCD | | | | 2421BCD | | | | 4221BCD | | | | 5421BCD | | | |
|---|---|---|---|---|---|---|---|---|---|---|---|---|---|---|---|---|
| 0 | 0 | 0 | 0 | 0 | 0 | 0 | 0 | 0 | 0 | 0 | 0 | 0 | 0 | 0 | 0 | 0 |
| 1 | 0 | 0 | 0 | 1 | 0 | 0 | 0 | 1 | 0 | 0 | 0 | 1 | 0 | 0 | 0 | 1 |
| 2 | 0 | 0 | 1 | 0 | 0 | 0 | 1 | 0 | 0 | 0 | 1 | 0 | 0 | 0 | 1 | 0 |
| 3 | 0 | 0 | 1 | 1 | 0 | 0 | 1 | 1 | 0 | 0 | 1 | 1 | 0 | 0 | 1 | 1 |
| 4 | 0 | 1 | 0 | 0 | 0 | 1 | 0 | 0 | 1 | 0 | 0 | 0 | 0 | 1 | 0 | 0 |
| 5 | 0 | 1 | 0 | 1 | 1 | 0 | 1 | 1 | 0 | 1 | 1 | 1 | 1 | 0 | 0 | 0 |
| 6 | 0 | 1 | 1 | 0 | 1 | 1 | 0 | 0 | 1 | 1 | 0 | 0 | 1 | 0 | 0 | 1 |
| 7 | 0 | 1 | 1 | 1 | 1 | 1 | 0 | 1 | 1 | 1 | 0 | 1 | 1 | 0 | 1 | 0 |
| 8 | 1 | 0 | 0 | 0 | 1 | 1 | 1 | 0 | 1 | 1 | 1 | 0 | 1 | 0 | 1 | 1 |
| 9 | 1 | 0 | 0 | 1 | 1 | 1 | 1 | 1 | 1 | 1 | 1 | 1 | 1 | 1 | 0 | 0 |

写出每一组代码代表的十进制数,并保持原排序即可。例如,写出十进制数 $902.45_{10}$ 的 8421BCD 码为

| 十进制 | 9 | 0 | 2 | · | 4 | 5 |
|---|---|---|---|---|---|---|
| BCD | 1001 | 0000 | 0010 | · | 0100 | 0101 |

即 $902.45_{10}=100100000010.01000101_{8421BCD}$。

**2. 不加权二进制编码**

有一些不加权的二进制码,它们的每一位都没有具体的权值。例如,余 3 码、格雷码就是两种不加权的二进制码。

**1) 余 3 码**

余 3 码是一种特殊的 BCD 码,它是由 8421BCD 码加 3 后形成的,所以称为余 3 码(简写为 XS3)。如表 1.5 所示,对于一个数 $N$,它的余 3 码和对应的 8421BCD 码之间有如下关系式:

$$N_{XS3}=N_{8421BCD}+3_{8421BCD}$$

表 1.5　BCD 码和余 3 码的比较

| 十进制数 | 8421BCD | 余 3 码 | 十进制数 | 8421BCD | 余 3 码 |
|---|---|---|---|---|---|
| 0 | 0000 | 0011 | 5 | 0101 | 1000 |
| 1 | 0001 | 0100 | 6 | 0110 | 1001 |
| 2 | 0010 | 0101 | 7 | 0111 | 1010 |
| 3 | 0011 | 0110 | 8 | 1000 | 1011 |
| 4 | 0100 | 0111 | 9 | 1001 | 1100 |

例如,用余 3 码对十进制数 $N=4916_{10}$ 进行编码,首先对十进制数进行 8421BCD 编码,之后再将各位 BCD 码加 3 即可。

$$4 \to 0100, 9 \to 1001, 1 \to 0001, 6 \to 0110$$

所以有：$N = 4916_{10} = 0111110001001001_{XS3}$。

2）格雷码

格雷码又叫循环码，是另一种不加权的二进制码。它的特点是，任意两个相邻的格雷代码之间，仅有一位不同，其余各位均相同。与二进制数相似，格雷码可以拥有任意的位数。表 1.6 列出了格雷码及相应二进制数与十进制数的对照表。

表 1.6 4 位格雷码与二进制数、十进制数的比较

| 十进制数 | 二进制码 | 格雷码 | 十进制数 | 二进制码 | 格雷码 |
| --- | --- | --- | --- | --- | --- |
| 0 | 0000 | 0000 | 8 | 1000 | 1100 |
| 1 | 0001 | 0001 | 9 | 1001 | 1101 |
| 2 | 0010 | 0011 | 10 | 1010 | 1111 |
| 3 | 0011 | 0010 | 11 | 1011 | 1110 |
| 4 | 0100 | 0110 | 12 | 1100 | 1010 |
| 5 | 0101 | 0111 | 13 | 1101 | 1011 |
| 6 | 0110 | 0101 | 14 | 1110 | 1001 |
| 7 | 0111 | 0100 | 15 | 1111 | 1000 |

**3. 字母数字码**

计算机处理的数据不仅有数码，还有字母、标点符号、运算符号及其他特殊符号。这些符号都必须使用二进制代码来表示，计算机才能直接处理。通常，可同时用于表示字母和数字的编码称为字母数字码。

目前，许多国家在计算机和其他数字设备中广泛使用 ASCII 码，即美国信息交换标准码（American standard code for information）。ASCII 码用 7 位二进制码来表示 128 个不同的数字、字母和符号，使用时加第八位作奇偶校验位。ASCII 码的编码如表 1.7 所示。

表 1.7 美国信息交换标准码（ASCII 码）表

| 位 4321 ＼ 位 765 | 000 | 001 | 010 | 011 | 100 | 101 | 110 | 111 |
| --- | --- | --- | --- | --- | --- | --- | --- | --- |
| 0000 | NUL | DLE | SP | 0 | @ | P | ` | p |
| 0001 | SOH | DC1 | ! | 1 | A | Q | a | q |
| 0010 | STX | DC2 | ” | 2 | B | R | b | r |
| 0011 | ETX | DC3 | # | 3 | C | S | c | s |
| 0100 | EOT | DC4 | $ | 4 | D | T | d | t |
| 0101 | ENQ | NAK | % | 5 | E | U | e | u |
| 0110 | ACK | SYN | & | 6 | F | V | f | v |
| 0111 | BEL | ETB | ' | 7 | G | W | g | w |
| 1000 | BS | CAN | ( | 8 | H | X | h | x |

| 位 765 / 位 4321 | 000 | 001 | 010 | 011 | 100 | 101 | 110 | 111 |
|---|---|---|---|---|---|---|---|---|
| 1001 | HT | EM | ) | 9 | I | Y | i | y |
| 1010 | LF | SUB | * | : | J | Z | j | z |
| 1011 | VT | ESC | + | ; | K | [ | k | { |
| 1100 | FF | FS | , | < | L | ] | l | \| |
| 1101 | CR | GS | - | = | M | \ | m | } |
| 1110 | SO | RS | . | > | N | ˆ | n | ~ |
| 1111 | SI | US | / | ? | O | _ | o | DEL |

ASCII 码是一种常用的现代字母数字编码,用于计算机之间、计算机与打印机、键盘和视频显示等外部设备之间传输字符数字信息,由计算机键盘输入的信息在计算机内部的存储也使用 ASCII 码。ASCII 码已成为微型计算机标准输入、输出编码。

# 任务 1.2  逻辑门电路

## 【任务要求】

学习基本逻辑单元——门电路及其对应的逻辑运算与图形描述符号。

## 【任务目标】

➤ 理解基本逻辑关系、复合逻辑关系。
➤ 掌握常用逻辑门电路的电路组成、功能及使用方法。

### 1.2.1  基本逻辑门

在逻辑代数中,最基本的逻辑运算有与、或、非三种。每种逻辑运算代表一种函数关系,这种函数关系可用逻辑符号写成逻辑表达式来描述,也可用文字来描述,还可用表格或图形的方式来描述。

最基本的逻辑关系有三种:与逻辑关系、或逻辑关系、非逻辑关系。实现基本逻辑运算和常用复合逻辑运算的单元电路称为逻辑门电路。逻辑门电路是设计数字系统的最小单元。

1. 与门

当决定某一事件的所有条件都满足时,该事件才发生,这种因果关系称为与逻辑关系,也称为与运算或者逻辑乘。

与运算对应的逻辑电路可以用两个串联开关 $A$、$B$ 控制电灯 $F$ 的亮和灭来示意,如图 1.1 所示。如果用 1 表示开关闭合,0 表示开关断开,灯亮时 $F=1$,灯灭时 $F=0$,则电路功能可描述为:只有当 $A$、$B$ 两个开关都闭合,电灯 $F$ 才亮,否则,灯灭。这种灯的亮和灭与开关的闭合和断开之间的逻辑关系就是与逻辑,可用表 1.8 表示,这种表格称为真值表。它将输入变量所有可能的取值组合与其对应的输出变量的值逐个列举出来,若输入有 $n$ 个变量,则有 $2^n$ 种取值组合存在,输出对应的有 $2^n$ 个值,是描述逻辑功能的一种重要方法。

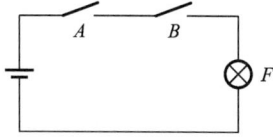

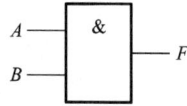

图 1.1 与运算电路     图 1.2 与门逻辑符号

表 1.8 与运算真值表

| $A$ | $B$ | $F$ |
|---|---|---|
| 0 | 0 | 0 |
| 0 | 1 | 0 |
| 1 | 0 | 0 |
| 1 | 1 | 1 |

由与运算关系的真值表可知,与逻辑的运算规律为:有 0 出 0,全 1 出 1。

与运算的逻辑表达式为

$$F = A \cdot B$$

式中:乘号"·"表示与运算,为了简便,符号"·"经常被省略。该式可读作:$F$ 等于 $A$ 乘 $B$,也可读作:$F$ 等于 $A$ 与 $B$。

实现与逻辑运算功能的电路称为与门。每个与门有两个或两个以上的输入端和一个输出端,逻辑符号如图 1.2 所示。

2. 或门

在决定某一事件的所有条件中,只要满足一个条件,则该事件就发生,这种因果关系称为或逻辑关系,也称为或运算或者逻辑加。

或运算对应的逻辑电路可以用两个并联开关 $A$、$B$ 控制电灯 $F$ 的亮和灭来示意,如图 1.3 所示。如果仍用 1 表示开关闭合和灯亮,0 表示开关断开和灯灭,则电路的功能可描述为:只要 $A$、$B$ 两个开关中至少有一个闭合,电灯 $F$ 就亮,否则,灯就灭。或逻辑真值表如表 1.9 所示。

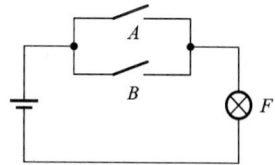

图 1.3 或运算电路

表 1.9 或运算真值表

| $A$ | $B$ | $F$ |
|---|---|---|
| 0 | 0 | 0 |
| 0 | 1 | 1 |
| 1 | 0 | 1 |
| 1 | 1 | 1 |

由或运算关系的真值表可知,或逻辑的运算规律为:有1出1,全0出0。

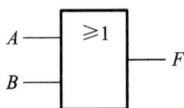

图 1.4   或门逻辑符号

或运算的逻辑表达式为

$$F=A+B$$

式中:加号"+"表示或运算。该式可读作:$F$ 等于 $A$ 加 $B$,也可读作:$F$ 等于 $A$ 或 $B$。

实现或逻辑运算功能的电路称为或门。每个或门有两个或两个以上的输入端和一个输出端,逻辑符号如图1.4所示。

**3. 非门**

非运算表示这样的逻辑关系,即当某一条件具备时,事件便不会发生,而当此条件不具备时,事件一定发生。

非运算可用图1.5所示的开关电路来说明。在图1.5中,若用1表示开关闭合和灯亮,0表示开关断开和灯灭,则电路的功能可描述为:若开关 $A$ 闭合,电灯 $F$ 就灭,否则,灯就亮。非运算真值表如表1.10所示。

表 1.10   非运算真值表

| A | F |
|---|---|
| 0 | 1 |
| 1 | 0 |

由非运算关系的真值表可知,或逻辑的运算规律为:有0出1,有1出0。

非运算的逻辑表达式为

$$F=\overline{A}$$

式中:字母上方的横线"—"表示"非"运算。该式可读作:$F$ 等于 $A$ 非,或 $F$ 等于 $A$ 反。

实现非逻辑运算功能的电路称为非门,非门也叫反相器。每个非门有一个输入端和一个输出端,逻辑符号如图1.6所示。

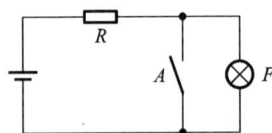

图 1.5   非运算电路

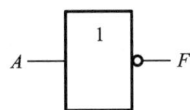

图 1.6   非门逻辑符号

## 1.2.2   复合逻辑门

基本逻辑运算的复合称为复合逻辑运算。而实现复合逻辑运算的电路叫复合逻辑门。最常用的复合逻辑门有与非门、或非门、与或非门和异或门等。

**1. 与非门**

"与"运算后再进行"非"运算的复合运算称为"与非"运算,实现"与非"运算的逻辑电路称为与非门。一个与非门有两个或两个以上的输入端和一个输出端,两输入端与非门的逻辑符号如图1.7所示。

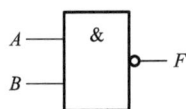

图 1.7   与非门逻辑符号

其输出与输入之间的逻辑关系表达式为

$$F = \overline{A \cdot B}$$

与非门的真值表如表 1.11 所示。

**表 1.11　与非运算真值表**

| A | B | $F = \overline{A \cdot B}$ |
|---|---|---|
| 0 | 0 | 1 |
| 0 | 1 | 1 |
| 1 | 0 | 1 |
| 1 | 1 | 0 |

使用与非门可实现任何逻辑功能的逻辑电路。因此,与非门是一种通用逻辑门。

2. 或非门

"或"运算后再进行"非"运算的复合运算称为"或非"运算,实现"或非"运算的逻辑电路称为或非门。一个或非门有两个或两个以上的输入端和一个输出端,两输入端或非门的逻辑符号如图 1.8 所示。

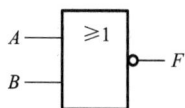

**图 1.8　或非门逻辑符号**

输出与输入之间的逻辑关系表达式为

$$F = \overline{A + B}$$

或非门的真值表如表 1.12 所示。

**表 1.12　或非运算真值表**

| A | B | $F = \overline{A + B}$ |
|---|---|---|
| 0 | 0 | 1 |
| 0 | 1 | 0 |
| 1 | 0 | 0 |
| 1 | 1 | 0 |

和与非门一样,或非门也可用来实现任何逻辑功能的逻辑电路。因此,或非门也是一种通用逻辑门。

3. 异或门

在集成逻辑门中,"异或"逻辑主要为二输入变量门,对三输入或更多输入变量的逻辑,都可以由二输入门导出。所以,常见的"异或"逻辑是二输入变量的情况。

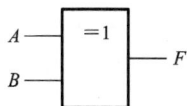

**图 1.9　异或门逻辑符号**

对于二输入变量的"异或"逻辑,当两个输入端取值不同时,输出为"1";当两个输入端取值相同时,输出端为"0"。实现"异或"逻辑运算的逻辑电路称为异或门。图 1.9 所示的为二输入异或门的逻辑符号。

相应的逻辑表达式为

$$F = A \oplus B = \overline{A}B + A\overline{B}$$

其真值表如表 1.13 所示。

表 1.13　异或运算真值表

| A | B | $F = A \oplus B$ |
|---|---|---|
| 0 | 0 | 0 |
| 0 | 1 | 1 |
| 1 | 0 | 1 |
| 1 | 1 | 0 |

至于多变量的"异或"逻辑运算,常以两变量的"异或"逻辑运算的定义为依据进行推证。$N$ 个变量的"异或"逻辑运算输出值和输入变量取值的对应关系是:输入变量的取值组合中,有奇数个 1 时,"异或"逻辑运算的输出值为 1;反之,输出值为 0。

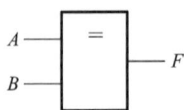

**4. 同或门**

"异或"运算之后再进行"非"运算,则称为"同或"运算。实现"同或"运算的电路称为同或门。同或门的逻辑符号如图 1.10 所示。

图 1.10　同或门逻辑符号

二变量同或运算的逻辑表达式为

$$F = A \odot B = \overline{A \oplus B} = \overline{A}\,\overline{B} + AB$$

其真值表如表 1.14 所示。

表 1.14　同或运算真值表

| A | B | $F = A \odot B$ |
|---|---|---|
| 0 | 0 | 1 |
| 0 | 1 | 0 |
| 1 | 0 | 0 |
| 1 | 1 | 1 |

与多变量的"异或"逻辑运算一样,多变量的"同或"逻辑运算也常以两变量的"同或"逻辑运算的定义为依据进行推证。$N$ 个变量的"同或"逻辑运算的输出值和输入变量取值的对应关系是:输入变量的取值组合中,有偶数个 1 时,"同或"逻辑运算的输出值为 1;反之,输出值为 0。

## 1.2.3　三态门

三态指其输出既可以是一般二值逻辑电路,即正常的高电平(逻辑 1)或低电平(逻辑 0),又可以保持特有的高阻抗状态。高阻态相当于隔断状态(电阻很大,相当于开路),是数字电路里常见的术语,指的是电路的一种输出状态,它既不是高电平也不是低电平。如果高阻态再输入下一级电路的话,对下级电路无任何影响,和没接一样,如果用万用表测的话有可能是高电平也有可能是低电平,随它后面接的设备而定。

电路处于高阻抗状态时,输出电阻很大,相当于开路,没有任何逻辑控制功能,高阻态的意义在于当电路需要断开时不必让电路断路,而直接使用控制方式断开。

三态门就是这样一种门电路,它有一个 EN 控制使能端来控制门电路的通断(可以具备这三种状态的器件就称为三态器件）。

当 EN 有效时，三态电路呈现正常的"0"或"1"的输出；当 EN 无效时，三态电路给出高阻态输出。

三态门的电路构成如图 1.11 所示。

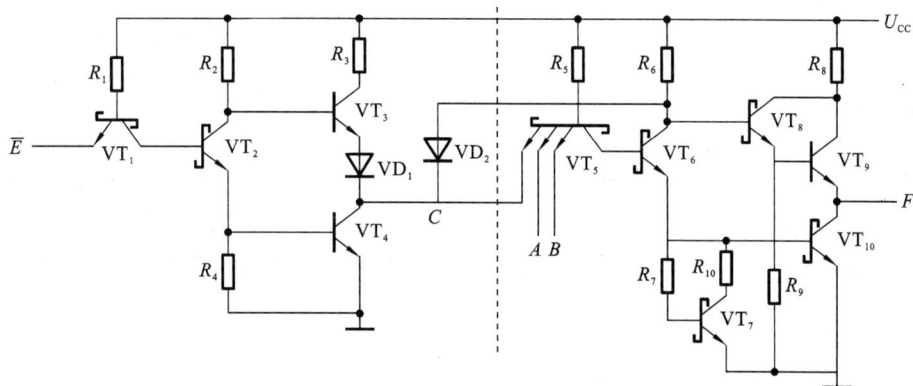

图 1.11 三态门电路

这个电路左边部分其实是一个非门电路，右边是一个与非门电路。当 $E$ 为"0"时 $VT_4$ 截止，所以"$C$"端输出高电平，这使得二极管 $VD_2$ 截止，从而右边的与非门电路不受影响，实现 $F=\overline{A \cdot B}$ 的功能；当 $E$ 为"1"时，"$C$"端输出低电平，$VD_2$ 导通，从而 $VT_5$、$VT_6$ 无法获得足够导通电压截止，进而引起 $VT_9$、$VT_{10}$ 全部截止，此时输出端 $F$ 处于高阻状态。

利用三态门的这种特性，可以实现总线控制。

当有多个设备挂到总线上时，可以通过使能信号每次只让一个设备有效，从而实现轮流使用总线的目的。

利用三态门的高阻状态，还可以实现电平的准确读取。由于高电平、低电平可以由内部电路拉高和拉低，所以一般读取时要考虑外部接入对电路的影响，而高阻态时引脚对地电阻无穷，此时读到的电平值是真实的对地电平。

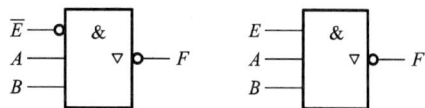

图 1.12 三态门的电路符号

三态门的符号有两种，如图 1.12 所示。

## 1.2.4 集成逻辑门

把若干个有源器件和无源器件及其连线，按照一定的功能要求，制作在一块半导体基片上，这样的产品叫集成电路。若它完成的功能是逻辑功能或数字功能，则称为数字集成电路。最简单的数字集成电路是集成逻辑门。

集成电路比分立元件电路有许多显著的优点，如体积小、耗电省、重量轻、可靠性高等，所以集成电路一出现就受到人们的极大重视并迅速得到广泛应用。

数字集成电路的规模一般是根据门的数目来划分的。小规模集成电路（SSI）约为 10 个门，中规模集成电路（MSI）约为 100 个门，大规模集成电路（LSI）约为 1 万个门，而超大规模集成电路（VLSI）则为 100 万个门。

集成电路逻辑门,按照其组成的有源器件的不同可分为两大类:一类是双极性晶体管逻辑门;另一类是单极性的绝缘栅场效应管逻辑门。

双极性晶体管逻辑门主要有 TTL 门(晶体管-晶体管逻辑门)、ECL 门(射极耦合逻辑门)和 $I^2L$ 门(集成注入逻辑门)等。

单极性 MOS 门主要有 PMOS 门(P 沟道增强型 MOS 管构成的逻辑门)、NMOS 门(N 沟道增强型 MOS 管构成的逻辑门)和 CMOS 门(利用 PMOS 管和 NMOS 管构成的互补电路构成的门电路,故又叫互补 MOS 门)。其中,使用最广泛的是 TTL 集成电路和 CMOS 集成电路。

1. TTL 集成逻辑门

TTL 门电路由双极型三极管构成,其特点是速度快、抗静电能力强,但其功耗较大,不适宜做成大规模集成电路,目前广泛应用于中、小规模集成电路中。TTL 门电路有 74(民用)和 54(军用)两大系列,每个系列中又有若干子系列。例如,74 系列包含如下基本子系列。

74:标准 TTL(standard TTL)。

74L:低功耗 TTL(low-power TTL)。

74S:肖特基 TTL(schottky TTL)。

74AS:先进肖特基 TTL(advanced schottky TTL)。

74LS:低功耗肖特基 TTL(low-power schottky TTL)。

74ALS:先进低功耗肖特基 TTL(advanced low-power schottky TTL)。

使用者在选择 TTL 子系列时主要考虑它们的速度和功耗,其速度及功耗的比较如表 1.15 所示。其中 74LS 系列产品具有最佳的综合性能,是 TTL 集成电路的主流,是应用最广的系列。

表 1.15　TTL 系列速度及功耗的比较

| 速度 | TTL 系列 | 功耗 | TTL 系列 |
|---|---|---|---|
| 最快 ↓ 最慢 | 74AS<br>74S<br>74ALS<br>74LS<br>74<br>74L | 最小 ↓ 最大 | 74L<br>74ALS<br>74LS<br>74AS<br>74<br>74S |

54 系列和 74 系列具有相同的子系列,两个系列的参数基本相同,主要在电源电压范围和工作温度范围上有所不同。54 系列适应的范围更大些,如表 1.16 所示。不同子系列在速度、功耗等参数上有所不同。对于全部的 TTL 集成门电路都采用+5 V 电源供电,逻辑电平为标准 TTL 电平。

表 1.16　54 系列与 74 系列的比较

| 系列 | 电源电压/V | 环境温度/(℃) |
|---|---|---|
| 54 | 4.5 ~ 5.5 | −55 ~ +125 |
| 74 | 4.75 ~ 5.25 | 0 ~ 70 |

### 2. CMOS 集成逻辑门

CMOS 集成门电路由场效应管构成,它的特点是集成度高、功耗低,但速度较慢、抗静电能力差。虽然 TTL 门电路由于速度快和更多类型选择而流行多年,但 CMOS 门电路具有功耗低、集成度高的优点,而且其速度也已经获得了很大的提高,目前已经能够与 TTL 门电路相媲美。因此,CMOS 门电路获得了广泛的应用,特别是在大规模集成电路和微处理器中已经占据了支配地位。

CMOS 集成电路的供电电源可以在 3~18 V,不过,为了与 TTL 门电路的逻辑电平兼容,多数的 CMOS 集成电路使用+5 V 电源。另外还有 3.3 V CMOS 门电路。3.3 V CMOS 门电路是最近发展起来的,它的功耗比 5 V CMOS 门电路低得多。与 TTL 门电路一样,CMOS 门电路也有 74 和 54 两大系列。

74 系列 5 V CMOS 门电路的基本子系列如下。

(1) 74HC 和 74HCT:高速 CMOS(high-speed CMOS),T 表示和 TTL 直接兼容。

(2) 74AC 和 74ACT:先进 CMOS(advanced CMOS),它们提供了比 TTL 系列更高的速度和更低的功耗。

(3) 74AHC 和 74AHCT:先进高速 CMOS(advanced high-speed CMOS)。

74 系列 3.3V CMOS 门电路的基本子系列如下:

(1) 74LVC:低压 CMOS(lower-voltage CMOS)。

(2) 74ALVC:先进低压 CMOS(advanced lower-voltage CMOS)。

### 3. 集成门电路的性能参数

门电路中重要的指标包括功耗、扇入与扇出系数和平均传输延迟时间。

其中功耗可以细分为静态功耗和动态功耗。静态功耗是指没有输入电平的功耗,又可以进一步分为导通功耗和截止功耗;动态功耗是指电路发生输入输出转换时的功耗。TTL 门电路的静态功耗通常小于 50 mW。

扇入系数、扇出系数分别体现门电路的输入电流承受力和输出电流能力(驱动负载能力),其系数 N 是指对接同类门电路的数量。

平均传输延迟时间是指在存在输入信号条件下,输出信号的出现比输入信号慢多少时间,这个参数体现了门电路的开关速度。

# 任务 1.3 逻辑代数

**【任务要求】**

学习数字电路逻辑分析与设计的数学工具。掌握逻辑代数的基本概念、基本定律、公式和定理,并在此基础上学会逻辑函数的几种常用代数化简方法、逻辑函数的标准形式及其相互转换和卡诺图化简方法。

**【任务目标】**

➤ 掌握逻辑代数的基本公式和常用公式。

➤ 掌握逻辑代数的运算规则。

> ➢ 掌握逻辑函数的表示方法及化简。

## 1.3.1 逻辑函数的基本概念和表示方法

### 1. 逻辑函数的基本概念

数字电路是一种开关电路。开关的两种状态——"开通"与"关断",可用二元常量 1 和 0 表示。另外,数字电路的输入、输出量,一般用高、低电平来体现,高低电平又可用二元常量来表示。例如,用"1"表示高电平,用"0"表示低电平。因此就整体而言,数字电路的输入量和输出量之间的关系是一种因果关系,它可以用逻辑函数来描述。

利用二值数字逻辑中的 1(逻辑 1)和 0(逻辑 0)不仅可以表示二进制数,还可表示许多对立的逻辑状态。英国数学家布尔于 1854 年提出了逻辑代数的基本思想,经过一百多年的发展,逻辑代数(也称"布尔代数")已成为分析和设计数字电路不可缺少的数学工具。

逻辑代数提供了一种方法,即使用二值函数进行逻辑运算,使得用语言描述显得十分复杂的逻辑命题,使用逻辑代数语言后,就变成简单的代数式,人们称为"逻辑函数"。

### 2. 逻辑函数的表示方法

设输入逻辑变量为 $A,B,C,\cdots$,输出逻辑变量为 $F$,当 $A,B,C,\cdots$ 的取值确定后,$F$ 的值就被唯一确定下来,则称 $F$ 是 $A,B,C,\cdots$ 的逻辑函数,记为 $F=f(A,B,C,\cdots)$。

逻辑变量和逻辑函数的取值只能是 0 或 1,没有其他中间值。

逻辑函数除了用逻辑表达式表述外,还有另外四种方法来表述,分别是真值表、逻辑电路图、卡诺图和波形图。

#### 1) 真值表

真值表是一种用表格表示逻辑函数的方法,它是用逻辑变量的所有可能取值组合及其对应的逻辑函数值所构成的表格。

【例 1-1】 试说明真值表 1.17 所表示的逻辑功能。

表 1.17 例 1-1 的真值表

| 输入 | | | | 输出 | 输入 | | | | 输出 |
|---|---|---|---|---|---|---|---|---|---|
| $A$ | $B$ | $C$ | $D$ | $F$ | $A$ | $B$ | $C$ | $D$ | $F$ |
| 0 | 0 | 0 | 0 | 0 | 1 | 0 | 0 | 0 | 1 |
| 0 | 0 | 0 | 1 | 1 | 1 | 0 | 0 | 1 | 0 |
| 0 | 0 | 1 | 0 | 1 | 1 | 0 | 1 | 0 | 0 |
| 0 | 0 | 1 | 1 | 0 | 1 | 0 | 1 | 1 | 1 |
| 0 | 1 | 0 | 0 | 1 | 1 | 1 | 0 | 0 | 0 |
| 0 | 1 | 0 | 1 | 0 | 1 | 1 | 0 | 1 | 1 |
| 0 | 1 | 1 | 0 | 0 | 1 | 1 | 1 | 0 | 1 |
| 0 | 1 | 1 | 1 | 1 | 1 | 1 | 1 | 1 | 0 |

**解** 从真值表可以看出,当 $A$、$B$、$C$、$D$ 中有奇数个取值为 1 时,$F=1$,否则 $F=0$,这是一个奇偶判别电路。

2) 逻辑电路图

在逻辑门中,我们知道逻辑变量之间的运算关系除了用数学运算符号表示外,还可以用逻辑符号表示。逻辑电路图是用规定的图形符号表示逻辑函数运算关系的网络图形。

**【例 1-2】** 试画出逻辑函数 $F=AB+BC$ 的逻辑图。

**解** 此逻辑表达式可以用两个与门和一个或门来实现,如图 1.13 所示。

3) 卡诺图

卡诺图是一种几何图形,用来简化逻辑函数表达式,并将表达式化为最简形式的有用工具(卡诺图化简法在后面详细讲解)。

4) 波形图

波形图(也称时序图)是用电平的高、低变化来动态表示逻辑变量及其函数值变化的图形。图 1.14 是表示 $F=A+B$ 逻辑关系的波形图。

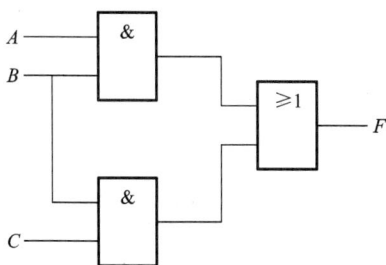

图 1.13　$F=AB+BC$ 的逻辑电路图　　　　图 1.14　$F=A+B$ 逻辑关系的波形图

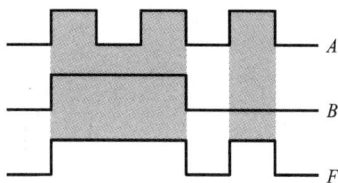

## 1.3.2　逻辑代数的运算规则

**1. 逻辑代数的基本定律**

逻辑代数有如下三个基本定律

(1) 交换律:$AB=BA$;$A+B=B+A$。

(2) 结合律:$(AB)C=A(BC)$;$(A+B)+C=A+(B+C)$。

(3) 分配律:$A(B+C)=AB+AC$;$A+BC=(A+B)(A+C)$。

**2. 逻辑代数的基本公式**

公式 1:$A \cdot 0=0$;$A+1=1$。

公式 2:$A \cdot 1=A$;$A+0=A$。

公式 3:$A \cdot A=A$;$A+A=A$。

公式 4:$A \cdot \overline{A}=0$;$A+\overline{A}=1$。

公式 5:$\overline{\overline{A}}=A$。

公式 6:$A+AB=A$;$A+\overline{A}B=A+B$。

公式 7:$AB+\overline{A}C+BC=AB+\overline{A}C$。

其中公式 7 中,一项含 $A$,另一项含 $A$ 非,这两项的其余部分组成第三项,则该项多余。证明过程如下:

$$AB+\overline{A}C+BC =AB+\overline{A}C+(A+\overline{A})BC=AB+\overline{A}C+ABC+\overline{A}BC$$

$$= AB(1+C) + \overline{A}C(1+B) = AB + \overline{A}C$$

**3. 摩根定理**

摩根是与布尔同一时代的英国数学家,他提出了两条逻辑定理。它们是逻辑表达式变换的强有力工具,是逻辑代数的重要组成部分。其内容如下:

(1) 输入变量"与"运算的取反等于各个输入变量取反的"或"运算。用公式表示如下:

$$\overline{AB} = \overline{A} + \overline{B}$$

(2) 输入变量"或"运算的取反等于各个输入变量取反的"与"运算。用公式表示如下:

$$\overline{A+B} = \overline{A}\,\overline{B}$$

上述两个定理也适用于多个变量的情形,例如:

$$\overline{ABC} = \overline{A} + \overline{B} + \overline{C}$$
$$\overline{A+B+C} = \overline{A}\,\overline{B}\,\overline{C}$$

【例 1-3】 应用摩根定理求 $F = \overline{(AB + \overline{C})(A + \overline{B}C)}$。

**解** 反复应用摩根定理可得

$$F = \overline{AB + \overline{C}} + \overline{A + \overline{B}C} = \overline{AB}\,C + \overline{A}\,\overline{\overline{B}C}$$
$$= (\overline{A} + \overline{B})C + \overline{A}(B + \overline{C})$$
$$= \overline{A}C + \overline{B}C + \overline{A}B + \overline{A}\overline{C}$$
$$= \overline{A} + \overline{B}C$$

**4. 逻辑代数的规则**

**1) 代入规则**

任何一个含有变量 $A$ 的逻辑等式,如果将所有出现 $A$ 的位置都代之以同一个逻辑函数 $F$,则等式仍然成立。这个规则称为代入规则。

例如,给定逻辑等式 $A(B+C) = AB + AC$,若等式中的 $C$ 都用 $(C+D)$ 代替,则该逻辑等式仍然成立,即 $A[B+(C+D)] = AB + A(C+D)$。

**2) 反演规则**

对于任何一个逻辑式 $F$,若将其中所有的"·"变成"+","+"换成"·","0"换成"1","1"换成"0",原变量换成反变量,反变量换成原变量,则得到的结果就是 $\overline{F}$。这个规则称为反演规则。

反演规则为求取已知逻辑函数的反函数提供了方便。但是在使用反演规则时应注意保持原函数中的运算符号的优先顺序不变。

【例 1-4】 已知逻辑函数 $F = \overline{A} + B(C + \overline{D})$,试求其反函数。

**解** 
$$\overline{F} = A(\overline{B} + \overline{C}D)$$

【例 1-5】 已知 $F = A + \overline{B + \overline{C} \cdot \overline{DE}}$,求 $\overline{F}$。

**解** 
$$F = A + \overline{B + \overline{C} \cdot \overline{DE}} = A + \overline{B} + \overline{C}(\overline{D} + E)$$

方法一:不属于单个变量上的反号下面的函数当一个变量处理。
$$\overline{F} = \overline{A}[B + \overline{C}(\overline{D} + E)] = \overline{A}(B + \overline{C}\overline{D} + \overline{C}E)$$

方法二:不属于单个变量上的反号保留不变。
$$\overline{F} = \overline{A} \cdot \overline{\overline{B}(C + D \cdot \overline{E})} = \overline{A}(B + \overline{C + D\overline{E}})$$
$$= \overline{A}[B + \overline{C}(\overline{D} + E)] = \overline{A}(B + \overline{C}\overline{D} + \overline{C}E)$$

3）对偶规则

对于任何一个逻辑表达式 $F$，如果将式中所有的"·"换成"＋"，"＋"换成"·"，"0"换成"1"，"1"换成"0"，而变量保持不变，原表达式中的运算优先顺序不变，那么就可以得到一个新的表达式，这个新的表达式称为 $F$ 的对偶式 $F^*$。这个规则称为对偶规则。

对偶式有两个重要的性质：

性质 1：若 $F(A,B,C,\cdots)=G(A,B,C,\cdots)$，则 $F^*=G^*$。

性质 2：$(F^*)^*=F$。

根据对偶性质，当已证明某两个逻辑表达式相等时，便可知它们的对偶式也相等。显然利用对偶的性质可以使前面定律、公式的数目减少一半。

有些逻辑函数表达式的对偶式就是原函数本身，即 $F^*=F$。这时称函数 $F$ 为自对偶函数。

【例 1-6】　已知 $F=AB+\overline{C}D$，求 $F^*$。

解　$F^*=(A+B)(\overline{C}+D)$

【例 1-7】　已知 $F=A+\overline{B+\overline{C}\cdot\overline{DE}}$，求 $F^*$。

解　$F=A+\overline{B+\overline{C}\cdot\overline{DE}}=A+\overline{B+\overline{C}(\overline{D}+E)}$

$F^*=A\cdot\overline{B(\overline{C}+\overline{DE})}=A\cdot\overline{\overline{BC}+B\overline{DE}}$

$=A\,\overline{\overline{BC}}\,\overline{B\overline{DE}}=A(\overline{B}+C)(\overline{B}+D+\overline{E})$

### 1.3.3　逻辑函数的代数化简法

逻辑函数表达式有各种不同的表示形式，即使同一类型的表达式也可能有繁有简。对于某一个逻辑函数来说，尽管函数表达式的形式不同，但它们所描述的逻辑功能是相同的。一般来说，逻辑函数的表达式越简单，设计出来的相应逻辑电路也越简单。然而，从逻辑问题概括出来的逻辑函数通常都不是最简的，因此，必须对逻辑函数进行化简。

代数法化简就是运用逻辑代数的定律、公式和规则对逻辑函数进行化简的方法。这种方法没有固定的步骤可以遵循，主要取决于逻辑代数中公式、定律和规则的熟练掌握及灵活运用的程度。尽管如此，还是可以对大多数常用的方法进行归纳和总结。

1. 并项化简法

利用 $A+\overline{A}=1$ 的公式，将两项合并成一项，并消去一个变量。

【例 1-8】　化简 $F=A\overline{B}\overline{C}+A\overline{B}C$。

解　$F=A\overline{B}\overline{C}+A\overline{B}C$

$=A\overline{B}(\overline{C}+C)=A\overline{B}$

【例 1-9】　化简 $F=A(BC+\overline{B}\overline{C})+A(B\overline{C}+\overline{B}C)$。

解　$F=A(BC+\overline{B}\overline{C})+A(B\overline{C}+\overline{B}C)$

$=A(B\odot C)+A(B\oplus C)$

$=A(B\odot C)+A(\overline{B\odot C})$

$=A$

2. 吸收化简法

利用公式 $A+AB=A$ 和 $A+\overline{A}B=A+B$，消去多余的项。

**【例 1-10】** 化简 $F=\overline{A}B+\overline{A}BCD(\overline{E}+F)$。

**解** $F=\overline{A}B+\overline{A}BCD(\overline{E}+F)$
$\qquad =\overline{A}B$

**【例 1-11】** 化简 $F=A+\overline{\overline{A}\,\overline{BC}}(\overline{A}+\overline{B}\overline{C}+D)+BC$。

**解** $F=A+\overline{\overline{A}\,\overline{BC}}(\overline{A}+\overline{B}\overline{C}+D)+BC$
$\qquad =A+BC+(A+BC)(\overline{A}+\overline{B}\overline{C}+D)$
$\qquad =A+BC$

3. 配项化简法

(1) 利用公式 $A+\overline{A}=1$，给某一个与项配项，然后将其拆分成两项，再和其他项合并。

**【例 1-12】** 化简 $F=AB+\overline{A}\overline{C}+\overline{B}\overline{C}$。

**解** $F=AB+\overline{A}\overline{C}+\overline{B}\overline{C}$
$\qquad =AB+\overline{A}\overline{C}+A\overline{B}\overline{C}+\overline{A}\overline{B}\overline{C}$
$\qquad =AB+\overline{A}\overline{C}+A\overline{B}\overline{C}$
$\qquad =AB+\overline{C}(\overline{A}+A\overline{B})$
$\qquad =AB+\overline{C}(\overline{A}+\overline{B})$
$\qquad =AB+\overline{C}\,\overline{AB}$
$\qquad =AB+\overline{C}$

(2) 利用公式 $A+A=A$，为某项配上其所能合并的项。

**【例 1-13】** 化简 $F=ABC+AB\overline{C}+A\overline{B}C+\overline{A}BC$。

**解** $F=ABC+AB\overline{C}+A\overline{B}C+\overline{A}BC$
$\qquad =(ABC+AB\overline{C})+(ABC+A\overline{B}C)+(ABC+\overline{A}BC)$
$\qquad =AB+AC+BC$

4. 消去冗余项法

利用公式：$AB+\overline{A}C+BC=AB+\overline{A}C$，将冗余项 $BC$ 消去，且含冗余项 $BC$ 的与项仍是冗余项，如 $ABC$。

**【例 1-14】** 化简 $F=AC+A\overline{B}CD+ABC+\overline{C}D+ABD$。

**解** $F=AC+A\overline{B}CD+ABC+\overline{C}D+ABD$
$\qquad =AC(1+\overline{B}D+B)+\overline{C}D+ABD$
$\qquad =AC+\overline{C}D+ABD$
$\qquad =AC+\overline{C}D$

实际应用中遇到的逻辑函数往往比较复杂，化简时应灵活使用所学的定律、公式及规则，综合运用各种方法。

**【例 1-15】** 化简 $F=AD+A\overline{D}+AB+\overline{A}C+BD+\overline{B}E+DE$。

**解** $F=AD+A\overline{D}+AB+\overline{A}C+BD+\overline{B}E+DE$
$\qquad =A+AB+\overline{A}C+BD+\overline{B}E+DE$
$\qquad =A+\overline{A}C+BD+\overline{B}E+DE$
$\qquad =A+C+BD+\overline{B}E+DE$
$\qquad =A+C+BD+\overline{B}E$

### 1.3.4 逻辑函数的标准形式

**1. 最小项的定义和性质**

1）最小项的定义

设有 $n$ 个变量，它们所组成的具有 $n$ 个变量的"与"项中，每个变量以原变量或反变量的形式出现一次，且仅出现一次，这个乘积项称为最小项。

由定义可知，$n$ 个变量有 $2^n$ 个最小项。例如，四变量 $A$、$B$、$C$、$D$ 有 16 个最小项：$\overline{A}\,\overline{B}\,\overline{C}\,\overline{D}$，$\overline{A}\,\overline{B}\,\overline{C}D$，$\overline{A}\,\overline{B}CD$，$\cdots$，$ABCD$。为了书写方便，把最小项记作 $m_i$。下标 $i$ 的取值规则是：按照变量顺序将最小项中的原变量用 1 表示，反变量用 0 表示，由此得到一个二进制数，与该二进制数对应的十进制数即下标 $i$ 的值。例如，四变量 $A$、$B$、$C$、$D$ 的 16 个最小项可记为

$$\overline{A}\,\overline{B}\,\overline{C}\,\overline{D}=m_0,\overline{A}\,\overline{B}\,\overline{C}D=m_1,\overline{A}\,\overline{B}CD=m_2,\cdots,ABCD=m_{15}$$

2）最小项的性质

（1）对于任何一个最小项，只有对应的一组变量取值，才能使其值为"1"。即取值"1"的机会最小。这也就是最小项名字的由来。例如，只有当 $ABCD=1111$ 时，才为"1"。

（2）相同变量构成的两个不同最小项逻辑"与"为"0"。例如，在四变量最小项中，$m_4 \cdot m_6 = 0$。

（3）$n$ 个变量的全部最小项之逻辑"或"为"1"，即

$$\sum m_i = 1$$

（4）某一个最小项不是包含在逻辑函数 $F$ 中，就是包含在反函数 $\overline{F}$ 中。

（5）$n$ 个变量构成的最小项有 $n$ 个相邻最小项。相邻最小项是指除一个变量互为相反外，其余变量均相同的最小项。例如，$\overline{A}BCD$ 与 $ABCD$ 是相邻最小项。

**2. 标准与或表达式**

任何一个逻辑函数都可以表示成最小项之和的形式，称为标准与或表达式。

如果逻辑函数不是以最小项之和的形式给出，则可以利用公式 $A+\overline{A}=1$ 把它展开成最小项之和的形式。

【例 1-16】 将 $F=AB+\overline{A}B\overline{D}$ 展开为最小项之和的形式。

解 $F = AB + \overline{A}B\overline{D}$

$\qquad = AB(C+\overline{C})(D+\overline{D}) + \overline{A}B\overline{D}(C+\overline{C})$

$\qquad = ABCD + ABC\overline{D} + AB\overline{C}D + AB\overline{C}\,\overline{D} + \overline{A}BC\overline{D} + \overline{A}B\overline{C}\,\overline{D}$

$\qquad = m_{15} + m_{14} + m_{13} + m_{12} + m_6 + m_4$

$\qquad = \sum m(4,6,12,13,14,15)$

**3. 逻辑函数表达式与真值表的相互转换**

1）由真值表求对应的逻辑函数表达式

如果给出了函数的真值表，则只要将函数值为 1 的那些最小项相加，便是函数的标准与或表达式。

如果某函数 $F$ 的真值表如表 1.18 所示，则

$$F = m_1 + m_2 + m_3 + m_5 = \sum m(1,2,3,5) = \overline{A}\,\overline{B}C + \overline{A}B\overline{C} + A\,\overline{B}\,\overline{C} + A\overline{B}C$$

表 1.18 逻辑函数与最小项对应关系表

| A | B | C | F | 最小项 |
|---|---|---|---|---|
| 0 | 0 | 0 | 0 | $m_0$ |
| 0 | 0 | 1 | 1 | $m_1$ |
| 0 | 1 | 0 | 1 | $m_2$ |
| 0 | 1 | 1 | 1 | $m_3$ |
| 1 | 0 | 0 | 0 | $m_4$ |
| 1 | 0 | 1 | 1 | $m_5$ |
| 1 | 1 | 0 | 0 | $m_6$ |
| 1 | 1 | 1 | 0 | $m_7$ |

2）由逻辑函数表达式求对应的真值表

首先在真值表中列出输入变量二进制值的所有可能取值组合；其次将逻辑函数的与或表达式转换为标准与或形式；最后将构成标准与或形式的每个最小项对应的输出变量处填上1，其他填上0。

例如，逻辑函数 $F = AB + \overline{A}BC = ABC + AB\overline{C} + \overline{A}BC$，构成该函数的最小项共有3项，即 $ABC$：111，$AB\overline{C}$：110，$\overline{A}BC$：011。在真值表中，输入变量二进制值111、110、011对应的输出变量处填上1，其他填上0，即得该函数的真值表。

### 1.3.5 逻辑函数的卡诺图化简法

逻辑函数的代数化简法需要特别熟悉逻辑代数的公式、定理和定律，而且还要掌握一定的化简技巧。比较简单易行的方法是使用卡诺图进行化简，这种方法是由美国工程师卡诺提出来的，它是一种图形化简方法。

1. 卡诺图

卡诺图是一种描述逻辑函数的方格矩阵，每个方格代表一个最小项。它和真值表相似，包含了输入变量的所有可能取值组合以及每种取值组合下的输出结果，它相当于真值表的一种特殊输出列。

卡诺图中，方格的数目等于最小项总数，即等于 $2^n$（$n$ 为输入变量数）。所有方格按照格雷码顺序进行行和列的排列，使得每行和每列的相邻方格之间仅有1位变量发生变化。二、三、四变量的最小项卡诺图如图1.15所示。

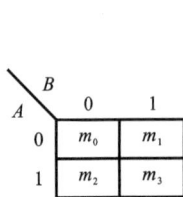

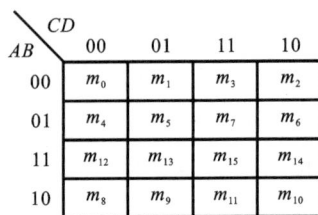

（a）二变量最小项卡诺图　　（b）三变量最小项卡诺图　　（c）四变量最小项卡诺图

图 1.15 二到四变量最小项卡诺图的画法

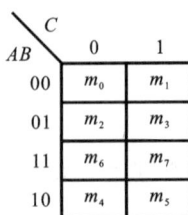

**2. 标准与或表达式的卡诺图表示**

对于标准形式的与或表达式来说,卡诺图的表示方法是:把表达式中的每一个最小项所对应的方格中填入 1,其余方格填入 0,就得到了该逻辑函数的卡诺图。

**【例 1-16】** 用卡诺图表示逻辑函数 $F=\overline{A}B\overline{C}+ABC+A\overline{B}C$。

**解** 逻辑函数 $F=\overline{A}B\overline{C}+ABC+A\overline{B}C$ 的卡诺图如图 1.16 所示。

**【例 1-17】** 将逻辑函数 $F=\sum m(2,3,4,5,9,11,12,13,14,15)$ 用卡诺图表示。

**解** 逻辑函数的卡诺图如图 1.17 所示。

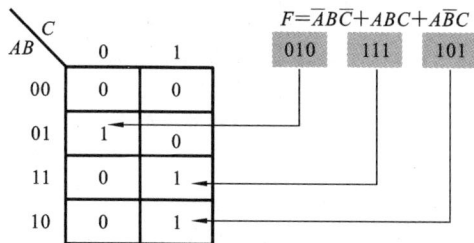

$F=\overline{A}B\overline{C}+ABC+A\overline{B}C$

| $AB$＼$C$ | 0 | 1 |
|---|---|---|
| 00 | 0 | 0 |
| 01 | 1 | 0 |
| 11 | 0 | 1 |
| 10 | 0 | 1 |

010　111　101

**图 1.16 例 1-16 图**

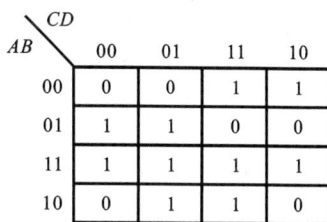

| $AB$＼$CD$ | 00 | 01 | 11 | 10 |
|---|---|---|---|---|
| 00 | 0 | 0 | 1 | 1 |
| 01 | 1 | 1 | 0 | 0 |
| 11 | 1 | 1 | 1 | 1 |
| 10 | 0 | 1 | 1 | 0 |

**图 1.17 例 1-17 图**

**3. 非标准与或表达式的卡诺图表示**

如果表达式为非标准形式的,可利用前面所讲的逻辑函数标准形式的求解方法将其转换为标准形式。

**【例 1-18】** 将逻辑函数 $F=\overline{A}BC+ABD+ACD$ 用卡诺图表示。

**解** 首先将逻辑函数 $F$ 化为若干个最小项之和的标准形式。

$$F=\overline{A}BC+ABD+ACD$$
$$=\overline{A}BC(D+\overline{D})+AB(C+\overline{C})D+A(B+\overline{B})CD$$
$$=\overline{A}BCD+\overline{A}BC\overline{D}+ABCD+AB\overline{C}D+ABCD+A\overline{B}CD$$
$$=\sum m(6,7,11,13,15)$$

画出四变量的卡诺图,在对应于该函数 $F$ 中各最小项的方格中填入 1,其余方格中填入 0,如图 1.18 所示的卡诺图。

除上述方法外,也可直接由非标准形式的与或表达式得到相应的卡诺图。首先化为一般的与或表达式,然后在卡诺图上对每一个与项所包含的那些最小项(该与项就是这些最小项的公因子)相对应的方格内填入 1,其余的方格内填入 0。

| $AB$＼$CD$ | 00 | 01 | 11 | 10 |
|---|---|---|---|---|
| 00 | 0 | 0 | 0 | 0 |
| 01 | 0 | 0 | 1 | 1 |
| 11 | 0 | 1 | 1 | 0 |
| 10 | 0 | 0 | 1 | 0 |

**图 1.18 例 1-18 图**

**【例 1-19】** 用卡诺图表示逻辑函数 $F=\overline{(A+D)(B+D)}$。

**解** 将逻辑函数表达式化为一般与或表达式为

$$F=\overline{A}\,\overline{D}+\overline{B}\,\overline{D}$$

在变量 $A$、$D$ 取值均为 00 的所有方格中填入 1;在变量 $B$、$D$ 取值分别为 0、0 的所有方格中填入 1,其余方格中填入 0,如图 1.19 所示。

**4. 与或表达式的卡诺图化简**

在卡诺图中,如果两个最小项之间只有一个变量取值不同,其余变量相同,则称它们具有

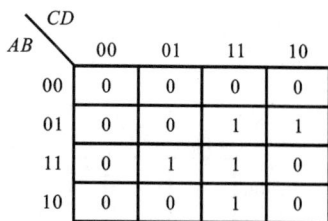

"逻辑相邻性",这两个最小项为"逻辑相邻最小项",如 $ABC$ 和 $AB\overline{C}$。显然,几何位置相邻(仅指上下或左右,不包括对角)的方格所对应的最小项一定是逻辑相邻最小项。此外,与卡诺图中心轴对称的左右两边方格对应的最小项之间及上下两边方格对应的最小项之间也是逻辑相邻最小项。如图 1.20 中 $m_0$ 与 $m_2$ 之间及 $m_1$ 与 $m_9$ 之间是逻辑相邻最小项。

| AB \ CD | 00 | 01 | 11 | 10 |
|---|---|---|---|---|
| 00 | 1 | 0 | 0 | 1 |
| 01 | 1 | 0 | 0 | 1 |
| 11 | 0 | 0 | 0 | 0 |
| 10 | 1 | 0 | 0 | 1 |

**图 1.19　例 1-19 图**

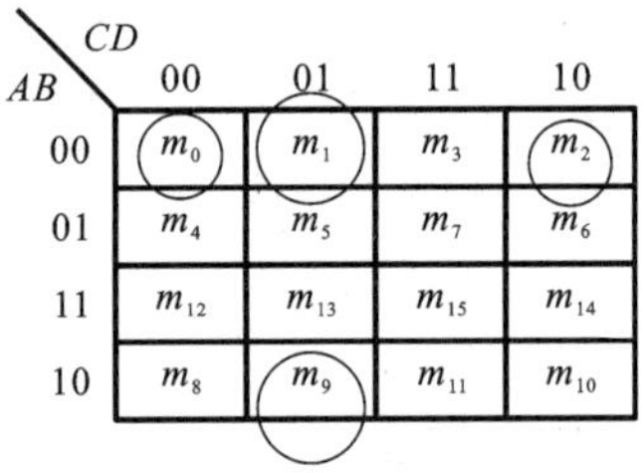


**图 1.20　逻辑相邻最小项**

两个相邻最小项可以合并为一项并消去一个变量。例如,$AB+A\overline{B}=A$。这就是卡诺图化简的依据。因此,逻辑函数化简的实质就是在卡诺图中寻找逻辑相邻最小项,并将它们进行合并。

卡诺图具体化简步骤如下。

第一步:对卡诺图中的"1"进行分组,并将每组用"圈"围起来。根据以下规则分组:

(1) 每个圈内只能含有 $2^n$($n=0,1,2,3,\cdots$)个最小项。

(2) 圈内的每一个最小项必须和该圈中的一个或多个最小项逻辑相邻,但该圈中的所有最小项并不一定必须相互逻辑相邻。

(3) 所有取值为 1 的方格均要被圈过,即不能漏下取值为 1 的方格。但它们可以多次被圈。

(4) 圈的个数尽量少,圈内方格的个数尽可能多。

第二步:由每个圈得到一个合并的与项。该与项由该圈中仅仅以一种形式(原变量或者反变量)出现的所有变量构成。即消去同时以原变量和反变量形式出现的变量。

第三步:将上一步各合并与项相加,即得所求的最简"与或"表达式。

**【例 1-20】** 用卡诺图化简法化简逻辑函数 $F=\sum m(1,4,5,7,9,13,15)$。

**解** 首先画出逻辑函数卡诺图,如图 1.21 所示。

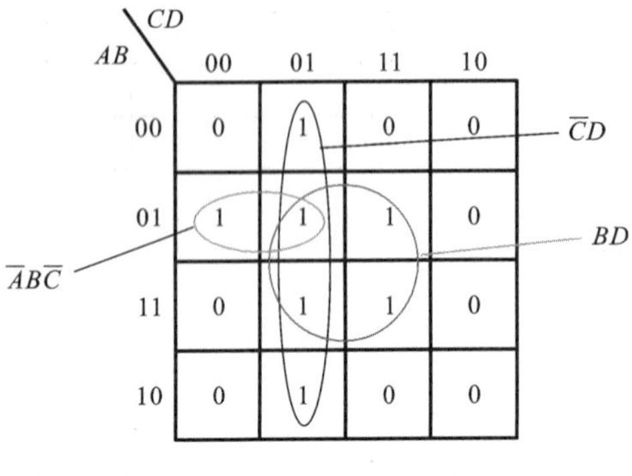


**图 1.21　例 1-20 图**

根据卡诺图化简步骤:该卡诺图中的"1"被分为 3 组,分别对应 3 个圈。第 1 个圈中出现了 $D$ 和 $\overline{D}$,所以 $D$ 变量被消去。留下了变量 $\overline{A}$、$B$ 和 $\overline{C}$ 而形成合并后的与项 $\overline{A}B\overline{C}$。同样方法可得到其他两个圈对应的与项 $BD$ 和 $\overline{C}D$。将这 3 个与项相加就得到最简"与或"表达式:$F=\overline{A}B\overline{C}+BD+\overline{C}D$。

**【例 1-21】** 某逻辑电路的输入变量为 $A$、$B$、$C$、$D$,它的真值表如表 1.19 所示,用卡诺图化简法求出逻辑函数 $F(A,B,C,D)$的最简与或表达式。

表 1.19　例 1-21 真值表

| A | B | C | D | F | A | B | C | D | F |
|---|---|---|---|---|---|---|---|---|---|
| 0 | 0 | 0 | 0 | 1 | 1 | 0 | 0 | 0 | 1 |
| 0 | 0 | 0 | 1 | 0 | 1 | 0 | 0 | 1 | 0 |
| 0 | 0 | 1 | 0 | 0 | 1 | 0 | 1 | 0 | 1 |
| 0 | 0 | 1 | 1 | 0 | 1 | 0 | 1 | 1 | 0 |
| 0 | 1 | 0 | 0 | 1 | 1 | 1 | 0 | 0 | 1 |
| 0 | 1 | 0 | 1 | 1 | 1 | 1 | 0 | 1 | 0 |
| 0 | 1 | 1 | 0 | 0 | 1 | 1 | 1 | 0 | 0 |
| 0 | 1 | 1 | 1 | 0 | 1 | 1 | 1 | 1 | 1 |

**解**　由上述真值表画出卡诺图,如图 1.22 所示。

找出可以合并的最小项,即画"圈",并写出最简"与或"表达式为
$$F=\overline{C}\overline{D}+A\overline{B}\overline{D}+\overline{A}B\overline{C}+ABCD$$

【例 1-22】　用卡诺图化简逻辑函数 $F(A,B,C,D)=m(0,2,3,5,6,8,9,10,11,12,13,14,15)$。

**解**　根据逻辑表达式画出卡诺图,如图 1.23 所示。

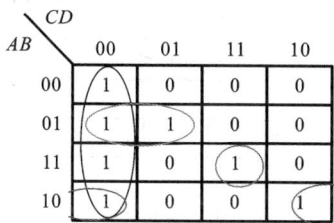

图 1.22　例 1-21 图

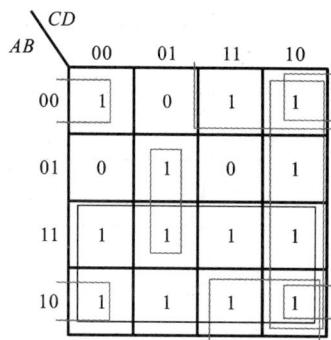

图 1.23　例 1-22 图

找出可以合并的最小项,即画"圈",并写出最简"与或"表达式为
$$F=A+C\overline{D}+\overline{B}C+\overline{B}\overline{D}+B\overline{C}D$$

**5. 含无关项逻辑函数卡诺图化简**

在分析某些具体的逻辑函数时经常会遇到这样的问题,在真值表内对应于变量的某些取值组合下,函数的值可以是任意的,或者这些变量的取值组合根本不会出现,如当用 4 位二进制码表示 8421BCD 码时,$A$、$B$、$C$、$D$ 取值为 1010～1111 的情况不会出现。这些变量的取值组合所对应的最小项称为"无关项"或"任意项"。用符号"$d$""×"或"$\phi$"表示,它们的函数值可以为"0"或"1"。使用无关项有助于逻辑函数的化简。

含无关项的逻辑函数最小项表达式如下:

$$F = \sum m(\quad) + \sum d(\quad) \text{ 或者} \begin{cases} F = \sum m(\quad) \\ \sum d(\quad) = 0 \end{cases}$$

逻辑函数的化简中,充分利用无关项可以得到更加简单的逻辑表达式,因而其相应的逻辑电路也更简单。在化简过程中,无关项对应的输出值可视具体情况取 0 或取 1。

【例 1-23】 化简函数 $F(A,B,C,D) = \sum m(0,3,4,7,11) + \sum d(8,9,12,13,14,15)$。

**解** 根据逻辑表达式画出卡诺图,如图 1.24 所示。

根据卡诺图可得化简结果为

$$F = \overline{C}\overline{D} + CD$$

【例 1-24】 化简函数 $F = \overline{B}C\overline{D} + \overline{A}BCD + A\overline{B}\overline{D} + \overline{B}C\overline{D}$,已知约束条件为:$AD + BC = 0$。

**解** 对于函数 $F$,其输入变量的取值必须受到表达式 $AD + BC = 0$ 的限制。

将上述约束条件变换为最小项之和的形式:

$$AD + BC = ABCD + AB\overline{C}D + A\overline{B}CD + A\overline{B}\overline{C}D + \overline{A}BCD + ABC\overline{D} + \overline{A}BC\overline{D}$$
$$= \sum d(6,7,9,11,13,14,15)$$
$$= 0$$

由此可得逻辑函数 $F$ 的卡诺图如图 1.25 所示。

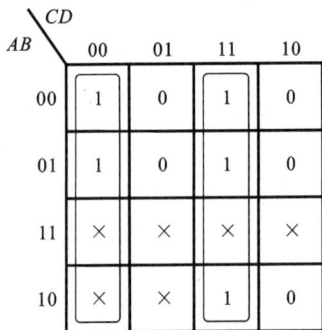

图 1.24 例 1-23 图

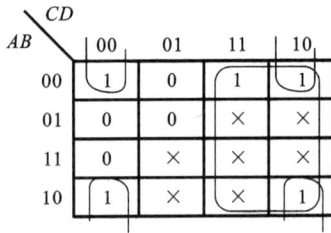

图 1.25 例 1-24 图

由此卡诺图可得最简与或表达式:

$$F = C + \overline{B}\overline{D}$$

# 任务 1.4 三人表决器电路的设计与调试

## 【任务要求】

用 74LS00、74LS20 等集成电路设计三人表决器电路并验证电路的逻辑功能。

## 【任务目标】

➢ 掌握常用逻辑门电路的功能及使用方法。

➤ 正确连接电路,并学会验证其逻辑功能是否正确。

➤ 能够排除电路中出现的故障。

### 1.4.1 集成电路的识别与检测

1. 集成电路引脚识别

(1) 74 系列集成电路一侧有一缺口,将其引脚向下,有字面的向上,缺口在观察者的左边,从上往下看,左下角为 1 脚,逆时针依次为 2、3、4、5 等引脚。

(2) 将集成电路引脚向下,有字面的向上,正面凹坑或色点对应的引脚为 1 脚,逆时针依次为 2、3、4、5 等引脚。

(3) 若集成电路无缺口、凹点或色点,将其引脚向下,集成电路厂标、型号正对观察者,则从上往下看左下角为 1 脚,逆时针依次为 2、3、4、5 等引脚。

2. 集成电路功能检测

74LS00 是四-二输入与非门,它的内部有四个与非门,每个与非门有两个输入端,一个输出端。74LS20 是二-四输入与非门,它的内部有两个与非门,每个与非门有四个输入端,一个输出端。74LS00、74LS20 引脚及内部电路图如图 1.26 所示。

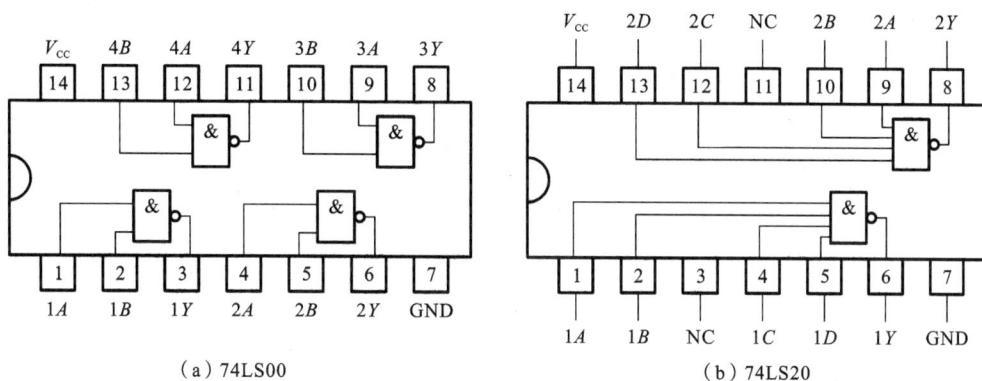

(a) 74LS00　　　　　(b) 74LS20

**图 1.26** 74LS00、74LS20 引脚及内部电路

在数字电路实验平台电源关闭的情况下,分别将 74LS00 和 74LS20 插入实验平台中适当的集成电路插座中,用实验平台中的连接导线将集成电路的 $V_{cc}$、GND 分别连接到平台直流电源部分+5 V 处和接地处,先选择一个与非门将其每一个输入端对应连接一个逻辑电平开关,其输出连接到电平指示灯插孔中。

接通数字电路实验平台电源,拨动与非门输入端的电平开关进行不同的组合。电平开关拨动到"1"处表示输入高电平,或者说输入为"1";电平开关拨动到"0"处表示输入低电平,或者说输入为"0"。观察电平指示灯是否点亮,若指示灯亮则输出为高电平,若不亮则输出为低电平。一次检测 74LS00 和 74LS20 中的每一个与非门,将 74LS00 的检测结果记入表 1.20 中,74LS20 的检测结果记入表 1.21 中。

表 1.20  74LS00 的检测结果

| 1A | 1B | 1Y | 2A | 2B | 2Y |
|---|---|---|---|---|---|
| 0 | 0 | | 0 | 0 | |
| 0 | 1 | | 0 | 1 | |
| 1 | 0 | | 1 | 0 | |
| 1 | 1 | | 1 | 1 | |
| 3A | 3B | 3Y | 4A | 4B | 4Y |
| 0 | 0 | | 0 | 0 | |
| 0 | 1 | | 0 | 1 | |
| 1 | 0 | | 1 | 0 | |
| 1 | 1 | | 1 | 1 | |

表 1.21  74LS20 的检测结果

| 1A | 1B | 1C | 1D | 1Y | 2A | 2B | 2C | 2D | 2Y |
|---|---|---|---|---|---|---|---|---|---|
| 0 | 0 | 0 | 0 | | 0 | 0 | 0 | 0 | |
| 0 | 0 | 0 | 1 | | 0 | 0 | 0 | 1 | |
| 0 | 0 | 1 | 0 | | 0 | 0 | 1 | 0 | |
| 0 | 0 | 1 | 1 | | 0 | 0 | 1 | 1 | |
| 0 | 1 | 0 | 0 | | 0 | 1 | 0 | 0 | |
| 0 | 1 | 0 | 1 | | 0 | 1 | 0 | 1 | |
| 0 | 1 | 1 | 0 | | 0 | 1 | 1 | 0 | |
| 0 | 1 | 1 | 1 | | 0 | 1 | 1 | 1 | |
| 1 | 0 | 0 | 0 | | 1 | 0 | 0 | 0 | |
| 1 | 0 | 0 | 1 | | 1 | 0 | 0 | 1 | |
| 1 | 0 | 1 | 0 | | 1 | 0 | 1 | 0 | |
| 1 | 0 | 1 | 1 | | 1 | 0 | 1 | 1 | |
| 1 | 1 | 0 | 0 | | 1 | 1 | 0 | 0 | |
| 1 | 1 | 0 | 1 | | 1 | 1 | 0 | 1 | |
| 1 | 1 | 1 | 0 | | 1 | 1 | 1 | 0 | |
| 1 | 1 | 1 | 1 | | 1 | 1 | 1 | 1 | |

　　对于与非门来说,输入信号中如果有一个或一个以上输入信号是 0,则输出为 1,所有输入信号全部都是 1 时输出为 0,此时可以判断该与非门逻辑功能正常,否则说明这个与非门已经损坏,应避免使用。

### 1.4.2 电路连接

三人表决器电路如图 1.27 所示,这个电路需要使用三个两输入的与非门和一个三输入与非门,可以在 74LS00 中选择三个两输入与非门,在 74LS20 中选择一个四输入与非门来连接电路,输入端 $A$、$B$、$C$ 分别连接到实验平台三个逻辑电平开关上,输出端 $Y$ 连接到电平指示灯插孔中。

注意:74LS00 和 74LS20 的 $V_{cc}$、GND 必须分别连接到实验平台直流电源部分的 +5 V 处和接地处,否则集成电路将无法工作。

图 1.27 三人表决器电路原理图

74LS20 中的四输入与非门只用到了三个输入端,对于多余的输入端可采用下述方法中的一种进行处理:

(1) 并联到其他输入端上。

(2) 接电源"+"或者接高电平。

(3) 悬空。

注意:74 系列集成电路属于 TTL 门电路,其输入端悬空可视为输入高电平;CMOS 门电路的多余输入端是禁止悬空的,否则容易损坏集成电路。

### 1.4.3 调试与检修

拨动输入端 $A$、$B$、$C$ 的逻辑电平开关,形成不同的高低电平组合,观察电平指示灯的亮灭,验证电路的逻辑功能并记入表 1.22 中。

表 1.22 三人表决器电路功能检测记录表

| $A$ | $B$ | $C$ | $Y$ | $A$ | $B$ | $C$ | $Y$ |
|---|---|---|---|---|---|---|---|
| 0 | 0 | 0 | | 1 | 0 | 0 | |
| 0 | 0 | 1 | | 1 | 0 | 1 | |
| 0 | 1 | 0 | | 1 | 1 | 0 | |
| 0 | 1 | 1 | | 1 | 1 | 1 | |

如果输出结果与输入中的多数一致,则表明电路功能正确,即多数人同意,电平指示灯亮,表决结果为同意;多数人不同意,电平指示灯灭,表决结果为不同意。

如果电路功能不正确,则应从以下几个方面来检查排除故障:

(1) 检查电路连接是否有误。实验中大部分电路故障都是由于电路连接错误造成的,电路出现故障后首先应对照电路原理图,根据信号的流程由输入到输出逐级检查,找出引起故障的原因。

(2) 重新检测所使用的与非门是否有损坏。在实验中许多元器件是重复使用的,所使用的集成电路即使型号、外观都无异常,但它的内部可能已经损坏,因此,在确认电路没有连接故障后,如果不能正常工作,这时应检测集成电路本身是否损坏。

(3) 实验平台的插孔、逻辑电平开关连接是否松动。长期使用及使用不当容易造成试验

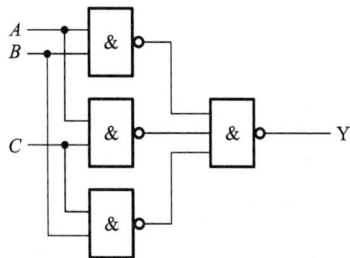

箱面板上的插孔、逻辑电平开关等实验平台内部电路之间的连接脱落,特别是一些松动的插孔。可以用万用表来检查嫌疑点与理论上应该连接的地方是否正常,必要时可以在老师的指导下打开实验平台检查、排除故障。

# 【思考与练习】

1. 数字信号的特点是什么? 数字电路的特点是什么?

2. 下面哪些是模拟量,哪些是数字量?

(1) 电灯开关量　　　　(2) 流入电视机电源线中的输入电流

(3) 房间的温度　　　　(4) 沙滩上的沙粒　　　　(5) 汽车的速度

3. 将下列不同进制的数写成按权展开式。

(1) $327.15_{10}$　　(2) $1011.01_2$　　(3) $437.4_8$　　(4) $3A.1C_{16}$

4. 将下列数制转换为十进制数。

(1) $100_2$　　　　(2) $10101.101_2$　　　　(3) $102_8$

(4) $165.05_8$　　(5) $206_{16}$　　　　(6) $1B5.A_{16}$

5. 将下列十进制数转换为二进制数、八进制数、十六进制数。

(1) 32　　(2) 100　　(3) 1024　　(4) 30.88　　(5) 5.125

6. 将下列二进制数转换成八进制数及十六进制数。

(1) $110101001001_2$　　(2) $0.10011_2$　　(3) $1011111.01101_2$

7. 将下列八进制数转换为十进制数、二进制数和十六进制数。

(1) $16_8$　　(2) $172_8$　　(3) $61.53_8$　　(4) $126.74_8$

8. 将下列十六进制数转换为十进制数、二进制数和八进制数。

(1) $2A_{16}$　　(2) $B2F_{16}$　　(3) $D3.E_{16}$　　(4) $1C3.F9_{16}$

9. 将下列十进制数分别用8421BCD、5421BCD、余3码、格雷码表示。

(1) 48　　　　　　(2) 579.8

10. 将下列码制转换为对应的十进制数。

(1) $001110000110_{8421BCD}$　　　　(2) $001110101011_{5421BCD}$

(3) $11000011_{XS3}$　　　　　　(4) $11000100_{Gray}$

11. 当用两输入与门的一个输入端传输信号时,作为控制端的另一端应加(　　)电平。

12. 当与门控制输入端为(　　)电平时关闭,输出锁定在(　　)状态;当控制输入端为(　　)电平时打开,输出数据与输入数据(　　)。

13. 当或门控制输入端为(　　)电平时关闭,输出锁定在(　　)状态;当控制输入端为(　　)电平时打开,输出数据与输入数据(　　)。

14. 当二输入异或门的输入端电平(　　)(相同,不相同)时,其输出为1。

15. 将二输入异或门用作反相器时,应将另一输入端接(　　)电平。

16. 当二输入异或非门的输入端电平(　　)(相同,不相同)时,其输出为1。

17. 写出图1.28所示各门电路的输出结果。

18. 列出下列问题的真值表。

(1) 有 $A$、$B$、$C$ 三个输入信号,如果三个输入信号均为1或其中两个信号为0时,输出信

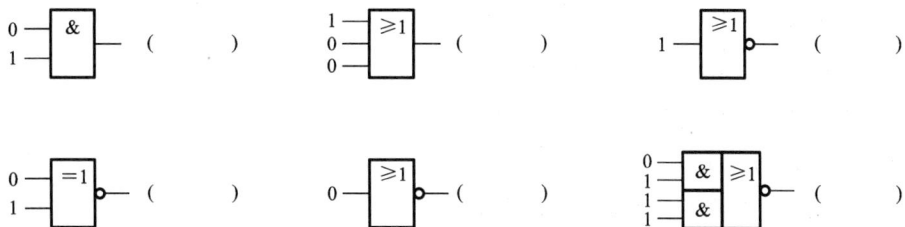

**图 1.28 题 17 图**

号 $Y=1$;其余情况下,输出信号 $Y=0$。

（2）有 $A$、$B$、$C$、$D$ 四个输入信号,当四个输入信号出现偶数个 0 时,输出为 1;其余情况下,输出为 0。

19. 求图 1.29 中逻辑电路图的逻辑表达式。

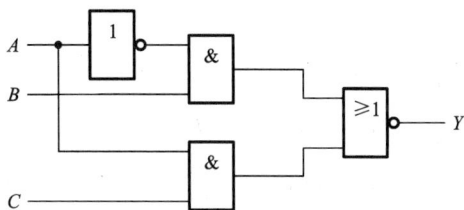

**图 1.29 题 19 图**

20. 使用反相器、与门和或门,实现逻辑表达式 $Y=\overline{A}BC+A\overline{B}C+AB\overline{C}$,并画出电路图。

21. 逻辑函数的表示方法有哪些?

22. 卡诺图相邻方格所代表的最小项只有(　　　)个变量取值不同。

23. $n$ 变量卡诺图中的方格数等于(　　　)。

24. 卡诺图的方格中,变量取值按(　　　)(二进制码,格雷码)顺序排列。

25. 逻辑函数 $F=(A+B)(C+\overline{D})$ 的反函数 $\overline{F}=($　　　$)$,对偶函数 $F^{*}=($　　　$)$。

26. 逻辑函数 $F=\overline{A+B+\overline{\overline{C}\overline{D}+\overline{E}}}$ 的反函数 $\overline{F}=($　　　$)$,对偶函数 $F^{*}=($　　　$)$。

27. 回答下列问题:

（1）如果已知 $X+Y=X+Z$,那么 $Y=Z$,正确吗? 为什么?

（2）如果已知 $XY=XZ$,那么 $Y=Z$,正确吗? 为什么?

（3）如果已知 $X+Y=X+Z$,那么 $XY=XZ$,正确吗? 为什么?

（4）如果已知 $X+Y=X\cdot Y$,那么 $X=Y$,正确吗? 为什么?

28. 用公式法将下列各逻辑函数化简为最简与或式。

（1）$F(A,B)=(A+B)(A\overline{B})$

（2）$F(A,B,C,D)=(\overline{\overline{A}B+\overline{A}\overline{B}}\cdot\overline{C}+ABC)(AD+BC)$

（3）$F(A,B,C)=A+ABC+A\overline{B}\overline{C}+BC+\overline{B}\overline{C}$

（4）$F(A,B,C,D,E)=AC+\overline{B}C+B\overline{D}+C\overline{D}+A(B+\overline{C})+\overline{A}BC\overline{D}+A\overline{B}DE$

（5）$F(A,B,C)=A+\overline{A}BCD+A\overline{B}\overline{C}+BC+\overline{B}\overline{C}$

（6）$F(A,B,C,D)=ABC\overline{D}+ABD+BC\overline{D}+ABCD+B\overline{C}$

(7) $F(A,B,C)=\overline{\overline{AC}+\overline{A}BC}+\overline{\overline{BC}+AB\overline{C}}$

(8) $F(A,B,C)=\overline{\overline{A\overline{B}+ABC}+A(B+A\overline{B})}$

(9) $F(A,B,C)=\overline{A}\,\overline{B}+(AB+A\overline{B}+\overline{A}B)C$

(10) $F(A,B,C)=\overline{\overline{AB+\overline{A}\,\overline{B}}\cdot\overline{BC+\overline{B}\,\overline{C}}}$

29. 将下列逻辑函数展开为最小项表达式。

(1) $F(A,B,C)=\overline{A}(B+\overline{C})$

(2) $F(A,B,C,D)=\overline{\overline{A}\overline{B}+AB\overline{D}}\cdot(B+\overline{C}D)$

30. 用卡诺图化简下列逻辑函数。

(1) $F(A,B,C)=A\overline{B}\,\overline{C}+\overline{A}\,\overline{C}+\overline{B}C$

(2) $F(A,B,C,D)=ABD+A\overline{B}D+\overline{A}BCD+\overline{A}BC\overline{D}+\overline{A}BCD$

(3) $F(A,B,C,D)=\sum m(0,2,3,5,7,8,10,11,13,15)$

(4) $F(A,B,C,D)=\sum m(1,2,3,4,5,7,9,15)$

(5) $F(A,B,C,D)=\sum m(0,3,4,5,6,7,12,14,15)$

(6) $F(A,B,C,D)=\sum m(2,4,6,8)+\sum d(10,11,12,13,14,15)$

(7) $F(A,B,C,D)=\sum m(4,5,7,8,9)+\sum d(11,12,13,15)$

(8) $F(A,B,C,D)=AB\overline{C}+AB\overline{D}+\overline{A}BC+AC\overline{D}$,且 $\overline{B}\overline{C}+\overline{B}CD=0$

# 项目 2　译码显示电路的设计与调试

**【知识目标】**

➤ 掌握组合逻辑电路的分析和设计。

➤ 掌握编码器、译码器、数据选择器及数据分配器等器件的逻辑功能。

➤ 熟悉编码器、译码器、数据选择器及数据分配器的基本应用。

➤ 掌握半加器、全加器的功能和应用。

➤ 掌握数值比较器的功能及数值比较器的扩展方法。

➤ 熟悉译码显示电路的工作原理。

**【能力目标】**

➤ 能用逻辑函数化简方法对组合逻辑电路进行逻辑化简。

➤ 能用基本的门电路设计和制作组合逻辑电路。

➤ 能够对一些简单电路进行优化设计和对产品部分功能进行改造。

➤ 会识别编码器、译码器和数码管的型号,明确各引脚功能。

➤ 能完成组合逻辑电路的安装、调试与检测。

➤ 能完成译码显示电路的设计与调试。

**【项目介绍】**

译码显示电路是电子系统中必不可少的组成单元,实现的基本思路就是将数字信号进行译码,使译码结果驱动七段数码显示管,显示出与输入相对应的十进制数或符号。本项目通过介绍组合逻辑电路的基本特点、基本概念和分析设计方法,以及组合逻辑电路中带有特征意义的编码器电路、译码器电路、加法器电路、数据选择器和数据分配器电路等知识,为项目的实现打好坚固的理论基础,在此基础之上完成本项目的电路设计与调试。

本项目通过各任务的介绍,帮助同学们掌握组合逻辑电路的设计,使同学们学会识别编码器、译码器和数码管的型号,明确各引脚功能,分析和调试常用的中规模集成芯片的基本应用电路,并能够根据要求对数字应用电路进行设计和软件仿真,为实际应用中规模集成芯片进行电路设计打下必要的基础。

# 任务 2.1　组合逻辑电路

**【任务要求】**

组合逻辑电路中,有两个方面的问题是需要掌握的:第一个是对于给定的组合电路,确定其逻辑功能,即组合电路的分析;第二个是对于给定的逻辑功能要求,在电路上如何实现它,即组合电路的设计。要解决这两方面的问题必须把门电路和逻辑代数的知识紧密地联系起来。

**【任务目标】**

➤ 了解组合逻辑电路的概念及特点。

➤ 熟悉组合逻辑电路的一般分析方法,并能掌握应用。

➤ 熟悉组合逻辑电路的设计方法,并能掌握应用。

数字电路根据逻辑功能的不同特点,可以分成两大类:一类叫组合逻辑电路(简称组合电路);另一类叫时序逻辑电路(简称时序电路)。

## 2.1.1 组合逻辑电路的定义

如果一个逻辑电路任何时刻的输出状态只取决于这一时刻的输入状态,而与电路原来状态无关的电路,这样的逻辑电路称为组合逻辑电路。若逻辑电路只有一个输出量,则称为单输出逻辑电路;若有一个以上输出量,则称为多输出逻辑电路。

如图 2.1 所示,在 $t=a$ 时刻有输入 $X_0, X_1, \cdots, X_{n-1}$,那么在 $t=a$ 时刻就有输出 $F_0, F_1, \cdots, F_{m-1}$,每个输出都是输入 $X_0, X_1, \cdots, X_{n-1}$ 的函数。组合逻辑电路的输出与输入之间可以用如下逻辑函数表示:

$$F_i = f_i(X_0, X_1, \cdots, X_{n-1}), \quad i = 0, 2, \cdots, m-1$$

图 2.1 组合逻辑电路框图

从上可以看出,组合逻辑电路有以下特点。

(1) 功能上:任一时刻的输出仅取决于这一时刻的输入,与电路原来的状态无关。

(2) 电路结构上:只由逻辑门组成,不包含记忆元件。

## 2.1.2 组合逻辑电路的分析步骤与举例

### 1. 组合逻辑电路分析步骤

分析组合逻辑电路的目的,就是针对给定的组合电路利用门电路和逻辑代数知识,确定电路的逻辑功能。这也是了解和掌握组合逻辑电路模块逻辑功能的主要手段。组合电路的分析流程如图 2.2 所示。

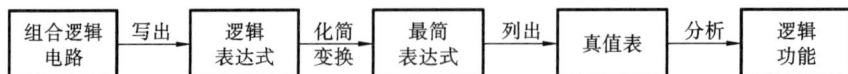

图 2.2 组合逻辑电路分析流程

### 2. 组合逻辑电路分析举例

下面举例说明组合逻辑电路的分析方法。

**【例 2-1】** 已知逻辑电路如图 2.3 所示,分析该电路逻辑功能。

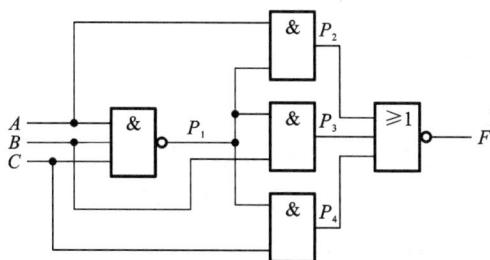

图 2.3　例 2-1 图

**解**　具体分析步骤如下。

(1) 根据给定的逻辑电路图,写出输出逻辑表达式。根据组成电路各逻辑门的功能,从输入到输出逐级写出各逻辑门的逻辑函数表达式。

$$\begin{cases} P_1 = \overline{ABC} \\ P_2 = P_1 \cdot A = \overline{ABC} \cdot A \\ P_3 = P_1 \cdot B = \overline{ABC} \cdot B \\ P_4 = P_1 \cdot C = \overline{ABC} \cdot C \end{cases} \tag{2.1}$$

输出函数表达式为

$$F = \overline{P_2 + P_3 + P_4} = \overline{\overline{ABC} \cdot A + \overline{ABC} \cdot B + \overline{ABC} \cdot C} \tag{2.2}$$

(2) 将式(2.2)逻辑函数表达式化简和变换成最简单的表达式。

$$F = \overline{\overline{ABC} \cdot A + \overline{ABC} \cdot B + \overline{ABC} \cdot C} = ABC + \overline{A + B + C} = ABC + \overline{A}\,\overline{B}\,\overline{C} \tag{2.3}$$

(3) 根据化简后的逻辑列出真值表。由式(2.3)可得表 2.1 所示的真值表。

表 2.1　例 2-1 真值表

| $A$ | $B$ | $C$ | $F$ |
|---|---|---|---|
| 0 | 0 | 0 | 1 |
| 0 | 0 | 1 | 0 |
| 0 | 1 | 0 | 0 |
| 0 | 1 | 1 | 0 |
| 1 | 0 | 0 | 0 |
| 1 | 0 | 1 | 0 |
| 1 | 1 | 0 | 0 |
| 1 | 1 | 1 | 1 |

(4) 根据真值表和化简后的逻辑表达式(2.3)对逻辑电路进行分析,最后确定其功能。

根据真值表,分析输出、输入之间的取值关系可知,仅当输入量 $A$、$B$、$C$ 取值都为 0 或都为 1 时,输出 $Y$ 的值为 1,其他情况输出 $Y$ 均为 0。所以该电路具有检查输入信号是否一致的逻辑功能,一旦输出为 0,则表明输入不一致。这种电路通常称为不一致电路。在一些可靠性要求较高的系统中,往往采用几套设备同时工作,一旦运行结果不一致便发报警信号。

### 2.1.3 组合逻辑电路的设计步骤与举例

**1. 组合逻辑电路设计步骤**

由上面可知,分析组合逻辑电路是根据给定的组合电路逻辑图,分析出其逻辑功能。那么设计组合逻辑电路是分析组合逻辑电路的逆过程,是根据给定的逻辑功能要求,设计出一个能实现这种功能的最简逻辑电路。组合电路的设计流程如图2.4所示。

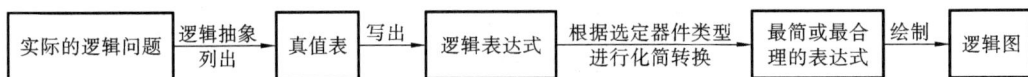

图 2.4 组合逻辑电路设计流程

其中逻辑抽象是设计的难点,它的工作过程如下。

(1) 确定输入变量和输出变量:常把引起事件的原因定义为输入变量,事件的结果定义为输出变量。

(2) 定义逻辑状态的含义:对输入变量、输出变量进行编码,并明确0、1所代表的具体含义。

(3) 列真值表:根据给定的因果关系,列出真值表。

**2. 组合逻辑电路设计举例**

【例 2-2】 设计一个用与非门实现三人表决电路,逻辑功能要求:表决结果要体现少数服从多数的原则。

**解** (1)进行逻辑抽象,建立真值表。

① 确定输入变量和输出变量。

输入变量有三个参加表决的人,用 $A$、$B$、$C$ 表示。

输出变量为表决结果,用 $F$ 表示。

② 定义逻辑状态的含义。

输入变量:"1"代表赞成,"0"代表反对。

输出变量:"1"代表多数赞成,"0"代表多数反对。

根据题意,列真值表如表2.2所示。

表 2.2 例 2-2 真值表

| $A$ | $B$ | $C$ | $F$ |
| --- | --- | --- | --- |
| 0 | 0 | 0 | 0 |
| 0 | 0 | 1 | 0 |
| 0 | 1 | 0 | 0 |
| 0 | 1 | 1 | 1 |
| 1 | 0 | 0 | 0 |
| 1 | 0 | 1 | 1 |
| 1 | 1 | 0 | 1 |
| 1 | 1 | 1 | 1 |

（2）根据真值表写出逻辑函数的"最小项之和"表达式：

$$F = \overline{A}BC + A\overline{B}C + AB\overline{C} + ABC \qquad (2.4)$$

（3）因题中要求用与非门设计，因此将式（2.4）化简，并转换成与非形式：

$$F = \overline{A}BC + A\overline{B}C + AB\overline{C} + ABC = BC + AC + AB$$
$$= \overline{\overline{BC} \cdot \overline{AC} \cdot \overline{AB}} \qquad (2.5)$$

（4）根据式（2.5）画出逻辑电路图，如图 2.5 所示。

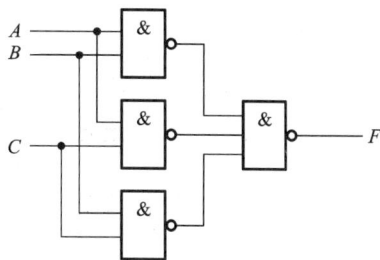

图 2.5 例 2-2 逻辑电路图

**【例 2-3】** 设计一个电话机信号控制电路。电路有 $I_0$（火警）、$I_1$（盗警）和 $I_2$（日常业务）三种输入信号，通过排队电路分别从 $L_0$、$L_1$ 和 $L_2$ 输出，在同一时间只能有一个信号通过；如果同时有两个或两个以上信号出现时，应首先接通火警信号，其次为盗警信号，最后是日常业务信号。试按照上述轻重缓急设计该信号控制电路。要求用集成门电路 74LS00（每片有 4 个二输入端"与非"门）实现。

**解** （1）进行逻辑抽象，建立真值表。

① 确定输入变量和输出变量。

输入变量有火警、盗警和日常业务三种输入信号，用 $I_0$、$I_1$ 和 $I_2$ 表示。

输出变量为 3 个输出信号，用 $L_0$、$L_1$、$L_2$ 表示。

② 定义逻辑状态的含义。

输入变量："1"代表信号出现，"0"代表信号未出现。

输出变量："1"代表信号接通，"0"代表信号未接通。

根据题意，列真值表如表 2.3 所示（表中"×"代表信号可能出现，也可能未出现）。

表 2.3 例 2-3 真值表

| $I_0$ | $I_1$ | $I_2$ | $L_0$ | $L_1$ | $L_2$ |
|-------|-------|-------|-------|-------|-------|
| 0 | 0 | 0 | 0 | 0 | 0 |
| 1 | × | × | 1 | 0 | 0 |
| 0 | 1 | × | 0 | 1 | 0 |
| 0 | 0 | 1 | 0 | 0 | 1 |

（2）根据真值表写出逻辑函数表达式：

$$L_0 = I_0$$
$$L_1 = \overline{I_0} I_1 \qquad (2.6)$$
$$L_2 = \overline{I_0}\,\overline{I_1} I_2$$

（3）因题中要求用与非门设计，因此将式（2.6）转换成与非形式：

$$L_0 = I_0$$
$$L_1 = \overline{\overline{\overline{I_0} I_1}} \qquad (2.7)$$
$$L_2 = \overline{\overline{\overline{I_0}\,\overline{I_1} I_2}} = \overline{\overline{\overline{\overline{I_0}\,\overline{I_1} I_2}}}$$

（4）根据式（2.7），可用两片 74LS00 来实现，画出逻辑电路图，如图 2.6 所示。

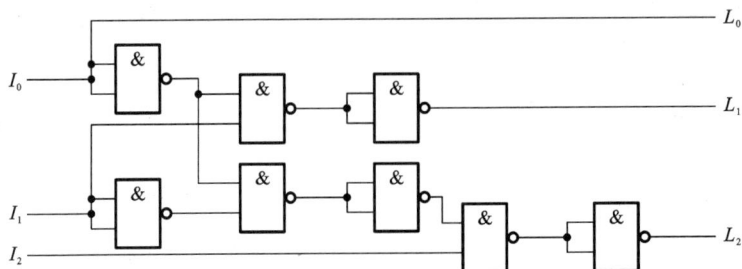

图 2.6  例 2-3 逻辑电路图

由上述分析可知,在设计逻辑电路时,并不是表达式最简单就能满足设计要求,还应该考虑所使用集成器件的种类;将逻辑表达式转换成所用集成器件实现形式,并尽量使所用集成器件最少,这就是基本设计步骤所说的"最合理表达式"。

# 任务 2.2  编码器

【任务要求】

学习编码器的逻辑功能及其对应芯片的基本应用。

【任务目标】

➤ 理解编码器的概念及编码器的分类。

➤ 掌握优先编码器 74LS148 的功能和特点。

## 2.2.1  编码器的概念

在数字系统里,常需将某一信息(输入)变换为某一特定的代码(输出)。把二进制码按照一定的规律编排,如 8421 码、格雷码等,使每组代码具有一特定的含义(代表某个数字或控制信号)称为编码。具有编码功能的逻辑电路称为编码器。

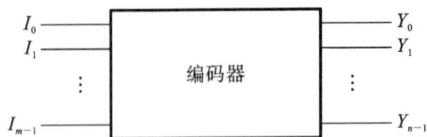

图 2.7  编码器框图

编码器输入的是被编的信号,输出的是所使用的二进制代码,其结构框图如图 2.7 所示。

其中,输入端个数 $m$ 和输出端个数 $n$ 应满足的关系为 $2^n \geqslant m$。习惯上把有 $m$ 个输入端、$n$ 个输出端的编码器称为 $m$ 线-$n$ 线编码器。

根据被编信号的不同特点和要求,编码器可分为普通编码器和优先编码器;根据输出代码的位数与输入信号数之间的关系,编码器可分为二进制编码器和二-十进制编码器两类。其中,普通编码器的输入变量是互相排斥的,即编码器任何时刻只能对其中一个输入端进行编码,使需要编码的输入端有效,而其他输入端无效,这样输出端只有一组代码相对应,否则输出端将发生混乱。有效信号有两种方式:一种是使需要编码的输入端加高电平,而其他输入端加低电平,这称为"输入高电平有效";另一种是"输入低电平有效"。优先编码器可以同时有多个输入端为有效电平,但电路只对其中优先级别最高的信号进行编码,其他信号均不被编码。其输入信号的优先级别是设计人员根据需要预先确定的。在实际产品中均采用优先编码器。

### 2.2.2 二进制编码器

二进制编码器是指用 $n$ 位二进制代码对 $m = 2^n$ 个信号进行编码的电路。

对于二进制编码器,有普通编码器(单输入有效)和优先编码器(允许多输入有效)之分。现以 3 位二进制普通编码器为例来了解它的工作原理。

3 位二进制编码器有 8 个输入端和 3 个输出端,所以常称为 8 线-3 线编码器。假设 3 位二进制普通编码器的输入端 $I_0 \sim I_7$ 信号是高电平有效,输出端是 3 位二进制代码 $Y_0 \sim Y_2$。由于普通编码器在任何时刻,只能对一个输入信号进行编码,即不允许有两个和两个以上输入信号同时有效的情况出现。对其编码,则可得到如表 2.4 所示的真值表。

表 2.4　3 位二进制编码器的真值表

| $I_0$ | $I_1$ | $I_2$ | $I_3$ | $I_4$ | $I_5$ | $I_6$ | $I_7$ | $Y_2$ | $Y_1$ | $Y_0$ |
|---|---|---|---|---|---|---|---|---|---|---|
| 1 | 0 | 0 | 0 | 0 | 0 | 0 | 0 | 0 | 0 | 0 |
| 0 | 1 | 0 | 0 | 0 | 0 | 0 | 0 | 0 | 0 | 1 |
| 0 | 0 | 1 | 0 | 0 | 0 | 0 | 0 | 0 | 1 | 0 |
| 0 | 0 | 0 | 1 | 0 | 0 | 0 | 0 | 0 | 1 | 1 |
| 0 | 0 | 0 | 0 | 1 | 0 | 0 | 0 | 1 | 0 | 0 |
| 0 | 0 | 0 | 0 | 0 | 1 | 0 | 0 | 1 | 0 | 1 |
| 0 | 0 | 0 | 0 | 0 | 0 | 1 | 0 | 1 | 1 | 0 |
| 0 | 0 | 0 | 0 | 0 | 0 | 0 | 1 | 1 | 1 | 1 |

由于 $I_0 \sim I_7$ 是一组互相排斥的变量,所以只需写出输入为 1 时的输出对应的值,则简化后的真值表如表 2.5 所示。

表 2.5　化简后的真值表

| 输　　入 | 输　　出 | | |
|---|---|---|---|
| $I$ | $Y_2$ | $Y_1$ | $Y_0$ |
| $I_0$ | 0 | 0 | 0 |
| $I_1$ | 0 | 0 | 1 |
| $I_2$ | 0 | 1 | 0 |
| $I_3$ | 0 | 1 | 1 |
| $I_4$ | 1 | 0 | 0 |
| $I_5$ | 1 | 0 | 1 |
| $I_6$ | 1 | 1 | 0 |
| $I_7$ | 1 | 1 | 1 |

由真值表写出各输出的逻辑表达式为

$$Y_2 = I_4 + I_5 + I_6 + I_7 \tag{2.8}$$

$$Y_1 = I_2 + I_3 + I_6 + I_7 \tag{2.9}$$

$$Y_0 = I_1 + I_3 + I_5 + I_7 \tag{2.10}$$

根据式(2.8)~式(2.10),可用门电路实现逻辑电路,如图2.8所示。

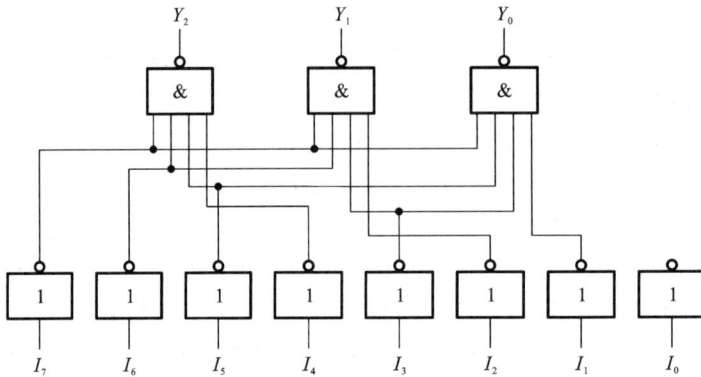

**图2.8 3位二进制编码器的逻辑电路图**

### 2.2.3 优先编码器

在数字系统中,特别是在计算机系统中,常要控制几个工作对象,如微型计算机主机要控制打印机、磁盘驱动器和输入键盘等。当某个部件需要实行操作时,必须先送一个信号给主机(称为服务请求),经主机识别后再发出允许操作信号(服务响应),并按事先编好的程序工作。这里会有几个部件同时发出服务请求的可能,而在同一时刻只能给其中一个部件发出允许操作信号。因此,必须根据轻重缓急,规定好这些控制对象允许操作的先后次序,即优先级别。识别这类请示信号的优先级别并进行编码的逻辑部件称为优先编码器。优先编码器的特点是允许同时输入两个以上编码信号。不过在设计优先编码器时已经将所有的输入信号按优先顺序排了队,当几个输入信号同时出现时,只对其中优先权最高的一个进行编码。

74LS148是一种常用的8线-3线优先编码器,如图2.9所示。其中0~7为编码输入端,低电平有效;$A_0$~$A_2$为编码输出端,也为低电平有效,即反码输出;其真值表如表2.6所示。

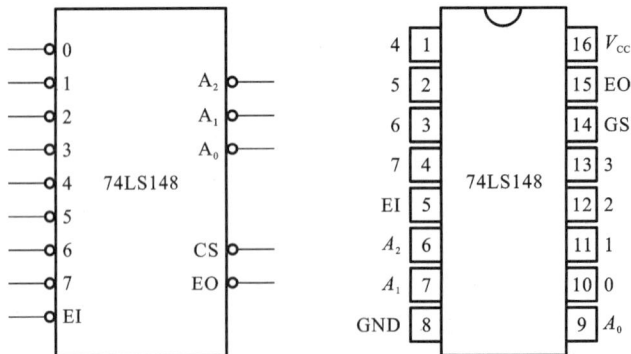

**图2.9 74LS148的逻辑符号和引脚图**

表 2.6　74LS148 真值表

| | 输 | | | 入 | | | | | | 输 | | 出 | | |
|---|---|---|---|---|---|---|---|---|---|---|---|---|---|---|
| EI | 7 | 6 | 5 | 4 | 3 | 2 | 1 | 0 | CS | EO | $A_2$ | $A_1$ | $A_0$ |
| 1 | × | × | × | × | × | × | × | × | 1 | 1 | 1 | 1 | 1 |
| 0 | 1 | 1 | 1 | 1 | 1 | 1 | 1 | 1 | 1 | 0 | 1 | 1 | 1 |
| 0 | 0 | × | × | × | × | × | × | × | 0 | 1 | 0 | 0 | 0 |
| 0 | 1 | 0 | × | × | × | × | × | × | 0 | 1 | 0 | 0 | 1 |
| 0 | 1 | 1 | 0 | × | × | × | × | × | 0 | 1 | 0 | 1 | 0 |
| 0 | 1 | 1 | 1 | 0 | × | × | × | × | 0 | 1 | 0 | 1 | 1 |
| 0 | 1 | 1 | 1 | 1 | 0 | × | × | × | 0 | 1 | 1 | 0 | 0 |
| 0 | 1 | 1 | 1 | 1 | 1 | 0 | × | × | 0 | 1 | 1 | 0 | 1 |
| 0 | 1 | 1 | 1 | 1 | 1 | 1 | 0 | × | 0 | 1 | 1 | 1 | 0 |
| 0 | 1 | 1 | 1 | 1 | 1 | 1 | 1 | 0 | 0 | 1 | 1 | 1 | 1 |

由 74LS148 真值表可知：

（1）EI 为使能输入端，低电平有效。只有当 EI=0 时编码器工作，当 EI=1 时编码器不工作，所有输出端锁定为高电平。

（2）优先顺序为 7→0，即 7 的优先级最高，然后是 6、5、…、0，即只要 7 为低电平时，不管其他输入端是 0 还是 1，只对输入 7 编码，且对应的输出为反码有效，$A_2A_1A_0=000$。

（3）EO 为使能输出端，低电平有效，指示是否有输出。当 EI=0 允许工作，且编码输入端都是高电平（即没有编码输入）时，EO=0，表示编码器处于工作状态。因此，EO 低电平输出时，表示"电路工作，但无编码信号输入"。

（4）CS 为编码器的扩展输出端，低电平有效。当 EI=0 允许工作，且只要任一编码输入端有低电平信号输入时，CS=0。故 CS 的低电平实际上表示"电路工作，且有编码信号输入"。

### 2.2.4　二-十进制编码器

将十进制数的十个数字 0～9 编成二进制代码的电路，称为二-十进制编码器。要对 10 个信号进行编码，至少需要 4 位二进制代码，即 $2^4 > 10$，所以二-十进制编码器的输出信号为 4 位。

4 位二进制代码可以组成 16 种组合，而十进制编码器只需其中的 10 个组合，所以编码方式也很多，如 8421 码、5421 码、循环码、余三码等。最常用的 8421 码是在 4 位二进制态中取出前面 10 种状态，表示 0～9 十个数码，后面 6 个状态去掉。如表 2.7 所示，二进制代码各位所代表的十进制数从高到低位依次为 8、4、2、1，称为"权"，而后把每个"权"相加即得出该二进制代码所表示的 1 位十进制数。

表 2.7　二-十进制编码器的真值表

| 输入 | $D$ | $C$ | $B$ | $A$ |
|------|-----|-----|-----|-----|
| $I_0$ | 0 | 0 | 0 | 0 |
| $I_1$ | 0 | 0 | 0 | 1 |
| $I_2$ | 0 | 0 | 1 | 0 |
| $I_3$ | 0 | 0 | 1 | 1 |
| $I_4$ | 0 | 1 | 0 | 0 |
| $I_5$ | 0 | 1 | 0 | 1 |
| $I_6$ | 0 | 1 | 1 | 0 |
| $I_7$ | 0 | 1 | 1 | 1 |
| $I_8$ | 1 | 0 | 0 | 0 |
| $I_9$ | 1 | 0 | 0 | 1 |

根据真值表,输出函数的逻辑表达式为

$$D = I_8 + I_9 \tag{2.11}$$

$$C = I_4 + I_5 + I_6 + I_7 \tag{2.12}$$

$$B = I_2 + I_3 + I_6 + I_7 \tag{2.13}$$

$$A = I_1 + I_3 + I_5 + I_7 + I_9 \tag{2.14}$$

根据式(2.11)～式(2.14),可直接画出二-十进制编码器逻辑图,如图 2.10 所示。

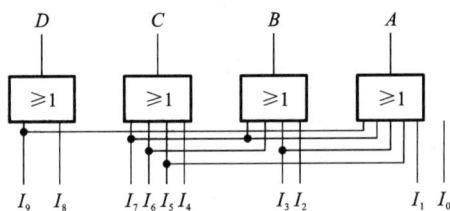

图 2.10　二-十进制编码器逻辑图

与二进制编码器类似,二-十进制编码器也有普通编码器和优先编码器之分。目前,常用的二-十进制编码器有 74LS147 优先编码器。它的逻辑符号和引脚图如图 2.11 所示,它的真值表如表 2.8 所示。

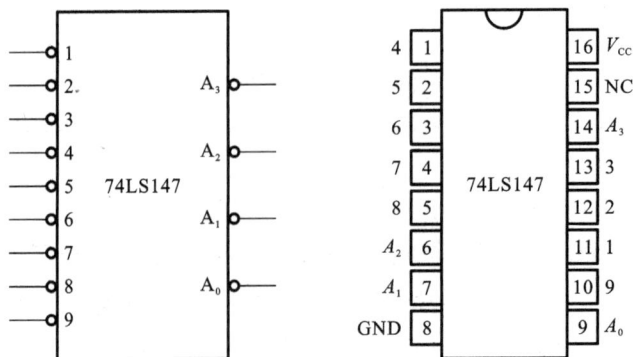

图 2.11　74LS147 的逻辑符号和引脚图

表 2.8 **74LS147 真值表**

| 输 入 | | | | | | | | | 输 出 | | | |
|---|---|---|---|---|---|---|---|---|---|---|---|---|
| 9 | 8 | 7 | 6 | 5 | 4 | 3 | 2 | 1 | $A_3$ | $A_2$ | $A_1$ | $A_0$ |
| 1 | 1 | 1 | 1 | 1 | 1 | 1 | 1 | 1 | 1 | 1 | 1 | 1 |
| 0 | × | × | × | × | × | × | × | × | 0 | 1 | 1 | 0 |
| 1 | 0 | × | × | × | × | × | × | × | 0 | 1 | 1 | 1 |
| 1 | 1 | 0 | × | × | × | × | × | × | 1 | 0 | 0 | 0 |
| 1 | 1 | 1 | 0 | × | × | × | × | × | 1 | 0 | 0 | 1 |
| 1 | 1 | 1 | 1 | 0 | × | × | × | × | 1 | 0 | 1 | 0 |
| 1 | 1 | 1 | 1 | 1 | 0 | × | × | × | 1 | 0 | 1 | 1 |
| 1 | 1 | 1 | 1 | 1 | 1 | 0 | × | × | 1 | 1 | 0 | 0 |
| 1 | 1 | 1 | 1 | 1 | 1 | 1 | 0 | × | 1 | 1 | 0 | 1 |
| 1 | 1 | 1 | 1 | 1 | 1 | 1 | 1 | 0 | 1 | 1 | 1 | 0 |

由表 2.8 可知,74LS147 的优先级别从 9 至 1 递降,输入端为低电平有效,当输入端 1～9 均无效时,表示对 0 进行编码。输出端均以反码的形式出现。

### 2.2.5 编码器应用举例

由于集成电路受电路芯片面积和外部封装大小的限制,其管脚数目通常是有限的,为适应实际应用的需求,当编码输入信号过多时,就必须对芯片进行扩展,以获得大容量的编码器。

【**例 2-4**】 试用两片 74LS148 扩展为 16 线-4 线优先编码器,将 16 个低电平输入信号 $I_{15}$～$I_0$ 编为 0000～1111 的 16 个 4 位二进制代码,其中 $I_0$ 的优先权最低,$I_{15}$ 的优先权最高。试分析其工作原理。

**解** 由题意可得,$I_0$～$I_{15}$ 为编码器的输入端,设 $Y_3$～$Y_0$ 为编码器的输出端,且输入、输出均为低电平有效。由于每片 74LS148 只有 8 个输入端,可将优先级高的 $I_{15}$～$I_8$ 输入端接在一片 74LS148,称为高位片;优先级低的 $I_7$～$I_0$ 的输入端接在另一片 74LS148 上,称为低位片。

按照优先顺序要求,只有 $I_{15}$～$I_8$ 均无输入信号时,才允许对 $I_7$～$I_0$ 的输入信号进行编码。因此,当高位片有信号输入时,低位片不工作,即高位片的 EO=1,低位片的 EI=1;同样,当高位片无信号输入时,低位片工作,即高位片的 EO=0,低位片的 EI=0。可以看出,高位片的 EO 端和低位片的 EI 端始终保持一致,所以可将高位片的 EO 端直接连接低位片的 EI 端。

此外,当高位片有信号输入,低位片不工作时,16 线-4 线优先编码器的输出为反码有效,即 $Y_3Y_2Y_1Y_0=0×××$;高位片的输出为 $A_2A_1A_0$,低位片的输出为 111。当高位片无信号输入,低位片工作时,16 线-4 线优先编码器的输出为 $Y_3Y_2Y_1Y_0=1×××$;高位片的输出为 111,低位片的输出为 $A_2A_1A_0$。由于高位片有编码输入时,高位片的 CS=0,无编码输入时,高位片的 CS=1。可以看出,输出的最高位 $Y_3$ 的值和高位片的 CS 一致,所以可将 $Y_3$ 端直接连在高位片的 CS 端。16 线-4 线优先编码器输出的低 3 位应为两片输出的逻辑与,所以可将

高位片的 $A_0$ 端和低位片的 $A_0$ 端与后,再与输出端 $Y_0$ 端连接,$Y_2$、$Y_1$ 连接与 $Y_0$ 连接方式一样。

据以上分析,可得 16 线-4 线优先编码器的连接图,如图 2.12 所示。

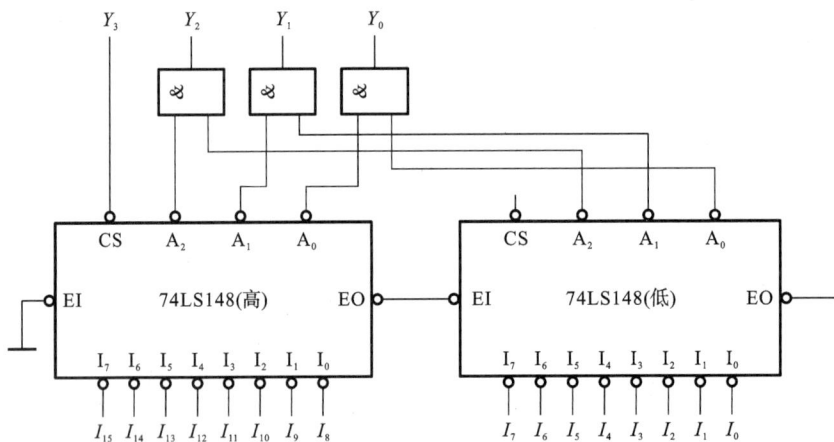

图 2.12　用两片 8 线-3 线优先编码器扩展为 16 线-4 线优先编码器

# 任务 2.3　译码器

【任务要求】

学习译码器的逻辑功能及其对应芯片的基本应用。

【任务目标】

➢ 了解译码器的概念与分类。

➢ 熟悉显示译码器的逻辑功能与特点。

➢ 掌握七段数码管的功能特点及应用。

➢ 理解译码器 74LS138 的逻辑功能。

➢ 掌握用 74LS138 实现逻辑函数的方法。

## 2.3.1　译码器的概念

译码是编码的逆过程,其作用正好与编码相反。它将输入的具有特定含义的二进制代码"翻译"成特定的输出信号。在数字电路中,能够实现译码功能的逻辑部件称为译码器。译码器输入的是二进制代码,输出的是与输入代码相对应的信息,其结构框图如图 2.13 所示。

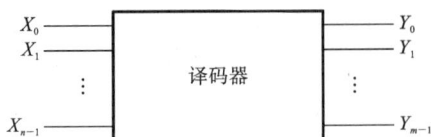

图 2.13　译码器框图

其中,输入端个数 $n$ 和输出端个数 $m$ 应满足的关系为 $m \leqslant 2^n$。如果 $m = 2^n$,则称为全译码器。常见的全译码器有 2 线-4 线译码器、3 线-8 线译码器等。如果 $m < 2^n$,则称为部分译码器,如二-十进制

译码器等。

译码器的种类有很多,常用的译码器有二进制译码器、二-十进制译码器及显示译码器等。

### 2.3.2 二进制译码器

二进制译码器是全译码器,能把二进制代码的所有组合状态都翻译出来。由于二进制译码器每输入一种代码的组合时,在 $2^n$ 个输出中只有一个对应的输出为有效电平,其余为非有效电平,所以这种译码器通常又称为唯一地址译码器,常用作存储器的地址译码器及控制器的指令译码器。在地址译码器中,把输入的二进制码称为地址。常见的 MSI 集成译码器有 2 线-4 线、3 线-8 线和 4 线-16 线译码器。图 2.14 为 3 线-8 线译码器的示意图。

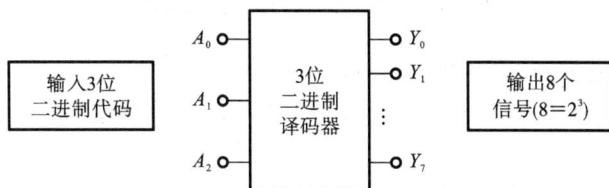

**图 2.14 3 线-8 线译码器示意图**

图中,输入端 $A_2$、$A_1$、$A_0$ 用于输入 3 位二进制代码,$Y_0 \sim Y_7$ 是与代码状态相对应的 8 个信号的输出端。其输出逻辑函数表达式为

$$Y_0 = \overline{A_2}\,\overline{A_1}\,\overline{A_0} \quad Y_1 = \overline{A_2}\,\overline{A_1}A_0 \quad Y_2 = \overline{A_2}A_1\overline{A_0} \quad Y_3 = \overline{A_2}A_1A_0$$
$$Y_4 = A_2\overline{A_1}\,\overline{A_0} \quad Y_5 = A_2\overline{A_1}A_0 \quad Y_6 = A_2A_1\overline{A_0} \quad Y_7 = A_2A_1A_0$$

它是通过输出端的逻辑高电平来识别不同的输入代码,这称为"输出高电平有效"。当改变输入 $A_2$、$A_1$、$A_0$ 的状态时,可得出相应的结果,其真值表如表 2.9 所示。

**表 2.9 3 线-8 线译码器真值表**

| $A_2$ | $A_1$ | $A_0$ | $Y_0$ | $Y_1$ | $Y_2$ | $Y_3$ | $Y_4$ | $Y_5$ | $Y_6$ | $Y_7$ |
|---|---|---|---|---|---|---|---|---|---|---|
| 0 | 0 | 0 | 1 | 0 | 0 | 0 | 0 | 0 | 0 | 0 |
| 0 | 0 | 1 | 0 | 1 | 0 | 0 | 0 | 0 | 0 | 0 |
| 0 | 1 | 0 | 0 | 0 | 1 | 0 | 0 | 0 | 0 | 0 |
| 0 | 1 | 1 | 0 | 0 | 0 | 1 | 0 | 0 | 0 | 0 |
| 1 | 0 | 0 | 0 | 0 | 0 | 0 | 1 | 0 | 0 | 0 |
| 1 | 0 | 1 | 0 | 0 | 0 | 0 | 0 | 1 | 0 | 0 |
| 1 | 1 | 0 | 0 | 0 | 0 | 0 | 0 | 0 | 1 | 0 |
| 1 | 1 | 1 | 0 | 0 | 0 | 0 | 0 | 0 | 0 | 1 |

显而易见,对于每一组输入代码,对应着一个确定的输出信号;反过来说,每一个输出都对应输入变量的一个最小项。

实际中最常用的是集成 3 线-8 线译码器 74LS138,其逻辑功能示意图如图 2.15 所示。

图中,$A_2$、$A_1$、$A_0$ 为二进制译码输入端,其输入为原码;$Y_0 \sim Y_7$ 为译码输出端(低电平有

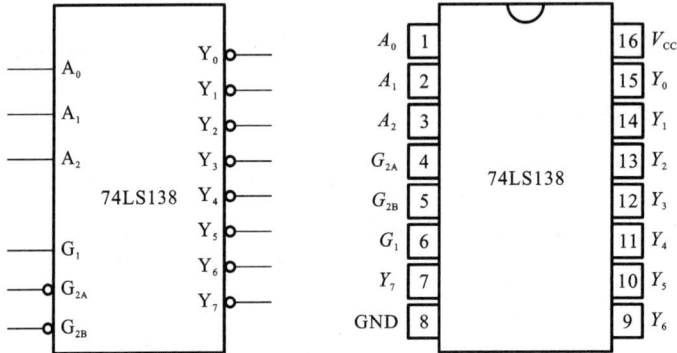

**图 2.15** 74LS138 **逻辑符号和引脚图**

效),$G_1$、$G_{2A}$、$G_{2B}$为选通控制端,其状态控制译码器的工作。当$G_1=1$,$G_{2A}+G_{2B}=0$时,译码器处于工作状态;当$G_1=0$或$G_{2A}+G_{2B}=1$时,译码器处于禁止状态,此时的8个输出端均为高电平,即不译码。

表 2.10 所示的为 74LS138 的真值表(其中,$G_2=G_{2A}+G_{2B}$)。

**表 2.10** 74LS138 **的真值表**

| $G_1$ | $G_2$ | $A_2$ | $A_1$ | $A_0$ | $Y_0$ | $Y_1$ | $Y_2$ | $Y_3$ | $Y_4$ | $Y_5$ | $Y_6$ | $Y_7$ |
|---|---|---|---|---|---|---|---|---|---|---|---|---|
| × | 1 | × | × | × | 1 | 1 | 1 | 1 | 1 | 1 | 1 | 1 |
| 0 | × | × | × | × | 1 | 1 | 1 | 1 | 1 | 1 | 1 | 1 |
| 1 | 0 | 0 | 0 | 0 | 0 | 1 | 1 | 1 | 1 | 1 | 1 | 1 |
| 1 | 0 | 0 | 0 | 1 | 1 | 0 | 1 | 1 | 1 | 1 | 1 | 1 |
| 1 | 0 | 0 | 1 | 0 | 1 | 1 | 0 | 1 | 1 | 1 | 1 | 1 |
| 1 | 0 | 0 | 1 | 1 | 1 | 1 | 1 | 0 | 1 | 1 | 1 | 1 |
| 1 | 0 | 1 | 0 | 0 | 1 | 1 | 1 | 1 | 0 | 1 | 1 | 1 |
| 1 | 0 | 1 | 0 | 1 | 1 | 1 | 1 | 1 | 1 | 0 | 1 | 1 |
| 1 | 0 | 1 | 1 | 0 | 1 | 1 | 1 | 1 | 1 | 1 | 0 | 1 |
| 1 | 0 | 1 | 1 | 1 | 1 | 1 | 1 | 1 | 1 | 1 | 1 | 0 |

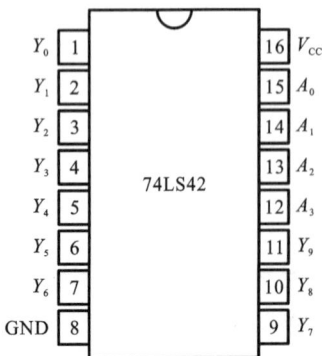

**图 2.16** 74LS42 **引脚图**

由表 2.10 可知,译码器 74LS138 的每一个输出端对应了输入端变量 $A_2$、$A_1$、$A_0$ 组成的所有最小项的非,即译码器的输出提供了输入变量的所有最小项。

### 2.3.3 二-十进制译码器

将 4 位二进制代码(BCD 代码)翻译成 1 位十进制数字的电路,就是二-十进制译码器,又称为 BCD 码译码器。其中,8421BCD 码译码器应用较广泛,它有 4 个输入端,10 个输出端,因此又称为 4 线-10 线译码器。

常用的集成二-十进制(4 线-10 线)译码器为 74LS42,其引脚排列图如图 2.16 所示,真值表如表 2.11 所示。

表 2.11 4 线-10 线译码器 74LS42 的真值表

| 十进制数 | $A_3$ | $A_2$ | $A_1$ | $A_0$ | $Y_0$ | $Y_1$ | $Y_2$ | $Y_3$ | $Y_4$ | $Y_5$ | $Y_6$ | $Y_7$ | $Y_8$ | $Y_9$ |
|---|---|---|---|---|---|---|---|---|---|---|---|---|---|---|
| 0 | 0 | 0 | 0 | 0 | 0 | 1 | 1 | 1 | 1 | 1 | 1 | 1 | 1 | 1 |
| 1 | 0 | 0 | 0 | 1 | 1 | 0 | 1 | 1 | 1 | 1 | 1 | 1 | 1 | 1 |
| 2 | 0 | 0 | 1 | 0 | 1 | 1 | 0 | 1 | 1 | 1 | 1 | 1 | 1 | 1 |
| 3 | 0 | 0 | 1 | 1 | 1 | 1 | 1 | 0 | 1 | 1 | 1 | 1 | 1 | 1 |
| 4 | 0 | 1 | 0 | 0 | 1 | 1 | 1 | 1 | 0 | 1 | 1 | 1 | 1 | 1 |
| 5 | 0 | 1 | 0 | 1 | 1 | 1 | 1 | 1 | 1 | 0 | 1 | 1 | 1 | 1 |
| 6 | 0 | 1 | 1 | 0 | 1 | 1 | 1 | 1 | 1 | 1 | 0 | 1 | 1 | 1 |
| 7 | 0 | 1 | 1 | 1 | 1 | 1 | 1 | 1 | 1 | 1 | 1 | 0 | 1 | 1 |
| 8 | 1 | 0 | 0 | 0 | 1 | 1 | 1 | 1 | 1 | 1 | 1 | 1 | 0 | 1 |
| 9 | 1 | 0 | 0 | 1 | 1 | 1 | 1 | 1 | 1 | 1 | 1 | 1 | 1 | 0 |

由表 2.11 可知,该译码器有 4 个输入端 $A_0 \sim A_3$,输入为 8421BCD 码;有 10 个输出端,分别与十进制数 $0 \sim 9$ 相对应,低电平有效。

74LS42 的输出逻辑表达式为

$$Y_0 = \overline{\overline{A_3}\,\overline{A_2}\,\overline{A_1}\,\overline{A_0}} \quad Y_1 = \overline{\overline{A_3}\,\overline{A_2}\,\overline{A_1}A_0} \quad Y_2 = \overline{\overline{A_3}\,\overline{A_2}A_1\overline{A_0}} \quad Y_3 = \overline{\overline{A_3}\,\overline{A_2}A_1A_0}$$

$$Y_4 = \overline{\overline{A_3}A_2\overline{A_1}\,\overline{A_0}} \quad Y_5 = \overline{\overline{A_3}A_2\overline{A_1}A_0} \quad Y_6 = \overline{\overline{A_3}A_2A_1\overline{A_0}} \quad Y_7 = \overline{\overline{A_3}A_2A_1A_0}$$

$$Y_8 = \overline{A_3\overline{A_2}\,\overline{A_1}\,\overline{A_0}} \quad Y_9 = \overline{A_3\overline{A_2}\,\overline{A_1}A_0}$$

对于某个 8421BCD 码的输入,相应的输出端为低电平,其他输出端为高电平。代码 $1010 \sim 1111$ 没有使用,称为伪码,当输入伪码时,所有输出均为高电平,不会出现低电平。因此,译码器不会产生错误译码。

### 2.3.4 用译码器实现逻辑函数

如前所述,对于二进制译码器,其输出是输入变量的全部最小项(或最小项的非),每一个输出端 $Y_i$ 为一个最小项(或最小项的非),而任何一个逻辑函数都可以用最小项之和表达式来表示,所以用二进制译码器配以适当的门电路就可以实现组合逻辑函数。当逻辑函数不是标准式时,应先变成标准式,而不是求最简表达式,这与用门电路进行组合逻辑电路设计是不同的。具体方法如下:

(1) 根据逻辑函数的变量数选择译码器。

(2) 写出所给逻辑函数 $F$ 的最小项表达式。

(3) 将逻辑函数 $F$ 与所选用的译码器的输出表达式进行比较,并将两者的输入变量进行代换,最后写出逻辑函数 $F$ 与译码器各输出端关系的函数表达式。

(4) 画出连线图。

【例 2-5】 用译码器 74LS138 和与非门实现逻辑函数:$F(A, B, C) = AB + BC$。

**解** (1) 写出逻辑函数 $F$ 的最小项之和形式:

$$F(A,B,C) = AB + BC = AB(C + \overline{C}) + (A + \overline{A})BC$$
$$= ABC + AB\overline{C} + \overline{A}BC$$
$$= \sum m(3,6,7) \tag{2.15}$$

(2) 由于译码器 74LS138 的各输出端为最小项的非,故将式(2.15)转化为以下形式:

$$F(A,B,C) = m_3 + m_6 + m_7 = \overline{\overline{m_3} \cdot \overline{m_6} \cdot \overline{m_7}} = \overline{\overline{Y_3} \cdot \overline{Y_6} \cdot \overline{Y_7}} \tag{2.16}$$

(3) 由式(2.16)可画出该函数的逻辑电路图,如图 2.17 所示。

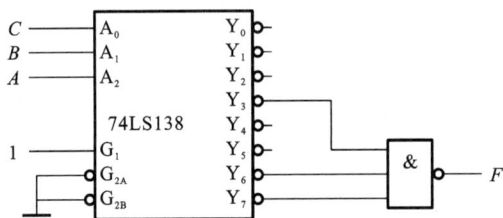

图 2.17 例 2-5 逻辑电路图

注意:图中译码器 74LS138 的代码输入端 $A_2$、$A_1$、$A_0$ 中 $A_2$ 为最高位(见前面 74LS138 的真值表),而该函数的输入变量 $A$、$B$、$C$ 中 $A$ 为最高位,两者要保持一致。

【例 2-6】 某组合逻辑电路的真值表如表 2.12 所示,试用译码器和门电路设计该逻辑电路。

表 2.12 例 2-6 真值表

| $A$ | $B$ | $C$ | $L$ | $F$ | $G$ |
|-----|-----|-----|-----|-----|-----|
| 0 | 0 | 0 | 0 | 0 | 1 |
| 0 | 0 | 1 | 1 | 0 | 0 |
| 0 | 1 | 0 | 1 | 0 | 1 |
| 0 | 1 | 1 | 0 | 1 | 0 |
| 1 | 0 | 0 | 1 | 0 | 1 |
| 1 | 0 | 1 | 0 | 1 | 0 |
| 1 | 1 | 0 | 0 | 1 | 1 |
| 1 | 1 | 1 | 1 | 0 | 0 |

**解** (1) 根据逻辑函数的变量数选择译码器。

由题意可得,有 $A$、$B$、$C$ 3 个输入变量,可选 3 线-8 线译码器 74LS138。

(2) 根据表 2.12,可写出各输出的最小项之和形式:

$$L = \overline{A}\overline{B}C + \overline{A}B\overline{C} + A\overline{B}\overline{C} + ABC = \sum m(1,2,4,7)$$
$$F = \overline{A}BC + A\overline{B}C + AB\overline{C} = \sum m(3,5,6) \tag{2.17}$$
$$G = \overline{A}\overline{B}\overline{C} + \overline{A}B\overline{C} + A\overline{B}\overline{C} + AB\overline{C} = \sum m(0,2,4,6)$$

(3) 由于译码器 74LS138 的各输出端为最小项的非,故将式(2.17)转化为以下形式:

$$L = m_1 + m_2 + m_4 + m_7 = \overline{\overline{m_1} \cdot \overline{m_2} \cdot \overline{m_4} \cdot \overline{m_7}} = \overline{Y_1 \cdot Y_2 \cdot Y_4 \cdot Y_7}$$

$$F = m_3 + m_5 + m_6 = \overline{\overline{m_3} \cdot \overline{m_5} \cdot \overline{m_6}} = \overline{Y_3 \cdot Y_5 \cdot Y_6} \qquad (2.18)$$

$$G = m_0 + m_2 + m_4 + m_6 = \overline{\overline{m_0} \cdot \overline{m_2} \cdot \overline{m_4} \cdot \overline{m_6}} = \overline{Y_0 \cdot Y_2 \cdot Y_4 \cdot Y_6}$$

（4）由式（2.18）可画出该函数的逻辑电路图，如图 2.18 所示。

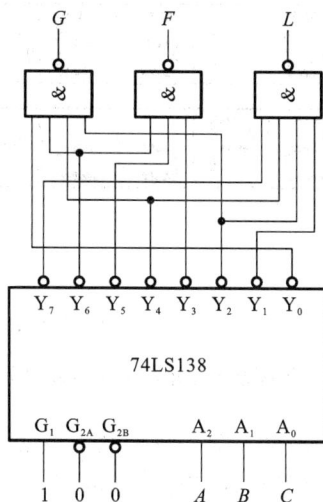

**图 2.18 例 2-6 逻辑电路图**

### 2.3.5 显示译码器

在数字测量仪表和其他数字系统中，常需将测量和运算的结果用数字、符号等直观地显示出来，供人们直接读取结果或监视数字系统的工作情况，为此需要用到显示电路。显示电路的组成框图如图 2.19 所示。

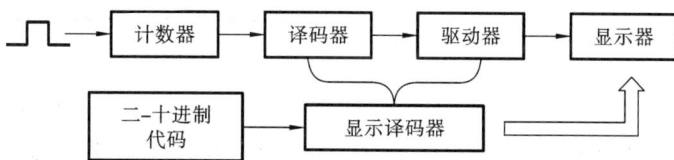

**图 2.19 显示电路的组成框图**

显示电路通常由译码器、驱动器和显示器三部分组成。其中，把译码器和驱动器集成在一块芯片上，构成显示译码器，它的输入一般为二-十进制代码（BCD 代码），输出的信号则用于驱动显示器件（数码显示器），显示出十进制数字。

显示器按显示材料可以分为荧光、发光二极管、液晶等；还可以按显示内容分为文字、符号、数字等。目前常用的显示器有发光二极管（LED）组成的七段数码显示器和液晶（LCD）七段数码显示器。

#### 1. 七段数码显示器

七段数码显示器就是将 7 个发光二极管（加小数点为 8 个）按一定的方式排列起来，a、b、

c、d、e、f、g 和小数点 DP 各对应一个发光二极管,利用不同发光段的组合,显示不同的阿拉伯数字。数字显示器逻辑符号及发光段组合图如图 2.20 所示。

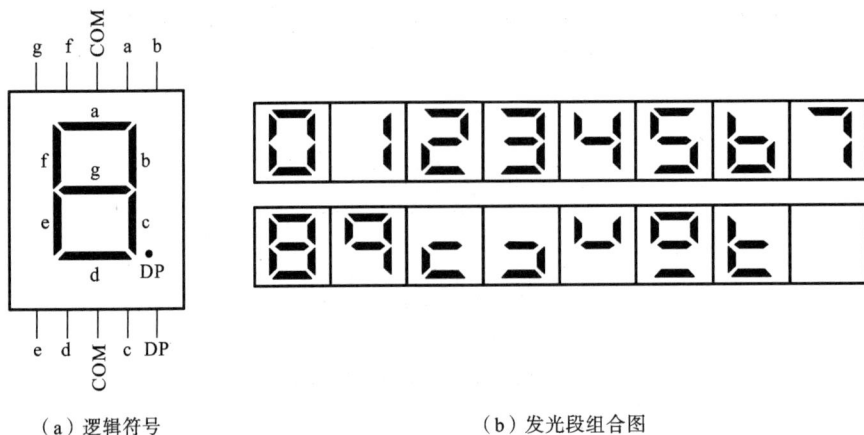

（a）逻辑符号　　　　　　　　　　（b）发光段组合图

图 2.20　数码显示器逻辑符号及发光段组合图

　　按内部连接方式不同,七段数码显示器可分为共阴极和共阳极两种。对于共阴极型数码显示器,当某字段为高电平时,该字段亮;对于共阳极型数码显示器,当某字段为低电平时,该字段亮。半导体数码显示器的内部接法如图 2.21 所示。

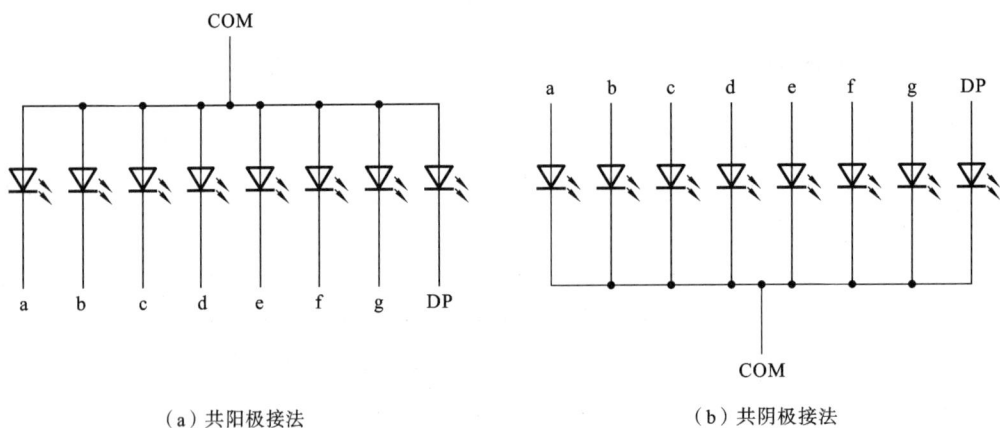

（a）共阳极接法　　　　　　　　　　（b）共阴极接法

图 2.21　半导体数码显示器的内部接法

## 2. 七段显示译码器

用来驱动上述七段数码显示器的译码器称为七段显示译码器。它主要有两种:
(1) 输出为低电平有效,和共阳极数码管搭配,如 74LS47;
(2) 输出为高电平有效,和共阴极数码管搭配,如 74LS48、CD4511(CMOS 器件)。
　　下面以 74LS48 为例来介绍显示译码器的功能和应用。它的逻辑符号和引脚排列图如图 2.22 所示,其真值表如表 2.13 所示。

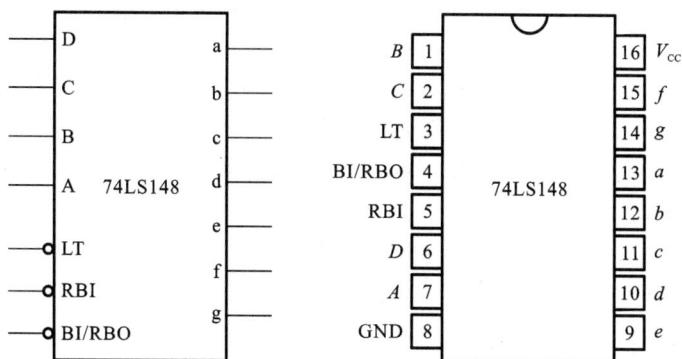

**图 2.22** 74LS48 逻辑符号和引脚图

**表 2.13** 74LS48 真值表

| 十进制数 | 输入 | | | | | | BI/RBO | 输出 | | | | | | |
|---|---|---|---|---|---|---|---|---|---|---|---|---|---|---|
| | LT | RBI | $D$ | $C$ | $B$ | $A$ | | $a$ | $b$ | $c$ | $d$ | $e$ | $f$ | $g$ |
| 0 | 1 | 1 | 0 | 0 | 0 | 0 | 1 | 1 | 1 | 1 | 1 | 1 | 1 | 0 |
| 1 | 1 | × | 0 | 0 | 0 | 1 | 1 | 0 | 1 | 1 | 0 | 0 | 0 | 0 |
| 2 | 1 | × | 0 | 0 | 1 | 0 | 1 | 1 | 1 | 0 | 1 | 1 | 0 | 1 |
| 3 | 1 | × | 0 | 0 | 1 | 1 | 1 | 1 | 1 | 1 | 1 | 0 | 0 | 1 |
| 4 | 1 | × | 0 | 1 | 0 | 0 | 1 | 0 | 1 | 1 | 0 | 0 | 1 | 1 |
| 5 | 1 | × | 0 | 1 | 0 | 1 | 1 | 1 | 0 | 1 | 1 | 0 | 1 | 1 |
| 6 | 1 | × | 0 | 1 | 1 | 0 | 1 | 0 | 0 | 1 | 1 | 1 | 1 | 1 |
| 7 | 1 | × | 0 | 1 | 1 | 1 | 1 | 1 | 1 | 1 | 0 | 0 | 0 | 0 |
| 8 | 1 | × | 1 | 0 | 0 | 0 | 1 | 1 | 1 | 1 | 1 | 1 | 1 | 1 |
| 9 | 1 | × | 1 | 0 | 0 | 1 | 1 | 1 | 1 | 1 | 1 | 0 | 1 | 1 |
| 消隐 | × | × | × | × | × | × | 0 | 0 | 0 | 0 | 0 | 0 | 0 | 0 |
| 脉冲消隐 | 1 | 0 | 0 | 0 | 0 | 0 | 0 | 0 | 0 | 0 | 0 | 0 | 0 | 0 |
| 灯测试 | 0 | × | × | × | × | × | 1 | 1 | 1 | 1 | 1 | 1 | 1 | 1 |

图 2.22 中 a~g 为译码输出端。另外,它还有 3 个控制端,即试灯输入端 LT、灭零输入端 RBI 和特殊控制端 BI/RBO(为灭灯输入/动态灭 0 输出端)。

(1) 灯测试输入端 LT。

低电平有效。当 LT=0 时,数码管的七段同时点亮,与输入信号无关。本输入端用于测试数码管各段能否正常发光。

(2) 灭零输入端 RBI。

低电平有效。当输入全为 0 时,如果 LT=1,RBI=0,此时输出不显示,即 0 字被熄灭;如果 LT=1,RBI=1,则输出正常显示"0"。而当输入不全为 0 时,输出正常显示。本输入端常用于把不需要显示的零熄灭。如有一个 6 位的数码显示电路,整数部分为 4 位,小数部分为 2

位,显示 21.7 时将呈现 0021.70 字样,通过灭零,可直接显示为 21.7,使显示结果更加醒目。

（3）灭灯输入和灭零输出端 BI/RBO。

这是一个特殊的端钮,有时用作输入,有时用作输出。当作为输入使用时,称为灭灯输入控制端。只要当 BI/RBO＝0 时,不管输入为何值,数码管七段全灭。当作为输出使用时,称为灭零输出端,受控于 LT 和 RBI。当 RBO＝0 时,用以指示该片正处于灭零状态。

（4）正常译码显示。

当 LT＝1,BI/RBO＝1,RBI＝1（即三个控制端均无效）时,对输入为十进制数 0～9 的 BCD 码进行正常译码显示。

3. 多位数显示系统的灭零控制

将 BI/RBO 与 RBI 配合使用,可以实现多位数显示时的"无效 0 消隐"功能。在多位十进制数码显示时,整数前和小数后的 0 是无意义的,称为"无效 0"。

在图 2.23 所示的有灭 0 控制的 8 位数码显示系统中,可将无效 0 灭掉。从图 2.23 可见,由于整数部分 74LS48 除了最高位的 RBI 接 0、最低位的 RBI 接 1 外,其余各位的 RBI 均接收高位的 RBO 输出信号,所以整数部分只有在高位是 0 且被熄灭时,低位才有灭 0 输入信号;同理,小数部分除了最高位的 RBI 接 1、最低位 RBI 接 0 外,其余各位均接收低位 RBO 输出信号。所以小数部分只有在低位是 0 且被熄灭时,高位才有灭 0 输入信号,从而实现了多位十进制数码显示器的"无效 0 消隐"功能。

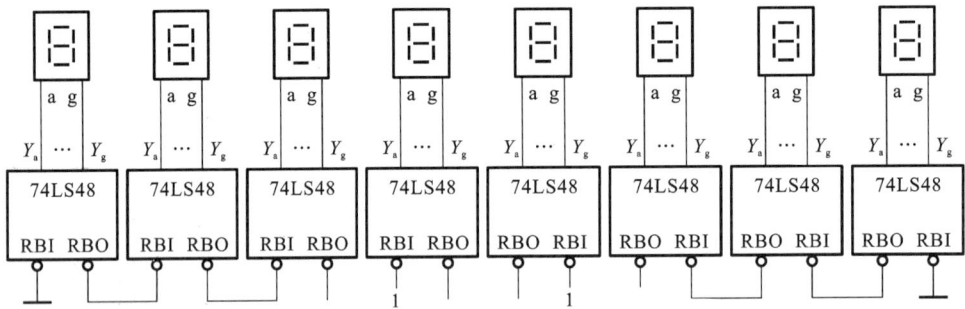

图 2.23 有灭 0 控制的 8 位数码显示系统

### 2.3.6 译码器应用举例

1. 译码器的扩展

利用译码器的使能端可以方便地扩展译码器的容量。

【例 2-7】 图 2.24 是将 3 线-8 线译码器 74LS138 扩大为 4 线-16 线译码器的逻辑电路图。试分析其工作原理。

解 根据 3 线-8 线译码器 74LS138 功能可知,图 2.24 的工作原理为:

（1）当 $A_3＝0$ 时,高位片禁止,低位片工作,输出 $Y_0～Y_7$ 由输入二进制代码 $A_2A_1A_0$ 决定;由于高位片禁止,输出 $Y_8～Y_{15}$ 均为高电平 1。

（2）当 $A_3＝1$ 时,低位片禁止,高位片工作,输出 $Y_8～Y_{15}$ 由输入二进制代码 $A_2A_1A_0$ 决定;由于低位片禁止,输出 $Y_0～Y_7$ 均为高电平 1。

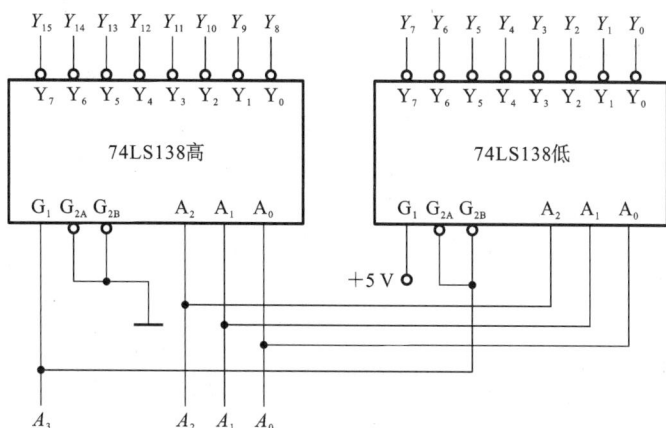

图 2.24 3 线-8 线译码器扩大为 4 线-16 线译码器的原理图

综上所述,该电路实现了 4 线-16 线译码器的功能。

2. 数码管显示电路

【例 2-8】 用 74LS147、74LS48 和七段数码管组成一个 0~9 的数码显示电路。

解 图 2.25 所示的是用 74LS147、74LS48 和七段数码管组成 0~9 的数码显示电路。0~9 十个输入信号分别对应于十进制的十个数字。当输入端中有一个输入信号为逻辑低电平时,该数字对应的反码就通过 74LS147 输出到 74LS04,经 74LS04 反相后,其对应的 BCD 原码输入 74LS48。经 74LS48 译码后驱动数码管就可显示该数字的字形。

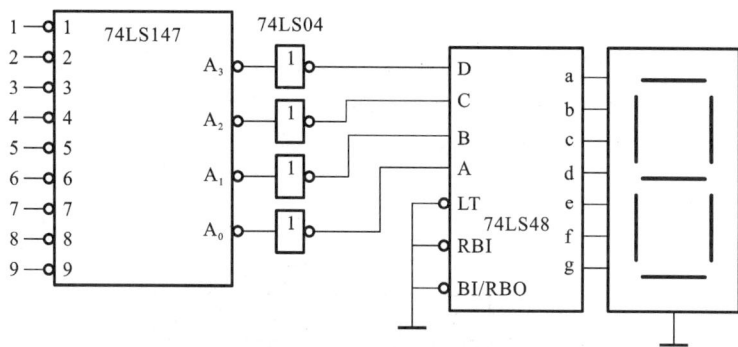

图 2.25 0~9 的数码显示电路

# 任务 2.4 数据选择器与数据分配器

【任务要求】

学习数据选择器与数据分配器的逻辑功能及其对应芯片的基本应用。

【任务目标】

➢ 了解数据选择器的概念。

➢ 熟悉 74LS151 的逻辑功能,能用 74LS151 实现逻辑函数。

### 2.4.1 数据选择器

在数字系统中,当需要将多路数据进行远距离传输时,为减少传输线的数目,往往是多路数据共用一条传输总线传送信息。能够根据地址选择码从多路输入数据中选择一路送到输出的电路称为数据选择器,又称为多路开关或多路选择器。它是一个多输入、单输出的组合逻辑电路,其功能与图 2.26 所示的单刀多掷开关相同。常用的数据选择器模块有 2 选 1、4 选 1、8 选 1、16 选 1 等多种类型。

1. 数据选择器的工作原理

下面以 4 选 1 数据选择器为例讲解。图 2.27 为 4 选 1 数据选择器的逻辑框图和逻辑符号图。

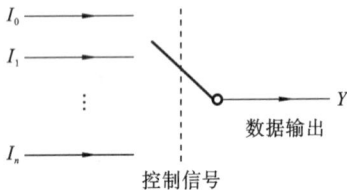

图 2.26 数据选择器原理图

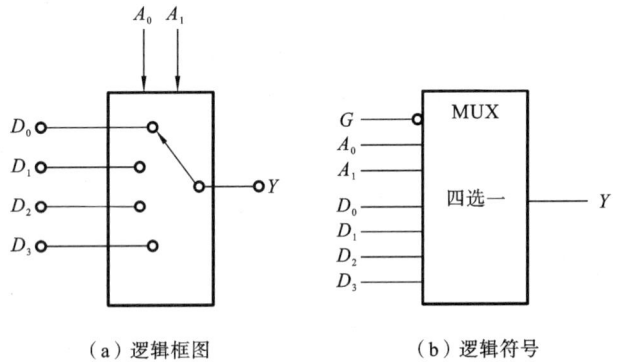

图 2.27 4 选 1 数据选择器逻辑符号图

图 2.27 中 $D_3 \sim D_0$ 为供选择的四路数据输入端,$A_1$、$A_0$ 为控制数据准确传输的地址信号输入端,$Y$ 为数据输出端,$G$ 为使能端,又称为选通端。当 $G=1$ 时,选择器不工作,禁止数据输入;当 $G=0$ 时,选择器正常工作,允许数据输入。4 选 1 数据选择器内部逻辑电路如图 2.28 所示。

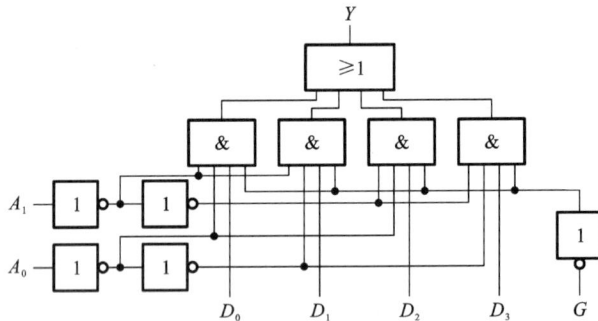

图 2.28 4 选 1 数据选择器逻辑电路图

$A_1$、$A_0$ 控制与门阵列中的与门在某种取值情况下只有一个开通,其余与门关闭,保证只有一路输入端数据传送到输出端。分析图 2.28 可得 4 选 1 数据选择器的输出逻辑表达式为

$$Y = (D_0\bar{A_1}\bar{A_0} + D_1\bar{A_1}A_0 + D_2A_1\bar{A_0} + D_3A_1A_0) \cdot \bar{G} = \bar{G} \cdot \sum_{i=0}^{3} D_i m_i \qquad (2.19)$$

其中,$m_i$ 是地址变量 $A_1$、$A_0$ 组成的最小项,称为"地址变量最小项"。根据式(2.19)可得到真值表,如表 2.14 所示。由真值表可以看出,它实现了从多个输入端中选择其中一个输入端数

据作为输出的功能。

表 2.14 4 选 1 数据选择器真值表

| 输入 | | | 输出 |
|---|---|---|---|
| $A_1$ | $A_0$ | $G$ | $Y$ |
| $\times$ | $\times$ | 1 | 0 |
| 0 | 0 | 0 | $D_0$ |
| 0 | 1 | 0 | $D_1$ |
| 1 | 0 | 0 | $D_2$ |
| 1 | 1 | 0 | $D_3$ |

## 2. 集成数据选择器

实际应用中常用的集成数据选择器有四组 2 选 1 数据选择器 74LS157、双 4 选 1 数据选择器 74LS153、8 选 1 数据选择器 74LS151、16 选 1 数据选择器 74LS150 等。其中,8 选 1 数据选择器 74LS151 是一种典型的集成电路数据选择器,它有 3 个地址输入端 $A_2$、$A_1$、$A_0$,8 个数据输入端 $D_0 \sim D_7$,两个互补的输出端 $Y$ 和 $W$,一个控制输入端(使能端)$G$。图 2.29 为其逻辑符号示意图,其真值表如表 2.15 所示。

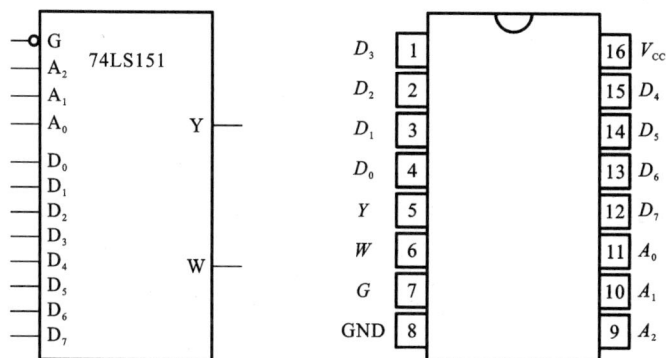

图 2.29 74LS151 逻辑功能图和引脚排列图

表 2.15 74LS151 真值表

| 输入 | | | | 输出 | |
|---|---|---|---|---|---|
| $A_2$ | $A_1$ | $A_0$ | $G$ | $Y$ | $W$ |
| $\times$ | $\times$ | $\times$ | 1 | 0 | 1 |
| 0 | 0 | 0 | 0 | $D_0$ | $\overline{D_0}$ |
| 0 | 0 | 1 | 0 | $D_1$ | $\overline{D_1}$ |
| 0 | 1 | 0 | 0 | $D_2$ | $\overline{D_2}$ |
| 0 | 1 | 1 | 0 | $D_3$ | $\overline{D_3}$ |
| 1 | 0 | 0 | 0 | $D_4$ | $\overline{D_4}$ |
| 1 | 0 | 1 | 0 | $D_5$ | $\overline{D_5}$ |
| 1 | 1 | 0 | 0 | $D_6$ | $\overline{D_6}$ |
| 1 | 1 | 1 | 0 | $D_7$ | $\overline{D_7}$ |

74LS151 的逻辑功能如下：

(1) 当 $G=1$ 时，数据选择器被禁止，无论地址变量取何值，输出 $Y$ 总是等于 0。

(2) 当 $G=0$ 时，有

$$Y = D_0 \overline{A_2}\,\overline{A_1}\overline{A_0} + D_1 \overline{A_2}\,\overline{A_1}A_0 + \cdots + D_7 A_2 A_1 A_0 = \sum_{i=0}^{7} D_i m_i \qquad (2.20)$$

其中，$m_i$ 是地址变量 $A_2$、$A_1$、$A_0$ 组成的最小项。因此，输出 $Y$ 提供了地址变量的全部最小项，这是数据选择器的一个重要特点，在后面要专门应用它。

### 2.4.2  用数据选择器实现逻辑函数

由于数据选择器在输入数据全部为 1 时，输出为地址输入变量全体最小项的和，所以它是一个逻辑函数的最小项输出器。任何一个逻辑函数都可以写成最小项之和的形式，所以用数据选择器可以很方便地实现逻辑函数。具体方法如下：

(1) 写出欲实现的逻辑函数 $L$ 的最小项表达式。

(2) 写出数据选择器的输出 $Y$ 的表达式。

(3) 比较 $L$ 与 $Y$ 两式中最小项的对应关系，首先把数据选择器地址输入端的变量用逻辑函数 $L$ 中的变量取代，然后在 $Y$ 中找到 $L$ 中所包含的全部最小项。

(4) $Y$ 式中包含 $L$ 式中的最小项时，其对应数据值取 1；没有包含 $L$ 式中的最小项时，对应数据取 0。画出逻辑图。

当逻辑函数的变量个数和数据选择器的地址输入变量个数相同时，可直接用数据选择器来实现逻辑函数，具体见例 2-9。当逻辑函数的变量个数大于数据选择器的地址输入变量个数时，不能用前述的简单办法，而应分离出多余的变量，把它们加到适当的数据输入端，具体见例 2-10。

【例 2-9】 用一片 8 选 1 数据选择器 74LS151 实现组合逻辑函数：

$$L(A,B,C)=\overline{A}BC+\overline{A}B\overline{C}+AB$$

**解** (1) 写出欲实现的逻辑函数 $L$ 最小项之和的标准形式：

$$L(A,B,C)=\overline{A}BC+\overline{A}B\overline{C}+AB=\overline{A}BC+\overline{A}B\overline{C}+AB\overline{C}+ABC$$
$$=m_1+m_2+m_6+m_7 \qquad (2.21)$$

(2) 写出 8 选 1 数据选择器输出逻辑函数的表达式：

$$Y=m_0D_0+m_1D_1+m_2D_2+m_3D_3+m_3D_3+m_4D_4+m_5D_5+m_6D_6+m_7D_7 \qquad (2.22)$$

(3) 比较式(2.21)和式(2.22)中最小项的对应关系可得：

$$\begin{array}{cccc} D_0=0, & D_1=1, & D_2=1, & D_3=0 \\ D_4=0, & D_5=0, & D_6=1, & D_7=1 \end{array} \qquad (2.23)$$

(4) 画出如图 2.30 所示的逻辑电路图。

注意 $L$ 函数中最小项的最高位为 $A$，$Y$ 函数中最小项的最高位为 $A_2$，两者要一一对应。

【例 2-10】 试用 4 选 1 数据选择器实现组合逻辑函数：

$$L(A,B,C)=\overline{A}BC+\overline{A}B\overline{C}+AB$$

**解** 由于函数 $Y$ 有 3 个输入信号 $A$、$B$、$C$，而 4 选 1 数据选择器仅有两个地址端 $A_1$ 和 $A_0$，所以选 $A$、$B$ 接到地址输入端，且 $A=A_1$，$B=A_0$。将 $C$ 加到适当的数据输入端。

(1) 先将欲实现的逻辑函数 $L$ 转换成两个输入变量(如 $A$、$B$)的最小项之和形式:

$$L(A,B,C) = \overline{A}\overline{B}C + \overline{A}B\overline{C} + AB = \overline{A}\overline{B}C + \overline{A}B\overline{C} + A\overline{B} \cdot 0 + AB \cdot 1$$

$$= m_0 \cdot C + m_1 \cdot \overline{C} + m_2 \cdot 0 + m_3 \cdot 1 \tag{2.24}$$

(2) 写出 4 选 1 数据选择器输出信号的表达式:

$$Y = m_0 D_0 + m_1 D_1 + m_2 D_2 + m_3 D_3 \tag{2.25}$$

(3) 将 $A$、$B$ 作为地址输入变量并比较式(2.24)和式(2.25)可得:

$$D_0 = C, \quad D_1 = \overline{C}, \quad D_2 = 0, \quad D_3 = 1 \tag{2.26}$$

(4) 画出如图 2.31 所示的逻辑电路图。

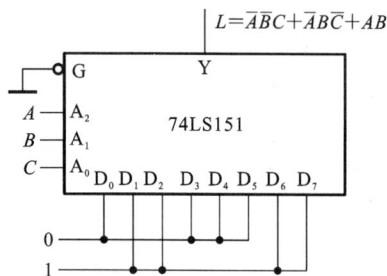

图 2.30 例 2-9 图

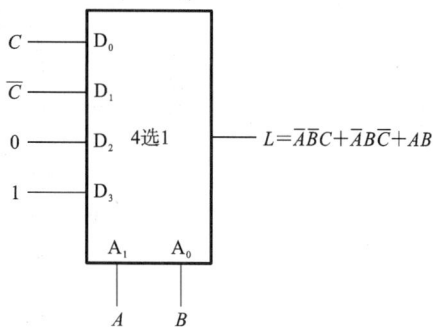

图 2.31 例 2-10 图

### 2.4.3 数据分配器

数据分配器能把一个输入端信号根据需要分配给多路输出中的某一路输出。数据分配器的功能与多路开关一样,其示意图如图 2.32 所示。工作原理是由地址码对输出端进行选样,将一路输入数据分配到多路接收设备中的某一路。

由图 2.32 可以看出,数据分配器通常只有一个数据输入端,而有多个数据输出端。图 2.33 所示的为 1 路-4 路数据分配器的逻辑符号,其真值表如表 2.16 所示。

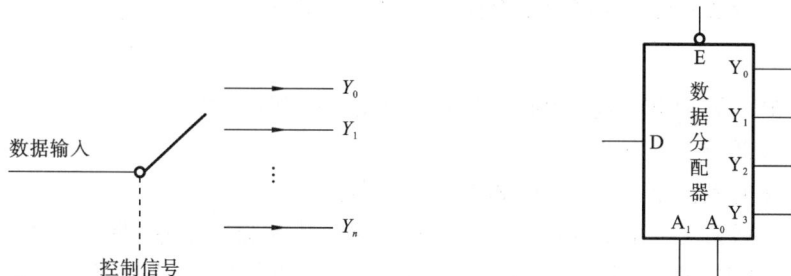

图 2.32 数据分配器的功能

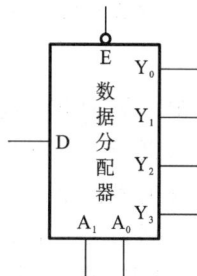

图 2.33 1 路-4 路数据分配器的逻辑符号

数据分配器可由带使能输入端的二进制译码器来实现。例如,将译码器的使能端作为数据输入端,二进制代码输入端 $A_2$、$A_1$、$A_0$ 作为地址输入端使用时,则译码器便成为一个数据分配器。由于译码器和数据分配器的功能非常接近,所以译码器的一个重要应用就是构成数据分配器。也正因为如此,市场上没有集成数据分配器产品,只有集成译码器;当需要数据分配器时,可以用译码器改接。

表 2.16　1 路-4 路数据分配器真值表

| 输　入 | | 输　出 | | | |
|---|---|---|---|---|---|
| $A_1$ | $A_0$ | $Y_3$ | $Y_2$ | $Y_1$ | $Y_0$ |
| 0 | 0 | 1 | 1 | 1 | $D$ |
| 0 | 1 | 1 | 1 | $D$ | 1 |
| 1 | 0 | 1 | $D$ | 1 | 1 |
| 1 | 1 | $D$ | 1 | 1 | 1 |

由 74LS138 构成的 1 路-8 路数据分配器如图 2.34 所示。

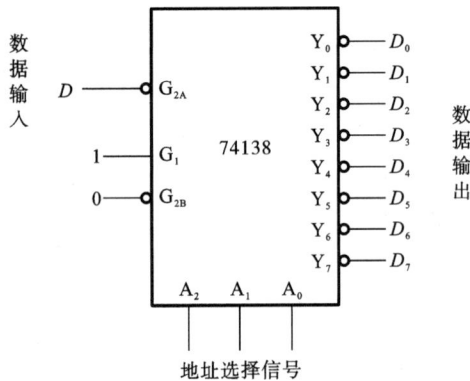

图 2.34　74LS138 构成的 1 路-8 路数据分配器

# 任务 2.5　加法器与比较器

【任务要求】

学习加法器与比较器的逻辑功能及其对应芯片的基本应用。

【任务目标】

➢ 了解全加器的工作原理,熟悉全加器及多位加法器的逻辑功能。

➢ 熟悉数据比较器的工作原理。

➢ 熟悉 4 位数值的比较器 74LS85 的逻辑符号及功能。

数字系统的基本任务之一是进行算术运算。在数字系统中,加、减、乘、除均可利用加法器来实现,所以加法器便成为数字系统中最基本的运算单元。加法器分为半加器和全加器,1 位全加器是组成加法器的基础,而半加器是组成全加器的基础。

## 2.5.1　半加器

两个 1 位二进制数相加而不考虑来自低位进位的加法运算称为半加,实现半加运算的电路称为半加器。假设两个 1 位二进制数 $A$ 与 $B$ 相加,本位和为 $S$,进位输出用 $C$ 表示,根据二进制数加法运算规则,半加器的真值表如表 2.17 所示。

表 2.17　半加器真值表

| $A$ | $B$ | $S$ | $C$ |
|---|---|---|---|
| 0 | 0 | 0 | 0 |
| 0 | 1 | 1 | 0 |
| 1 | 0 | 1 | 0 |
| 1 | 1 | 0 | 1 |

根据表 2.17 可写出表达式：

$$S=\overline{A}B+A\overline{B}=A\oplus B \tag{2.27}$$

$$C=AB \tag{2.28}$$

根据式(2.27)和式(2.28)可画出半加器的逻辑电路图,如图 2.35(a)所示,逻辑符号如图 2.35(b)所示。

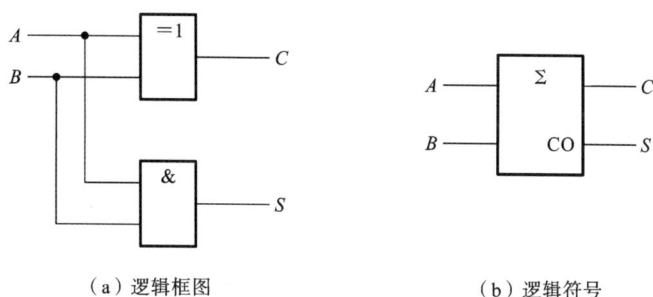

（a）逻辑框图　　　　　　　　（b）逻辑符号

图 2.35　半加器的逻辑框图和逻辑符号

## 2.5.2　全加器

当将两个多位二进制数相加时,除了将两个同位数相加外,还应加上来自相邻低位的进位,实现这种运算的电路称为全加器。假设两个 1 位二进制数 $A_i$ 与 $B_i$ 相加,低位的进位为 $C_{i-1}$,本位和为 $S_i$,向高位的进位输出用 $C_i$ 表示,根据二进制数加法运算规则,全加器的真值表如表 2.18 所示。

表 2.18　全加器真值表

| $A_i$ | $B_i$ | $C_{i-1}$ | $S_i$ | $C_i$ |
|---|---|---|---|---|
| 0 | 0 | 0 | 0 | 0 |
| 0 | 0 | 1 | 1 | 0 |
| 0 | 1 | 0 | 1 | 0 |
| 0 | 1 | 1 | 0 | 1 |
| 1 | 0 | 0 | 1 | 0 |
| 1 | 0 | 1 | 0 | 1 |
| 1 | 1 | 0 | 0 | 1 |
| 1 | 1 | 1 | 1 | 1 |

根据真值表可写出表达式：

$$S_i = A_i\overline{B_i}\,\overline{C_{i-1}} + \overline{A_i}B_i\,\overline{C_{i-1}} + A_i\overline{B_i}\,\overline{C_{i-1}} + A_iB_iC_{i-1}$$
$$= (\overline{A_i}\,\overline{B_i} + A_iB_i)C_{i-1} + (\overline{A_i}B_i + A_i\,\overline{B_i})\overline{C_{i-1}}$$
$$= \overline{A_i\oplus B_i}C_{i-1} + (A_i\oplus B_i)\overline{C_{i-1}}$$
$$= A_i\oplus B_i\oplus C_{i-1} \tag{2.29}$$
$$C_i = \overline{A_i}B_iC_{i-1} + A_i\,\overline{B_i}C_{i-1} + A_iB_i\,\overline{C_{i-1}} + A_iB_iC_{i-1}$$
$$= (\overline{A_i}B_i + A_i\,\overline{B_i})C_{i-1} + A_iB_i(\overline{C_{i-1}} + C_{i-1})$$
$$= (A_i\oplus B_i)C_{i-1} + A_iB_i \tag{2.30}$$

根据式(2.29)和式(2.30)可画出全加器的逻辑电路图,如图 2.36(a)所示,逻辑符号如图 2.36(b)所示。

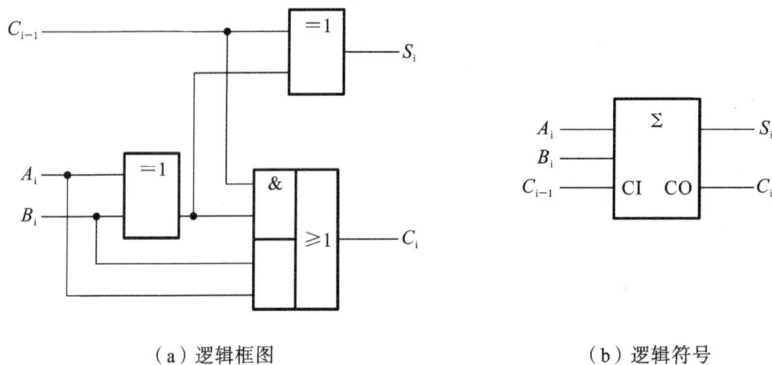

（a）逻辑框图　　　　　　　　　　　　（b）逻辑符号

图 2.36　全加器的逻辑框图和逻辑符号

### 2.5.3　多位加法器

半加器和全加器只能实现 1 位二进制数相加,而实际更多的是多位二进制数相加,这就要用到多位加法器。能够实现多位二进制数加法运算的电路称为多位加法器,按照进位的方式不同,又可分为串行进位加法器和超前进位加法器。

**1. 串行进位加法器**

串行进位加法器是把 $n$ 位全加器串联起来,低位全加器的进位输出连接到相邻的高位全加器的进位输入。图 2.37 所示的是 4 位串行进位加法器。从图中可知,两个 4 位二进制加数 $A_3\sim A_0$ 和 $B_3\sim B_0$ 的各位同时被送到相应全加器的输入端,进位数串行传送。全加器的个数等于相加数的位数,最低位全加器的 $C_{i-1}$ 端应接 0。

由于低位进位输出信号送给高位作为输入信号,因此任一高位的加法运算必须在低一位的运算完成之后才能进行,这种方式称为串行进位。串行进位加法器的优点是电路比较简单,缺点是速度比较慢。因为进位信号是串行传递,图 2.37 中最后一位的进位输出 $C_3$ 要经过 4 位全加器传递之后才能形成。如果位数增加,传输延迟时间将更长,工作速度更慢。

**2. 并行进位加法器（超前进位加法器）**

为了提高速度,人们又设计了一种多位数快速进位(又称超前进位)加法器。所谓快速进

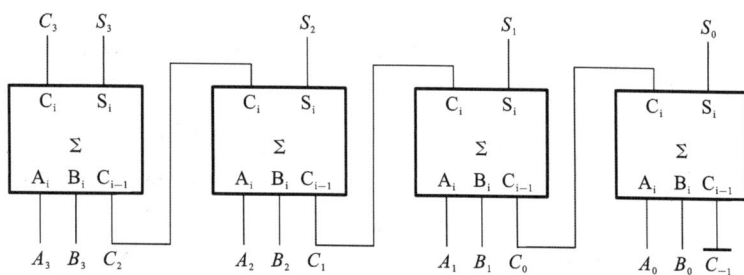

**图 2.37  4 位二进制串行进位加法器**

位,是指在加法运算过程中,各级进位信号同时送到各全加器的进位输入端。现在的集成加法器大多采用这种方法。常用的型号有 74LS283,它的逻辑符号和引脚图如图 2.38 所示。其中,$A_3 \sim A_0$ 和 $B_3 \sim B_0$ 是两个 4 位二进制数加数输入端,$S_3 \sim S_0$ 是 4 位二进制数相加的和数输出端,CI 是低位来的进位输入端,CO 是向高位的进位输出端。

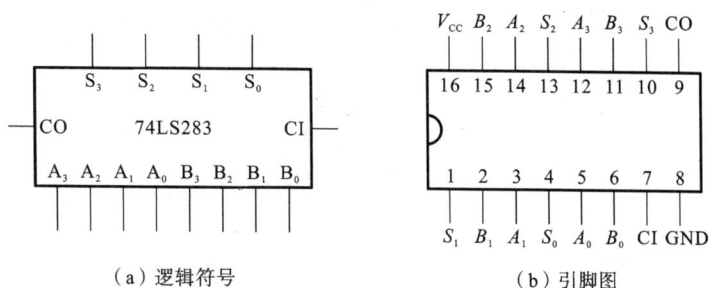

（a）逻辑符号　　　　　　　　　　（b）引脚图

**图 2.38  4 位超前进位加法器** 74LS283

## 2.5.4  1 位数值比较器

在数字系统中,特别是在计算机中,经常需要比较两个数值的大小。用于比较两个二进制数大小的组合逻辑电路称为数值比较器,简称比较器。它广泛用于计算机、仪器仪表和自动控制等设备中。

1 位数值比较器是比较器的基础。它只能比较两个 1 位二进制数的大小。若两个 1 位二进制数 $A$ 和 $B$ 进行比较,则比较结果有 3 种情况:$A > B$、$A < B$ 和 $A = B$,分别用 $L_1(A > B)$、$L_2(A < B)$ 和 $L_3(A = B)$ 表示。

当 $A > B$ 时,$L_1(A > B) = 1$;当 $A < B$ 时,$L_2(A < B) = 1$;当 $A = B$ 时,$L_3(A = B) = 1$,则可列出 1 位数值比较器的真值表,如表 2.19 所示。

**表 2.19  1 位数值比较器的真值表**

| $A$ | $B$ | $L_1(A > B)$ | $L_2(A < B)$ | $L_3(A = B)$ |
| --- | --- | --- | --- | --- |
| 0 | 0 | 0 | 0 | 1 |
| 0 | 1 | 0 | 1 | 0 |
| 1 | 0 | 1 | 0 | 0 |
| 1 | 1 | 0 | 0 | 1 |

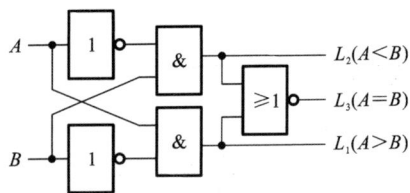

**图 2.39  1 位二进制比较器**

根据真值表可写出逻辑输出表达式：

$$L_1 = A\bar{B} \tag{2.31}$$

$$L_2 = \bar{A}B \tag{2.32}$$

$$L_3 = \overline{\bar{A}B} + AB = \overline{\overline{AB} + A\bar{B}} \tag{2.33}$$

根据逻辑表达式，可画出 1 位数值比较器的逻辑图，如图 2.39 所示。

### 2.5.5  集成数值比较器

当对两个多位二进制数进行比较时，其比较原则是先从高位比起，高位不等时，数值的大小由高位确定。若高位相等，则再比较低位数，比较结果由低位的比较结果决定。例如，两个 4 位二进制数 $A_3 \sim A_0$ 和 $B_3 \sim B_0$ 进行比较，先比最高位 $A_3$ 和 $B_3$，如果 $A_3 > B_3$，则 $A > B$；如果 $A_3 < B_3$，则 $A < B$。如果 $A_3 = B_3$，比较次高位 $A_2$ 和 $B_2$，如果 $A_2 > B_2$，则 $A > B$；如果 $A_2 < B_2$，则 $A < B$。如果 $A_2 = B_2$，还需比较 $A_1$ 和 $B_1$，依次类推。

#### 1. 集成 4 位数值比较器

常用的集成数值比较器有 4 位数值比较器 74LS85，其逻辑图和引脚图如图 2.40 所示，功能表如表 2.20 所示。图中，$A_3 \sim A_0$ 和 $B_3 \sim B_0$ 为两个 4 位二进制数输入端；$Y_{(A>B)}$、$Y_{(A<B)}$、$Y_{(A=B)}$ 为 3 个比较结果输出端，高电平有效；$I_{(A>B)}$、$I_{(A<B)}$、$I_{(A=B)}$ 为 3 个级联输入端。

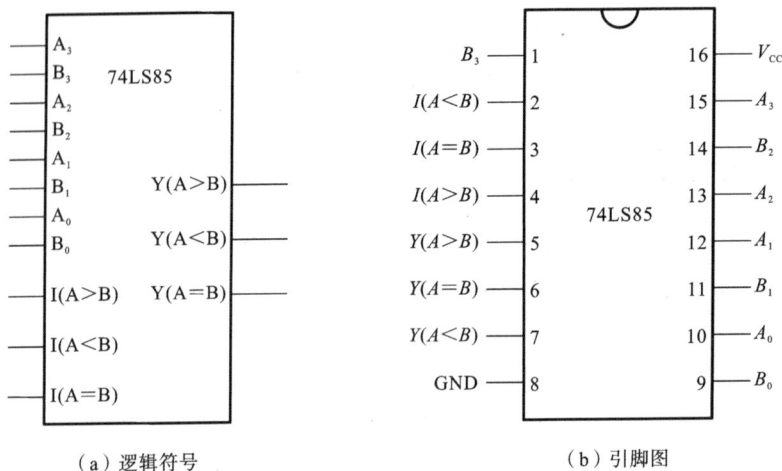

（a）逻辑符号　　　　　　　　　　　（b）引脚图

**图 2.40  4 位集成数值比较器 74LS85**

由表 2.20 可知，当两个 4 位二进制数不相等时，比较结果取决于两数本身，与级联输入端无关；当两个 4 位二进制数相等时，比较结果取决于级联输入端的状态。若仅对 4 位数进行比较时，应对 $I_{(A>B)}$、$I_{(A<B)}$、$I_{(A=B)}$ 端进行适当处理，即 $I_{(A>B)}$、$I_{(A<B)}$ 输入端置"0"，$I_{(A=B)}$ 输入端置"1"。对两个 4 位以上 8 位（含 8 位）以下的二进制数可采用分段比较方法，即先比较两个高 4 位数，当高位数相等时，再比较低 4 位数。

#### 2. 数值比较器的应用

数值比较器就是比较两个二进制数的大小，如果二进制数的位数比较多，则需将几片数值

表 2.20    74LS85 功能表

| 比 较 输 入 | | | | | | | 级 联 输 入 | | | 比 较 输 出 | | |
|---|---|---|---|---|---|---|---|---|---|---|---|---|
| $A_3$ | $B_3$ | $A_2$ | $B_2$ | $A_1$ | $B_1$ | $A_0$ | $B_0$ | $I(A>B)$ | $I(A<B)$ | $I(A=B)$ | $Y(A>B)$ | $Y(A<B)$ $Y(A=B)$ |
| $A_3>B_3$ | | $\times$ | | $\times$ | | $\times$ | | $\times$ | $\times$ | $\times$ | 1 | 0        0 |
| $A_3<B_3$ | | $\times$ | | $\times$ | | $\times$ | | $\times$ | $\times$ | $\times$ | 0 | 1        0 |
| $A_3=B_3$ | | $A_2>B_2$ | | $\times$ | | $\times$ | | $\times$ | $\times$ | $\times$ | 1 | 0        0 |
| $A_3=B_3$ | | $A_2<B_2$ | | $\times$ | | $\times$ | | $\times$ | $\times$ | $\times$ | 0 | 1        0 |
| $A_3=B_3$ | | $A_2=B_2$ | | $A_1>B_1$ | | $\times$ | | $\times$ | $\times$ | $\times$ | 1 | 0        0 |
| $A_3=B_3$ | | $A_2=B_2$ | | $A_1<B_1$ | | $\times$ | | $\times$ | $\times$ | $\times$ | 0 | 1        0 |
| $A_3=B_3$ | | $A_2=B_2$ | | $A_1=B_1$ | | $A_0>B_0$ | | $\times$ | $\times$ | $\times$ | 1 | 0        0 |
| $A_3=B_3$ | | $A_2=B_2$ | | $A_1=B_1$ | | $A_0<B_0$ | | $\times$ | $\times$ | $\times$ | 0 | 1        0 |
| $A_3=B_3$ | | $A_2=B_2$ | | $A_1=B_1$ | | $A_0=B_0$ | | 1 | 0 | 0 | 1 | 0        0 |
| $A_3=B_3$ | | $A_2=B_2$ | | $A_1=B_1$ | | $A_0=B_0$ | | 0 | 1 | 0 | 0 | 1        0 |
| $A_3=B_3$ | | $A_2=B_2$ | | $A_1=B_1$ | | $A_0=B_0$ | | 0 | 0 | 1 | 0 | 0        1 |

比较器连接进行扩展。利用集成数值比较器的级联输入端,很容易构成更多位的数值比较器。数值比较器的扩展方式有串联和并联两种。采用串联方式扩展数值比较器时,随着位数的增加,从数据输入到稳定输出的延迟时间将增加。当位数较多且要求满足一定的速度时,可采用并联方式。下面仅以串联方式为例说明数值比较器的扩展方法。

如图 2.41 所示,两个 4 位数值比较器 74LS85 串联而成为一个 8 位数值比较器。高 4 位 $A_7 \sim A_4$ 和 $B_7 \sim B_4$ 接在 74LS85(2)上,低 4 位 $A_3 \sim A_0$ 和 $B_3 \sim B_0$ 接在 74LS85(1)上。

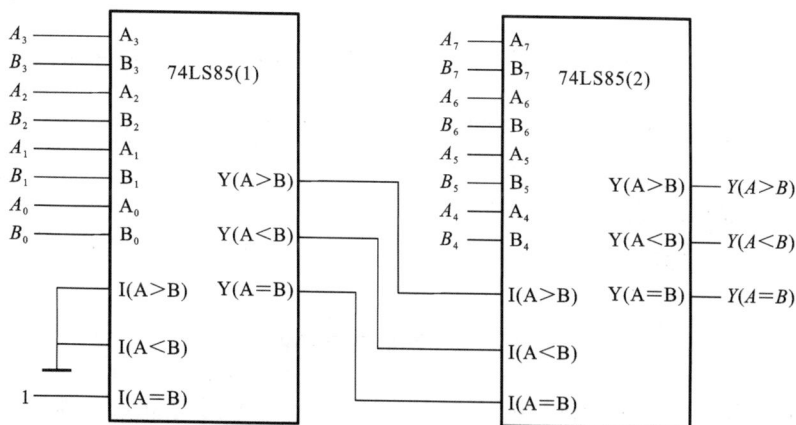

图 2.41    两片 4 位二进制数值比较器串联扩展

若两个 8 位数的高 4 位相同,则它们的大小由低 4 位的比较结果确定。因此,低 4 位的比较结果应作为高 4 位的条件,即低 4 位比较器的输出端应分别与高 4 位比较器的 $I_{(A>B)}$、$I_{(A<B)}$、$I_{(A=B)}$ 的级联输入端连接。

# 任务 2.6  组合逻辑电路的竞争与冒险

**【任务要求】**

学习组合逻辑电路的竞争与冒险。

**【任务目标】**

➤ 理解竞争-冒险的含义。

➤ 掌握冒险现象的识别及消除冒险现象的方法。

前面分析组合逻辑电路,没有考虑门电路的延迟时间对电路产生的影响。实际电路中,从信号输入到稳定输出需要一定的时间,从输入到输出的过程中,不同通路上门个数不同,或者门电路平均延迟时间有差异,都会使信号从输入经不同通路传送到输出级的时间不同,这样,可能会使逻辑电路产生错误输出,这种现象就叫竞争-冒险现象。可见,门电路存在延迟时间是组合逻辑电路产生竞争-冒险现象的根本原因。

**1. 组合逻辑电路的竞争-冒险现象**

如图 2.42 所示,假设图 2.42(a)、(b)中非门 $G_1$ 的传输延迟时间为 $t_{PD}$,其他门的传输延时暂不考虑。

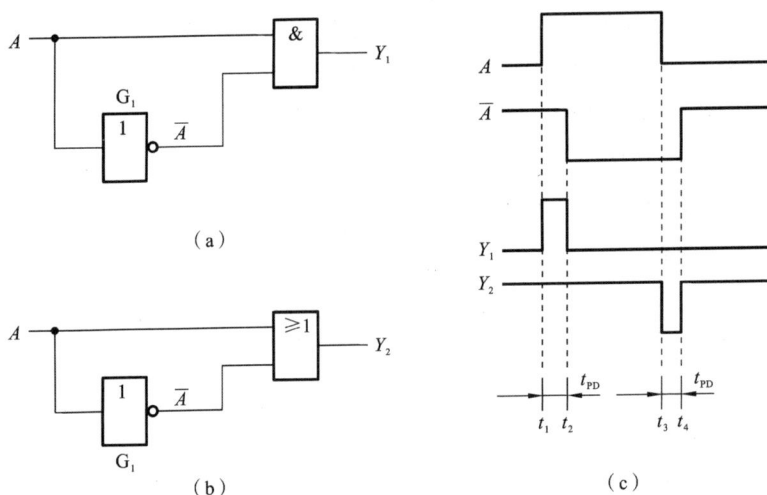

图 2.42  竞争-冒险现象

若不考虑非门 $G_1$ 的延迟时间,则图 2.42(a)、(b)所示电路的输出分别为:$Y_1 = A\overline{A} = 0$,$Y_2 = A + \overline{A} = 1$。

若考虑非门 $G_1$ 的延迟时间,则 $\overline{A}$ 波形是 $A$ 波形的反相以外还要延迟 $t_{PD}$。在 $t_1$ 时刻,当 $A$ 变量发生从 0→1 变化时,由于门电路有延迟,$\overline{A}$ 仍为高电平,从而在 $t_1 \sim t_2$ 期间,波形 $\overline{A}$ 和 $A$ 同时为高电平,波形 $Y_1$ 中出现了一个正向窄脉冲。同理,在 $t_3 \sim t_4$ 期间,波形 $\overline{A}$ 和 $A$ 同时为低电平,波形 $Y_2$ 中出现了一个负向窄脉冲,如图 2.42(c)所示。

从上面分析可以看出,同一个门的不同输入信号,由于经过的导线长度不同或经过的传输

"门"数目不同,到达输入端的时间有先有后,这种现象称为"竞争"。逻辑电路因输入端的竞争而导致输出产生本不该出现的干扰窄脉冲,后续有"记忆"功能的电路会将其当成有效信号而予以响应,从而使系统出现逻辑错误,称为"冒险"。

组合电路中的竞争是普遍现象,但不一定都会产生冒险。图 2.42 所示的波形图中,当输入信号 $A$ 从 0 变为 1 时,也会有竞争,但未在输出端产生毛刺,所以竞争不一定造成危害。但是一旦出现毛刺,若下级负载对毛刺敏感,则会使负载电路产生错误动作,这是不允许的。

**2. 冒险现象的识别**

若电路输入端只有一个变量改变状态,则可用代数法或卡诺图法判断这个组合逻辑电路是否存在冒险。

1) 代数判别法

代数法是通过函数表达式的结构来判断是否具有产生竞争-冒险的条件。其具体方法是:

(1) 检查函数表达式中是否存在具备竞争条件的变量,即是否有某个变量 $X$ 同时以原变量和反变量的形式出现在函数表达式中。

(2) 若有,则消去函数表达式中的其他变量,即将这些变量的各种取值组合依次代入函数式中,从而将它们从函数表达式中消去,只留下被研究的变量 $X$。

(3) 若表达式在一定条件下能简化成:$Y = A + \bar{A}$ 或 $Y = A\bar{A}$ 的形式,则电路可能产生竞争-冒险;否则,不产生竞争-冒险。

【例 2-11】 试判断图 2.43 所示的逻辑电路是否存在冒险。

**解** 由图可知:$Y = A\bar{C} + BC$。

(1) 首先找出具有竞争力的逻辑变量。

据观察发现逻辑函数中出现了 $C$ 和 $\bar{C}$ 的形式,所以逻辑变量 $C$ 具有竞争力。

(2) 判断具有竞争力的逻辑变量是否会产生冒险。

设变量 $A = B = 1$,则 $Y = \bar{C} + C$,因此,可能产生冒险现象。

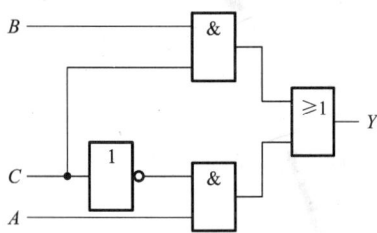

图 2.43 例 2-11 图

2) 卡诺图判别法

卡诺图法适合输入变量为多变量的情况,具体方法是:

(1) 首先做出函数卡诺图,并画出与函数表达式中各"与"项对应的卡诺图。

(2) 检查有无卡诺图上的包围圈相切。若包围圈相切且相切处又无其他包围圈包含,则存在冒险;若没有,则无竞争-冒险,反之则有。

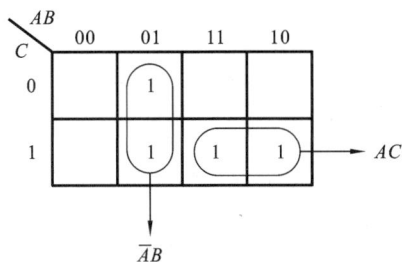

图 2.44 例 2-12 卡诺图

【例 2-12】 判断逻辑函数 $F = AC + \bar{A}B$ 是否会产生冒险现象。

**解** (1) 画出卡诺图,如图 2.44 所示。

(2) 由于两个卡诺圈相切,则该逻辑函数会产生冒险现象。在相切处 $BC = 11$ 时产生冒险。

**3. 冒险现象的消除**

在有竞争-冒险存在的情况下,负载又是对脉冲敏感的电路,那么就应设法消除。消除竞争-冒险常用方法有增加冗余项、接入滤波电容和引入封锁脉冲或选通脉冲等。

1）增加冗余项消除竞争-冒险

增加冗余项的方法是通过在函数表达式中"加"上多余的"与"项或"乘"上多余的"或"项，使原函数不可能在某种条件下化成 $Y=A+\overline{A}$ 或 $Y=A\overline{A}$ 的形式，从而消除可能产生的竞争-冒险，冗余项的选择可用代数法或卡诺图法。其基本思想就是利用逻辑代数中常用恒等式 $AB+\overline{A}C+BC=AB+\overline{A}C$。如在 $Y=A\overline{C}+BC$ 中，当 $A=B=1$ 时，可能存在冒险。可在逻辑函数中增加乘积项 $AB$，使得表达式变为 $Y=A\overline{C}+BC+AB$，当 $A=B=1$ 时，$Y=\overline{C}+C+1$，故不会产生冒险。

用增加冗余项的方法修改逻辑设计，可以消除一些竞争-冒险现象。但是这种方法仅能解决每次只有单个输入信号发生变化时电路的冒险问题，不能解决多个输入信号同时发生变化时的冒险现象，适用范围非常有限。增加冗余项，需增加额外电路，但增加了电路可靠性，如果运用得当，可以收到最理想的效果。

2）输出端并联电容器消除竞争-冒险

竞争-冒险所产生的干扰脉冲一般很窄。逻辑电路在较慢速度下工作时，可以在输出端并接一个不大的滤波电容，并用门电路的输出电阻和电容器构成低通滤波电路，对很窄的尖峰脉冲（其频率很高）起到了平波的作用。这时在输出端便不会出现逻辑错误。

接入滤波电容的方法简单易行，但输出电压波形随之变化，故只适用于对输出波形前后沿无严格要求的场合。

3）加选通脉冲消除竞争-冒险

选通脉冲是当电路输出端达到新的稳定状态之后，引入选通脉冲，从而使输出信号是正确的逻辑信号而不包含干扰脉冲。

引入封锁脉冲或者选通脉冲的方法比较简单，而且不增加器件数目。但这种方法有一个局限性，就是必须找到一个合适的封锁脉冲或选通脉冲。

# 任务 2.7  译码显示电路的设计与调试

【任务要求】

用 74LS148、74LS48、74LS04 等集成电路设计译码显示电路并验证电路的逻辑功能。

【任务目标】

➢ 掌握常用中规模集成电路的功能及应用。
➢ 会用集成电路设计组合逻辑电路。
➢ 能完成译码器显示电路的设计与调试。
➢ 能够排除电路中出现的故障。

## 2.7.1  电路功能介绍

1. 设计任务与要求

对 8 个按键进行编号，分别代表 0～7 数字，当对应编号的按键按下时，数码管显示按键对应的编号。

2. 电路分析与设计

由题意可知,该电路应由编码电路、反相电路和译码显示电路 3 部分组成。

(1)编码电路:可由 74LS148 芯片、逻辑电平开关 $S_0 \sim S_7$ 和限流电阻组成。74LS148 为 8 线-3 线优先编码器,$I_7 \sim I_0$ 的优先级依次降低。

(2)反相电路:使用集成芯片 74LS04,其作用是将优先编码器 74LS148 输出的 8421BCD 反码转换为原码形式的 8421BCD 码。

(3)译码显示电路:由译码驱动器 74LS48、限流电阻以及共阴极数码管组成。其作用是将编码器输出的 8421BCD 码以数字的形式显示。

译码显示电路的电路图如图 2.45 所示。

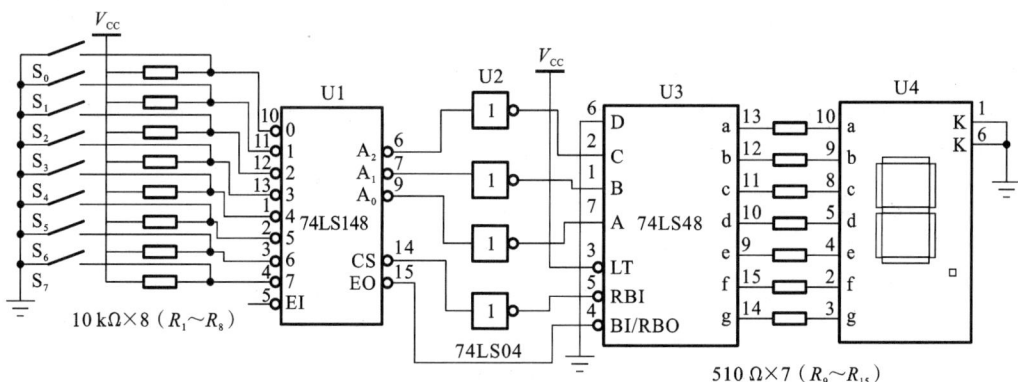

图 2.45 译码显示电路的电路图

3. 电路元器件

电路元器件如表 2.21 所示。

表 2.21 电路元器件表

| 序号 | 元器件序号 | 芯片名称 | 数量 |
|---|---|---|---|
| 1 | U1 | 74LS148 | 1 片 |
| 2 | $S_0 \sim S_7$ | 逻辑开关 | 8 个 |
| 3 | $R_1 \sim R_8$ | 限流电阻 10 kΩ | 8 个 |
| 4 | U2 | 74LS04 | 1 片 |
| 5 | U3 | 74LS48 | 1 片 |
| 6 | $R_9 \sim R_{15}$ | 限流电阻 510 Ω | 7 个 |
| 7 | U4 | 共阴极数码管 | 1 只 |

4. 利用 Multisim 14 仿真软件完成电路仿真与调试

(1)电路绘制。按照图 2.45 所示电路查找元器件并拖至绘图区域,然后按要求更改标签和显示设置,连接仿真电路,并进行调试。

（2）电路性能测试。运行仿真,开关未按下时,数码管不显示。当按下开关时,数码管应显示对应的编码(0~7),电路正常工作;当数码管显示失常时,应检查电路连接是否正确。

### 2.7.2 电路连接与调试

**1. 元器件检测**

查阅集成电路手册,了解 74LS148、74LS04、74LS48 和数码管的功能,确定集成芯片的引脚排列,掌握其引脚功能。

1）优先编码器 74LS148 的检测

用逻辑电平测试优先编码器 74LS148,将所有的输入端接逻辑电平开关,输出端接 LED 显示器,按逻辑功能表接入相应的输入信号,验证其功能是否正确。

2）反相器 74LS04 的检测

集成反相器 74LS04 内含 6 个独立的非门,本电路使用其中的 4 个非门,可选择其中的任意 4 个非门。检测方法是,将输入端接逻辑电平开关,测试输出端逻辑电平值是否与输入端符合反相关系。

3）LED 数码管的检测

LED 数码管的检测方法较多,这里介绍简便易行的方法。用 3 V 电池负极引出线固定接在 LED 数码管的公共阴极上,正极引出线依次移动接触各笔段的正极。当正极引线接触到某一笔段时,对应的笔段就会发光显示。用这种方法可以快速测出数码管是否有断笔(某一笔段不能显示)或连笔(某些笔段连在一起),并且可相对比较出不同的笔段发光强弱是否一致。若检测共阳极数码管,只需将电池的正、负极引线对调一下,方法同上。

**2. 电路安装**

（1）将检测合格的元器件按照图 2.45 所示的电路图连接并安装在数字电路实验平台上,也可焊接在万能板上。

（2）当将集成芯片如 74LS148、74LS04、74LS48 插在集成电路插座时,应先校准两排引脚,使之与底板上插孔对应,轻轻用力将芯片插上,在确定引脚与插孔吻合后,再稍用力将其插紧,以免将集成电路的引脚弯曲、折断或接触不良。

（3）导线应粗细适当,一般选取直径为 0.6~0.8 mm 的单股导线,最好用不同色线以区分不同用途,如电源线用红色,接地线用黑色。

（4）布线应有次序地进行,随意乱接容易造成漏接或接错,较好的方法是先接好固定电平点,如电源线、地线、门电路闲置输入端及触发器异步置位复位端等,再按信号源的顺序从输入到输出依次布线。

（5）连线应避免过长,避免从集成元器件上方跨越,避免多次的重叠交错,以利于布线、更换元器件以及故障检查和排除。

（6）电路布线应整齐、美观、牢固。水平导线应尽量紧贴底板,竖直方向的导线可沿边框四角敷设,导线转弯时的弯曲半径不要过小。

（7）安装过程要细心,防止导线绝缘层被损伤,不要让线头、螺钉、垫圈等异物落入安装电路中,以免造成短路或漏电。

3. 电路调试

(1) 在完成电路安装后,要仔细检查电路连接,确认无误后再接入+5 V直流电源。

(2) 电路逻辑关系检测。当按下逻辑开关 $S_0 \sim S_7$ 时,分别让 74LS148 的输入端 $I_0 \sim I_7$ 输入低电平(其余为高电平),测试 74LS148 的 3 个输出端 $Y_2 \sim Y_0$ 的电平,测试 74LS48 的 7 个输出端 $Y_a \sim Y_g$ 的电平,同时读取数码管显示值,并将所有数据记录于表 2.22 中。若电路正常工作,则数码管将依次显示数字 $0 \sim 7$。若不能正确显示,则电路存在故障。

表 2.22 调试结果记录表

| $S_0$ | $S_1$ | $S_2$ | $S_3$ | $S_4$ | $S_5$ | $S_6$ | $S_7$ | $Y_2$ | $Y_1$ | $Y_0$ | $Y_a$ | $Y_b$ | $Y_c$ | $Y_d$ | $Y_e$ | $Y_f$ | $Y_g$ | 数码管显示值 |
|---|---|---|---|---|---|---|---|---|---|---|---|---|---|---|---|---|---|---|
| 0 | 1 | 1 | 1 | 1 | 1 | 1 | 1 | 0 | 1 | 1 | 0 | 1 | 1 | 1 | 1 | 1 | 1 | |
| 1 | 0 | 1 | 1 | 1 | 1 | 1 | 1 | 1 | 0 | 1 | 1 | 0 | 1 | 1 | 1 | 1 | 1 | |
| 1 | 1 | 0 | 1 | 1 | 1 | 1 | 1 | 1 | 1 | 0 | 1 | 1 | 0 | 1 | 1 | 1 | 1 | |
| 1 | 1 | 1 | 0 | 1 | 1 | 1 | 1 | 1 | 1 | 1 | 1 | 1 | 1 | 0 | 1 | 1 | 1 | |
| 1 | 1 | 1 | 1 | 0 | 1 | 1 | 1 | 1 | 1 | 1 | 1 | 1 | 1 | 1 | 0 | 1 | 1 | |
| 1 | 1 | 1 | 1 | 1 | 0 | 1 | 1 | 1 | 1 | 1 | 1 | 1 | 1 | 1 | 1 | 0 | 1 | |
| 1 | 1 | 1 | 1 | 1 | 1 | 0 | 1 | 1 | 1 | 1 | 1 | 1 | 1 | 1 | 1 | 1 | 1 | |
| 1 | 1 | 1 | 1 | 1 | 1 | 1 | 0 | 1 | 1 | 1 | 1 | 1 | 1 | 1 | 1 | 1 | 0 | |

4. 故障分析与排除

电路通常有以下几种故障现象:通电后,按下逻辑电平开关,数码管没有显示,或显示不正确,或显示不稳定。

一般可从以下几方面查找故障:

(1) 查电源。电源电压是否为+5 V,每个芯片是否都接上,各接地点是否可靠接地。

(2) 查逻辑开关。若电源正常,则应查看逻辑开关是否接错,逻辑开关是否正常。

(3) 查 74LS148。在前面检查无误后,逐个按下逻辑开关,查看编码器输出是否正确。

(4) 查反相器 74LS04。在前面检查无误后,查反相器能否正常反相工作。

(5) 查 74LS48。改变反相器 74LS04 的输出,查看数码管是否能正常显示,若显示不正确,则应查看与数码管的连接是否正常。

# 【思考与练习】

1. 在数字系统中,根据电路逻辑功能的不同,数字电路可分为_____和_____两类。

2. 在组合逻辑电路中,与编码器逻辑功能相反的电路是_____。

3. 74LS138 要进行正常译码,必须满足 $G_1 =$ _____,$G_{2A} =$ _____,$G_{2B} =$ _____。

4. 当 74LS138 的输入端 $G_1 = 1$,$G_{2A} = 0$,$G_{2B} = 0$,$A_2 A_1 A_0 = 101$ 时,它的输出端_____($Y_0 \sim Y_7$)为 0。

5. LED 数码管的内部接法有两种形式:共_____接法和共_____接法。

6. 一个 4 选 1 的数据选择器,应具有_____个地址输入端,_____个数据输入端。

7. 半加器有_____个输入端,_____个输出端;全加器有_____个输入端,_____个输出端。

8. 串行进位的加法器与并行进位的加法器相比,运算速度_____(快,慢)。

9. 逻辑函数 $F = \overline{A}C + AC + \overline{B}\overline{C}$,当变量的取值为_____时,将出现竞争-冒险现象。

A. $B = C = 1$      B. $B = C = 0$      C. $A = 1, C = 0$      D. $A = B = 0$

10. 组合逻辑电路和时序逻辑电路的区别是( )。

A. 组合逻辑电路有记忆功能,时序逻辑电路无记忆功能

B. 组合逻辑电路无记忆功能,时序逻辑电路有记忆功能

C. 组合逻辑电路和时序逻辑电路均无记忆功能

D. 组合逻辑电路和时序逻辑电路均有记忆功能

11. 组合逻辑电路在任一时刻的输出( )。

A. 仅取决于该时刻的输入

B. 只取决于原来的状态

C. 不仅取决于该时刻的输入,还与电路原来的状态有关

D. 以上都不对

12. 若在编码器中有 50 个编码对象,则要求输出二进制代码位数为( )位。

A. 5      B. 6      C. 10      D. 50

13. 在下列逻辑电路中,( )不是组合逻辑电路。

A. 译码器      B. 编码器      C. 寄存器      D. 加法器

14. 分析图 2.46 所示组合逻辑电路的逻辑功能。

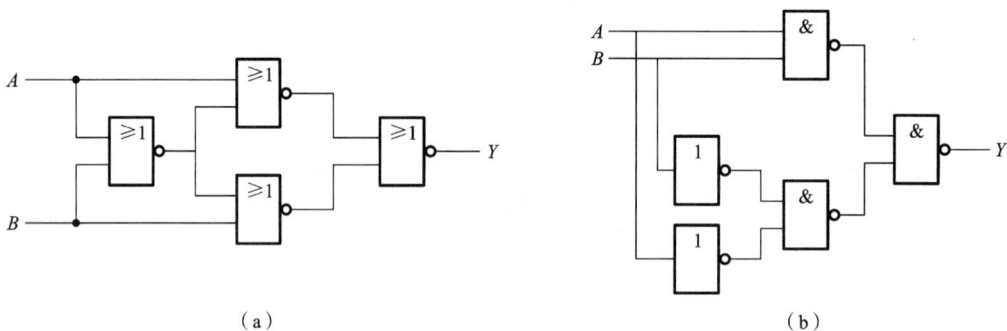

(a)                     (b)

图 2.46 题 14 图

15. 用"与非"门设计一个四变量表决电路。当变量 $A$、$B$、$C$、$D$ 有 3 个或 3 个以上为"1"时,输出 $Y = 1$;否则输出 $Y = 0$。

16. 如图 2.47 所示,写出 $Y_1$、$Y_2$、$Y_3$、SI、CO 的表达式。

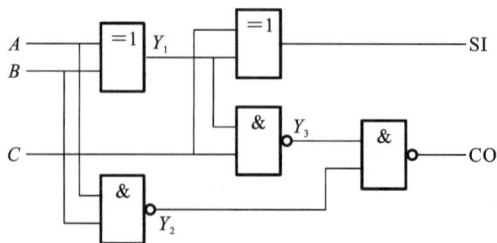

图 2.47 题 16 图

17. 试用 3 线-8 线译码器 74LS138 和门电路设计下列组合逻辑电路,其输出逻辑函数为

(1) $Y_1(A,B,C) = \sum m(0,2,6,7)$;

(2) $Y_2(A,B,C) = \overline{A}\overline{B}C + A\overline{B}\overline{C} + BC$;

(3) $Y_3(A,B,C) = A \oplus B \oplus C$。

18. 试用 3 线-8 线译码器 74LS138 和门电路产生如下多输出逻辑电路,其输出函数为

$$\begin{cases} Y_1 = AC \\ Y_2 = \overline{A}\overline{B}C + A\overline{B}\overline{C} + BC \\ Y_3 = \overline{B}\overline{C} + A\overline{B}\overline{C} \end{cases}$$

19. 用 74LS138 译码器构成如图 2.48 所示的电路,写出输出 $F$ 的逻辑表达式,列出真值表并说明电路的逻辑功能。

20. 某医院有 7 间病房,1 号病房住的是病情最重的病人,2,3,…,7 号病房住的病人的病情依次减轻,试用 74LS148、74LS48、半导体数码管组成一个呼叫、显示电路。要求:有病员压下呼叫开关时,显示电路显示病房号。

21. 试用 4 选 1 数据选择器产生逻辑函数:$Y = A\overline{B}\overline{C} + \overline{A}\overline{C} + BC$。

22. 试用 8 选 1 数据选择器 74LS151 数据选择器分别实现下列逻辑函数:

(1) $F_1(A,B,C) = (A+\overline{B}) + (\overline{A}+C)$;

(2) $F_2(A,B,C) = \sum m(0,1,4,7)$;

(3) $F_3(A,B,C,D) = \sum m(0,2,3,5,6,7,8,9) + \sum d(10,11,12,13,14,15)$。

23. 用 8 选 1 数据选择器 74LS151 构成如图 2.49 所示的电路,写出输出逻辑函数 $F$ 的表达式,列出真值表并说明电路的逻辑功能。

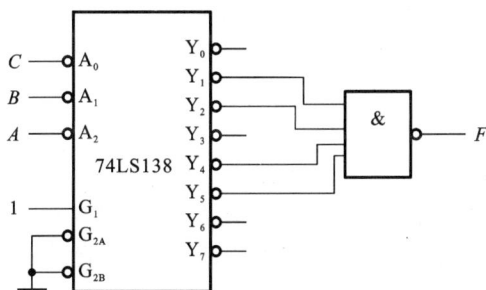

图 2.48 题 19 图

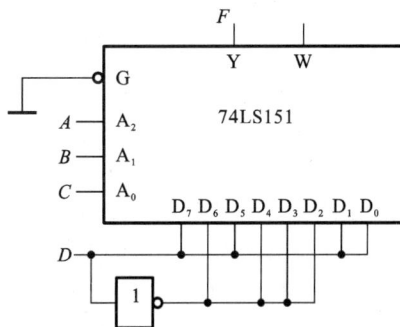

图 2.49 题 23 图

24. 下列各逻辑函数中,其中哪个无冒险现象?

(1) $F(A,B,C,D) = \overline{A}D + A\overline{B} + \overline{A}BC$;

(2) $F(A,B,C,D) = \overline{A}D + A\overline{B} + BC\overline{D}$;

(3) $F(A,B,C,D) = \overline{A}D + C\overline{D} + \overline{A}BC$;

(4) $F(A,B,C,D) = \overline{A}D + A\overline{B}C + AB\overline{C}$。

# 项目 3  抢答器电路的设计与调试

【知识目标】

➤ 掌握 RS 触发器的逻辑电路和逻辑功能。

➤ 掌握 D 触发器的逻辑电路和逻辑功能。

➤ 掌握 JK 触发器的逻辑电路和逻辑功能。

➤ 掌握不同类型触发器的转换关系和转换方法。

➤ 了解 T 和 T′触发器的逻辑功能和逻辑电路。

➤ 熟悉抢答器电路的工作原理。

【能力目标】

➤ 能通过文献资料、网络等查询手段,查阅数电电路和关键芯片手册。

➤ 初步了解数字电路的故障检修方法。

➤ 会使用实验设备进行数字电路搭建。

➤ 会使用仪器仪表进行基本触发器的逻辑功能测试。

➤ 能完成抢答器电路的设计与调试。

【项目介绍】

触发器是构成时序逻辑电路的基本单元,它具有记忆功能。触发器按功能可分为 RS 触发器、JK 触发器、D 触发器、T 触发器等。本项目以触发器为基础,设计抢答器电路,可实现四位选手进行抢答的功能。电路工作时,如果某位选手抢答成功,相应的指示灯会亮,从而判断出相应选手。

本项目详细介绍了各种触发器的基本结构和功能表示方法,触发器的电路原理、功能与电路特点是学习的主要内容。对触发器知识的学习有助于建立时序逻辑电路的基本概念,通过对四路抢答器电路的设计和调试项目,能帮助同学们掌握触发器基本概念、集成触发器引脚功能、触发器电路的基本应用等,并学会简单触发器电路的设计与功能验证,有助于提升对触发器功能的理性认识,为实际应用触发器电路打下必要的基础。

前面讲述了逻辑电路的一大类型——组合逻辑电路,这种电路的特点是输出变量的状态只取决于同时刻输入变量的状态,所用的基本器件是门电路。

数字系统中除了组合逻辑电路之外,还有一些具备存储功能的逻辑电路——时序逻辑电路,如计数器、寄存器等。这些时序逻辑电路在日常生活中有着十分广泛的应用。

触发器就是实现存储功能的一种基本单元电路,是构成逻辑电路的基本单元。将触发器与组合逻辑电路相结合就可以构成各种时序逻辑电路。在时序逻辑电路中,触发器是核心,具有一定的记忆功能。因此,学习时序逻辑电路,必须学习组成时序逻辑电路的核心元件的功能,才能逐步深入理解与掌握各种复杂的时序逻辑电路。

形象地说,触发器具有"一触即发"的功能。在输入信号的作用下,能够从一种状态(0 或 1)转变成另一种状态(1 或 0)。触发器是有记忆功能的逻辑部件,输出状态与该时刻的输入有关,还与原来的输出状态有关。常见的触发器有 RS 触发器、D 触发器、JK 触发器等。

# 任务 3.1  RS 触发器

## 【任务要求】

作为时序逻辑电路的基础,触发器在整个时序逻辑电路(数字系统)中起着非常重要的作用。RS 触发器是一种基本形式的触发器。

学习基本 RS 触发器和钟控 RS 触发器的逻辑电路和功能,以及基本应用。

## 【任务目标】

➤ 了解触发器的基本概念。

➤ 掌握基本 RS 触发器和钟控 RS 触发器的电路组成、逻辑功能;了解集成基本 RS 触发器的逻辑符号和功能。

➤ 了解 RS 触发器的基本应用。

### 3.1.1  基本 RS 触发器

1. 基本 RS 触发器

基本 RS 触发器(又称为 RS 锁存器)是各种触发器中电路结构最简单的一种,同时,又是许多复杂电路结构中触发器的一个组成部分,既有两个或非门交叉连接成的高电平输入有效的 RS 触发器(见图 3.1(a)),又有两个与非门交叉连接成的低电平输入有效的 RS 触发器(见图 3.1(b)),这种交叉连接产生了正反馈,这也是所有触发器电路的基本特征。

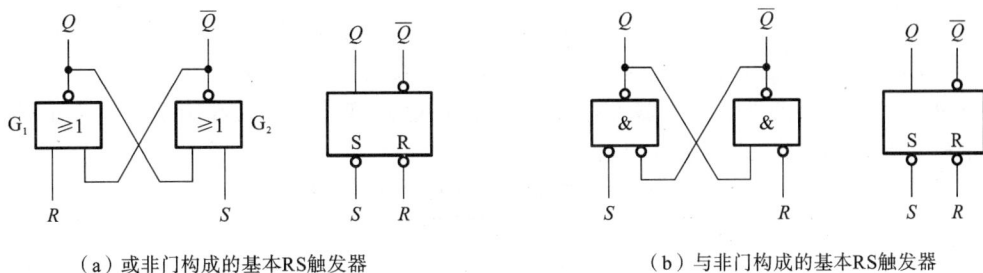

(a)或非门构成的基本RS触发器     (b)与非门构成的基本RS触发器

图 3.1  两种不同逻辑门组成的基本 RS 触发器

在图 3.1 中,$Q$ 和 $\overline{Q}$ 为两个互补的输出端,定义 $Q=0$,$\overline{Q}=1$ 为触发器的 0 状态;$Q=1$,$\overline{Q}=0$ 为触发器的 1 状态。一般用 $Q$ 端的逻辑值来表示触发器的状态。

对于图 3.1(a),该电路由或非门构成,根据输入信号 $R$、$S$ 的不同取值组合,触发器的输出与输入之间的关系有以下四种情况。

(1)当 $S=R=0$ 时,这两个输入信号对或非门的输出 $Q$ 和 $\overline{Q}$ 不起作用,电路状态保持不变,即原来的状态被触发器存储起来,这体现了触发器具有记忆功能。

(2) 当 $S=0,R=1$ 时,无论原来 $Q$、$\bar{Q}$ 状态如何,因 $R=1$ 使得或非门 $G_1$ 输出 $Q=0$,则 $\bar{Q}=1$,即触发器为 0 状态。这种情况称为触发器置 0 或触发器复位,故 $R$ 输入端称为复位端或置 0 输入端。

(3) 当 $S=1,R=0$ 时,无论原来 $Q$、$\bar{Q}$ 状态如何,因 $S=1$ 使得或非门 $G_2$ 输出 $\bar{Q}=0$,则 $Q=1$,这种情况称为触发器置 1 或触发器置位,故 $S$ 输入端称为置位端或置 1 输入端。

(4) 当 $S=1,R=1$ 时,$Q=\bar{Q}=0$,触发器的两输出互补的逻辑关系被破坏。当两个输入信号都同时撤去(变到 0)后,触发器的状态将不能确定是 1 还是 0。因此,这种情况应当避免。

综上所述,或非门构成基本 RS 触发器的真值表如表 3.1 所示。从真值表可以看出,这种触发器的输入端为高电平有效。

表 3.1　或非门组成的基本 RS 触发器的真值表

| $R$ | $S$ | $Q$ | $\bar{Q}$ | 触发器状态 |
|-----|-----|-----|-----------|-----------|
| 0 | 0 | 不变 | 不变 | 保持 |
| 0 | 1 | 1 | 0 | 置 1 |
| 1 | 0 | 0 | 1 | 置 0 |
| 1 | 1 | 0* | 0* | 不定 |

对于图 3.1(b),该电路由与非门构成,可作同样分析。其输入信号 $R$、$S$ 和输出 $Q$、$\bar{Q}$ 间的逻辑关系如下。

(1) 当 $S=R=0$ 时,$Q=\bar{Q}=1$,触发器的两输出互补的逻辑关系被破坏。当两个输入信号都同时撤去(变到 1)后,触发器的状态将不能确定是 1 还是 0。因此,这种情况应当避免。

(2) 当 $S=0,R=1$ 时,无论原来 $Q$、$\bar{Q}$ 状态如何,因 $S=0$ 使得与非门 $G_1$ 输出 $Q=1$,则 $\bar{Q}=0$,即触发器为 1 状态。这种情况称为触发器置 1 或触发器置位,故 $S$ 输入端称为置位端或置 1 输入端。

(3) 当 $S=1,R=0$ 时,无论原来 $Q$、$\bar{Q}$ 状态如何,因 $R=0$ 使得与非门 $G_2$ 输出 $\bar{Q}=1$,则 $Q=0$,这种情况称为触发器置 0 或触发器复位,故 $R$ 输入端称为复位端或置 0 输入端。

(4) 当 $S=1,R=1$ 时,这两个输入信号对与非门的输出 $Q$ 和 $\bar{Q}$ 不起作用,电路状态保持不变,即原来的状态被触发器存储起来,这体现了触发器具有记忆功能。

这种触发器是以低电平作为输入有效信号的,在逻辑符号的输入端用小圆圈表示低电平输入信号有效,它的真值表如表 3.2 所示。

表 3.2　与非门组成的 RS 触发器的真值表

| $R$ | $S$ | $Q$ | $\bar{Q}$ | 触发器状态 |
|-----|-----|-----|-----------|-----------|
| 0 | 0 | 1* | 1* | 不定 |
| 0 | 1 | 0 | 1 | 置 0 |
| 1 | 0 | 1 | 0 | 置 1 |
| 1 | 1 | 不变 | 不变 | 保持 |

如图 3.2 所示,$R$、$S$ 为与非门组成的基本 RS 触发器的输入波形,根据其真值表,可确定输出端 $Q$ 和 $\bar{Q}$ 的波形(设 $Q$ 的初始状态为 0)。

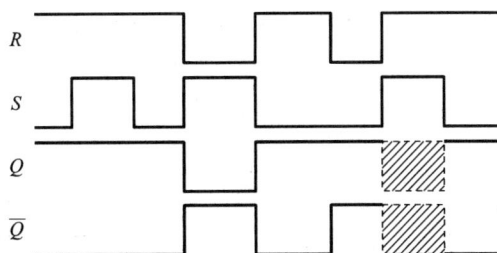

图 3.2 与非门组成的基本 RS 触发器的波形图

2. 集成基本 RS 触发器

集成基本 RS 触发器 74LS279 的内部共集成 4 个基本 RS 触发器,基本触发器由与非门构成,输入信号均为低电平有效,其逻辑符号和引脚图如图 3.3 所示。其中编号为 1 和编号为 3 的触发器具有两个输入端 S1 和 S2,这两个输入端的逻辑关系为与逻辑,每个基本 RS 触发器只有一个 $Q$ 输出端。

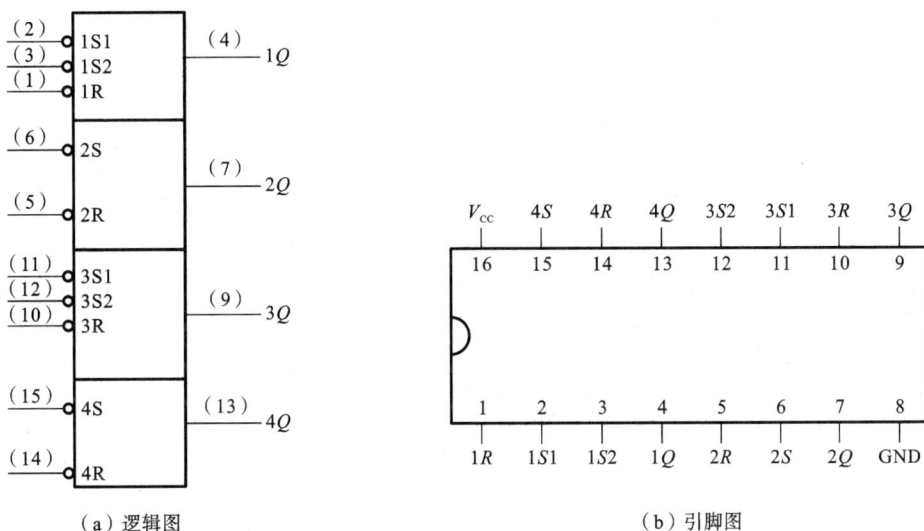

(a) 逻辑图　　　　　　　　　　　　　(b) 引脚图

图 3.3　74LS279 逻辑符号和引脚图

## 3.1.2　钟控 RS 触发器

在实际使用中,一个设备或一个系统往往包含有许多触发器,这些触发器各自的输出状态除分别由各自的 $R$、$S$ 端决定外,还希望所有触发器均能受某一信号控制,统一动作(翻转)。为此,在原有的基本 RS 触发器的基础上,再加入一个控制端。这个决定统一动作时间的信号由一个标准脉冲信号发生器产生,该脉冲信号称为时钟脉冲(clock pulse,简称为时钟,用 CP 表示)。

将时钟脉冲加到触发器的控制端,只有在时钟脉冲信号触发输入的某一特定点上,输出才会改变,触发器状态的变换时刻与时钟保持一致,即保持同步;这种受时钟信号控制的 RS 触发器称为钟控 RS 触发器,也称为同步 RS 触发器。

钟控 RS 触发器是同步的双稳态电路,由基本 RS 触发器构成,如图 3.4 所示。$G_1$、$G_2$ 门组成控制门,$G_3$、$G_4$ 门组成基本 RS 触发器。时钟信号通过控制门控制输入信号 $R$、$S$ 进入 $G_3$ 和 $G_4$ 门的输入端。

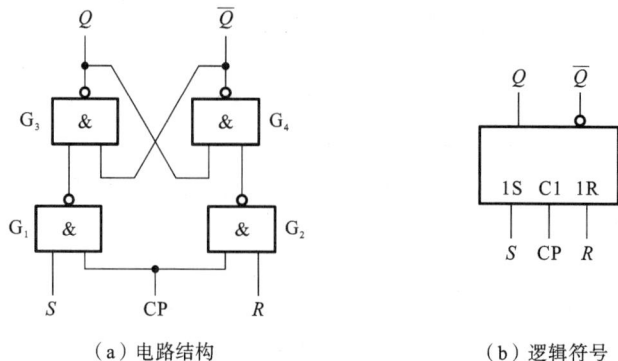

（a）电路结构          （b）逻辑符号

图 3.4  钟控 RS 触发器

（1）当 CP=0 时,$G_1$、$G_2$ 门输出为 1,$G_1$、$G_2$ 门禁止,输入信号 $R$、$S$ 不会影响输出端的状态,故触发器 $Q$、$\overline{Q}$ 输出保持原状态不变。

（2）当 CP=1 时,$G_1$、$G_2$ 门启动,$R$、$S$ 信号通过 $G_1$、$G_2$ 门反相后,加到由 $G_3$、$G_4$ 门组成的基本 RS 触发器上,此时工作情况与基本 RS 触发器的相同。

根据上述关系可得到钟控 RS 触发器真值表如表 3.3 所示。因为触发器在每次时钟脉冲触发后产生的新状态 $Q^{n+1}$（也称为次态）不仅与输入信号有关,而且还与触发器在每次时钟脉冲触发前的状态 $Q^n$（也称为原态或现态）有关,所以在表 3.3 中列入了 $Q^n$ 和 $Q^{n+1}$。因此,我们把这种含有 $Q^n$ 和 $Q^{n+1}$ 变量的真值表叫触发器的状态转换真值表。这种次态与原态、输入信号之间的逻辑关系还可用特性方程来描述。

表 3.3  钟控 RS 触发器状态转换真值表

| CP | S  R | $Q^n$ | $Q^{n+1}$ | 功能说明 |
|----|------|-------|-----------|----------|
| 0  | ×  × | 0 | 0 | $Q^{n+1}=Q^n$,保持 |
| 0  | ×  × | 1 | 1 | |
| 1  | 0  0 | 0 | 0 | $Q^{n+1}=Q^n$,保持 |
| 1  | 0  0 | 1 | 1 | |
| 1  | 0  1 | 0 | 0 | $Q^{n+1}=0$,置 0 |
| 1  | 0  1 | 1 | 0 | |
| 1  | 1  0 | 0 | 1 | $Q^{n+1}=1$,置 1 |
| 1  | 1  0 | 1 | 1 | |
| 1  | 1  1 | 0 | $1^*$ | 不定 |
| 1  | 1  1 | 1 | $1^*$ | |

根据上述真值表,钟控 RS 触发器的特性方程为

$$\begin{cases} Q^{n+1}=S+\overline{R}Q^n \\ RS=0 \end{cases} \tag{3.1}$$

由真值表可知,约束条件的第二方程中,$S=R=1$ 的状态是不允许使用的,因为其输出状

态不定;为防止出现这种情况,R 与 S 之间应该有相应的制约关系,这种制约关系用逻辑函数式来表示就是制约条件。不允许 $S=R=1$,也就是 $RS=0$。

钟控 RS 触发器虽然没有实际的 IC 产品,但它是 D 触发器、JK 触发器的基础。

### 3.1.3 RS 触发器的应用

基本 RS 触发器电路简单,是构成各种性能完善的集成触发器的基础电路。单独应用也很广泛,如作为锁存器、机械开关触点"抖动"消除电路和单脉冲产生电路等。

【例 3-1】 机械开关触点"抖动"消除电路。

机械开关的共同特性是当开关从一个位置扳到另一个位置时,会在最终形成固定接触之前发生几次物理震动或抖动。虽然这些抖动间隔非常短暂,但是它们可以产生瞬间电压峰值而形成"毛刺"。

采用基本 RS 触发器和机械开关组成的"抖动"消除电路如图 3.5(a)所示,结合图 3.5(b)中的开关工作过程和基本 RS 触发器的逻辑功能,很容易理解"抖动"消除电路的工作原理。

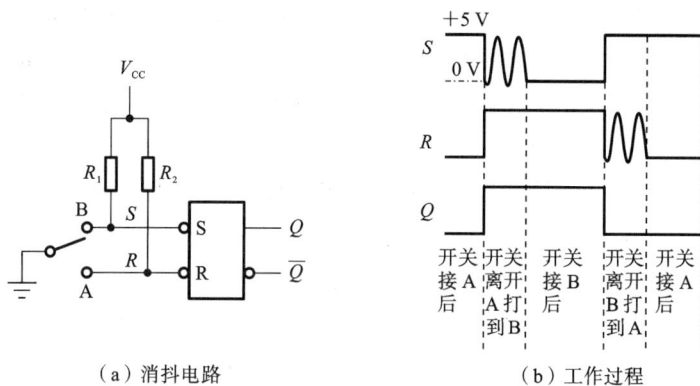

(a)消抖电路 (b)工作过程

**图 3.5 开关触点抖动消除电路**

图 3.5 不仅可以消除开关的抖动,而且从波形可以看出,此电路还可作为手动单次脉冲产生电路使用。该功能可以应用在数字电路实验设备中。

# 任务 3.2 D 触发器

【任务要求】

学习电平触发 D 触发器和边沿触发 D 触发器的逻辑电路和功能,以及基本应用。

【任务目标】

➤ 掌握电平触发 D 触发器和边沿触发 D 触发器的电路组成、逻辑功能。

➤ 了解 D 触发器的基本应用。

### 3.2.1 电平触发 D 触发器

为了解决钟控 RS 触发器 R、S 之间的约束问题,可对钟控 RS 触发器稍加修改,即将其 R

端接至 $G_1$ 门的输出端,并将 $S$ 改为 $D$,使之变成图 3.6(a)所示的形式,这样便成为只有一个输入端的 D 触发器。其逻辑符号如图 3.6(b)所示。

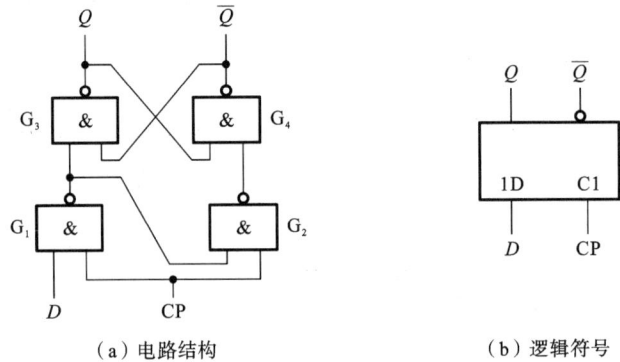

(a)电路结构　　　　　　　　　　(b)逻辑符号

图 3.6　D 触发器

D 触发器不仅可以对触发器进行定时控制,而且在时钟脉冲作用期间(CP＝1 时),将输入信号 $D$ 转换成一对互补信号送至基本 RS 触发器($G_3$、$G_4$ 门)的两个输入端,使基本 RS 触发器的两个输入信号只能是 01 或者 10 两种组合,从而消除了状态不确定的现象,解决了对输入的约束问题。

当 CP＝1 时,将 $S＝D$,$R＝\overline{D}$ 代入钟控 RS 触发器的特性方程(3.1),即得到 D 触发器的特性方程为

$$\begin{cases} Q^{n+1}=S+\overline{R}Q^n \\ RS=0 \end{cases} \Rightarrow Q^{n+1}=D \tag{3.2}$$

由此可见,在时钟脉冲的作用下,D 触发器的新状态仅取决于输入信号 $D$,而与原状态无关。故 D 触发器的真值表(当 CP＝1 时)如表 3.4 所示。

表 3.4　D 触发器真值表(CP＝1 时)

| $D$ | $Q^n$ | $Q^{n+1}$ |
|-----|-------|-----------|
| 0 | 0 | 0 |
| 1 | 0 | 1 |
| 0 | 1 | 0 |
| 1 | 1 | 1 |

由于该 D 触发器是在 CP＝1 时控制 D 触发器的状态变化,所以称为电平触发 D 触发器。

D 触发器结构简单,且能实现定时控制。当 CP＝0 时,触发器被禁止,输入信号不起作用,其状态保持不变;当 CP＝1 时,其新状态 $Q^{n+1}$ 始终和 $D$ 输入一致,故也称为 D 锁存器。其集成电路型号有 74LS373 和 74LS75。

这种电平触发的 D 触发器存在的问题是:在 CP＝1 期间,如果 $D$ 端信号有变化,则输出状态也随之改变。在一个时钟脉冲周期中,触发器发生多次翻转的现象,称为空翻,如图 3.7 所示,钟控 RS 触发器也存在空翻现象。

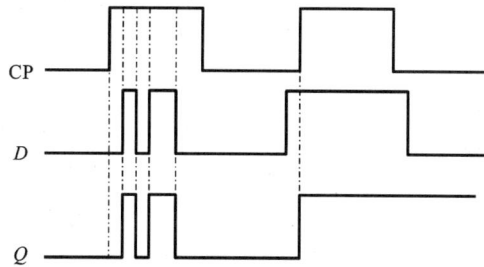

图 3.7 "空翻"波形图

【例 3-2】 图 3.8 所示的为电平触发 D 触发器的 CP 信号和 D 输入信号,设初始状态为 0,确定输出端 Q 的波形。

**解** 当 CP=1 时,无论 D 为高电平信号还是低电平信号,Q 输出端的信号总是和 D 输入信号相同;而当 CP=0 时,Q 输出保持不变。故 Q 输出波形如图 3.8 所示。

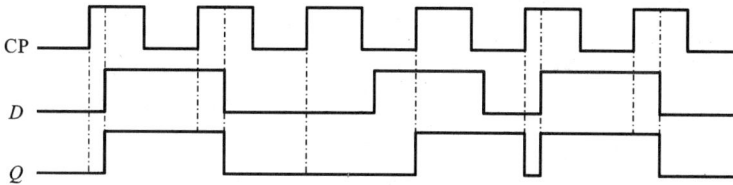

图 3.8 例 3-2 波形图

### 3.2.2 边沿 D 触发器

边沿触发的 D 触发器在时钟脉冲的上升沿或下降沿时刻改变输出状态,并且只在边沿前一瞬间的输入信号有效。图 3.9 所示的为边沿 D 触发器的逻辑符号。逻辑符号中,"∧"表示 CP 为边沿触发,以区分于电平触发,"。"表示下降沿触发。

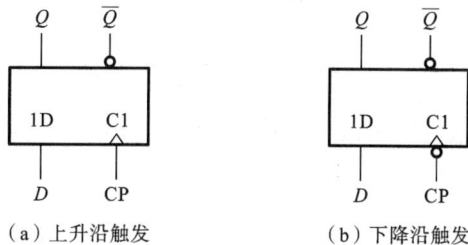

(a)上升沿触发        (b)下降沿触发

图 3.9 边沿 D 触发器逻辑符号

边沿 D 触发器的特性方程表达式仍与电平触发 D 触发器的特性方程式(3.2)相同,只是输出状态发生变化的时刻不同。它在时钟脉冲的上升沿或下降沿时刻,将上升沿或下降沿前一瞬间的输入 D 数据传输到输出端。

常用集成电路边沿 D 触发器的型号为 74LS74,包括两个相同的边沿 D 触发器。其引脚如图 3.10 所示。图中 $S_D$、$R_D$ 分别为异步置 1 端和异步置 0 端(或异步复位端),其逻辑功能为:当异步置 1 端或异步置 0 端有效时,触发器的输出状态将立即被置 1 或置 0,而不受 CP 脉冲和输入信号的控制。

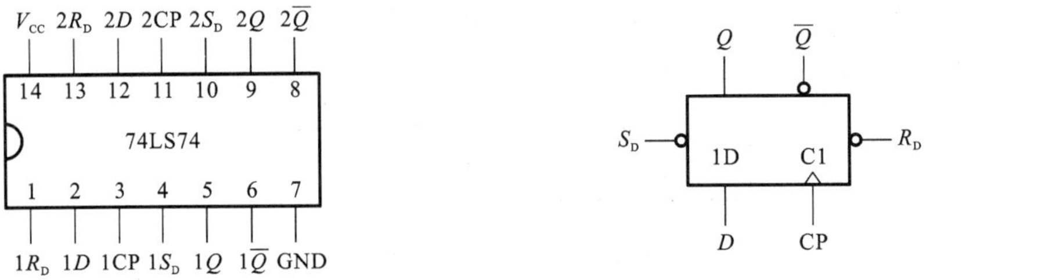

（a）引脚图　　　　　　　　（b）带异步置0端和异步置1端的边沿D触发器逻辑符号

图 3.10　集成电路 74LS74

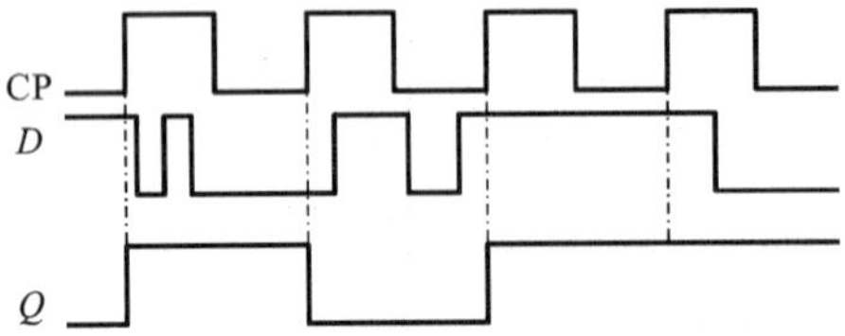

图 3.11　例 3-3 的波形图

【例 3-3】　图 3.11 所示的为上升沿触发 D 触发器的输入信号和时钟脉冲波形,设触发器的初始状态为 0,确定输出信号 $Q$ 的波形。

解　每个时钟脉冲 CP 上升沿之后的输出状态,等于该上升沿前一瞬间 $D$ 信号的状态,直到下一个时钟脉冲 CP 上升沿到来。由此可画出输出 $Q$ 的波形如图 3.11 所示。

【例 3-4】　图 3.12 所示的为边沿 D 触发器构成的电路图,设触发器的初始状态 $Q_1Q_0 = 00$,确定 $Q_0$ 及 $Q_1$ 在时钟脉冲作用下的波形。

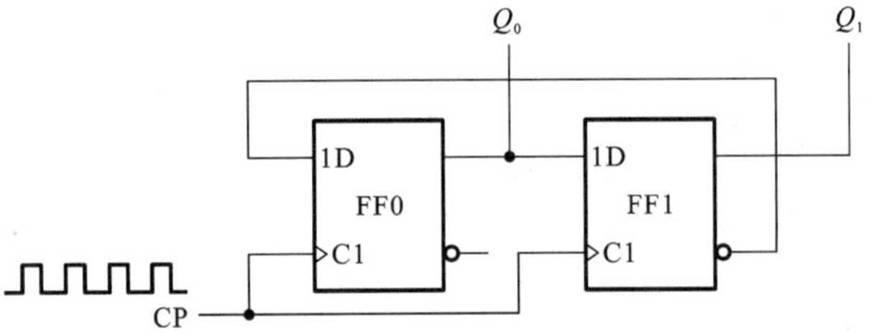

图 3.12　例 3-4 电路图

解　由于两个 D 触发器的输入信号分别为另一个 D 触发器的输出,因此在确定它们输出端波形时,应分段交替画出 $Q_0$ 及 $Q_1$ 的波形,如图 3.13 所示。

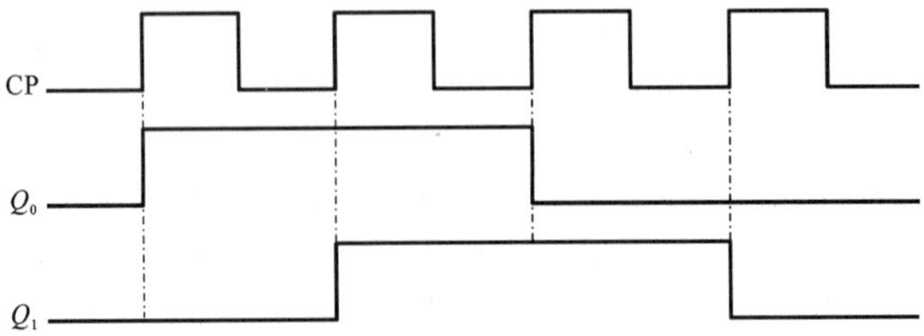

图 3.13　例 3-4 波形图

# 任务 3.3　JK 触发器

**【任务要求】**

学习主从 JK 触发器和边沿 JK 触发器的逻辑电路和功能,以及基本应用。

**【任务目标】**

➢ 掌握主从 JK 触发器和边沿 JK 触发器的电路组成、逻辑功能;了解集成 JK 触发器的逻辑符号和功能。

➢ 了解 JK 触发器的基本应用。

## 3.3.1　主从 JK 触发器

1. 主从 RS 触发器

由两个钟控 RS 触发器组成的主从 RS 触发器电路如图 3.14 所示,其工作原理简述如下。

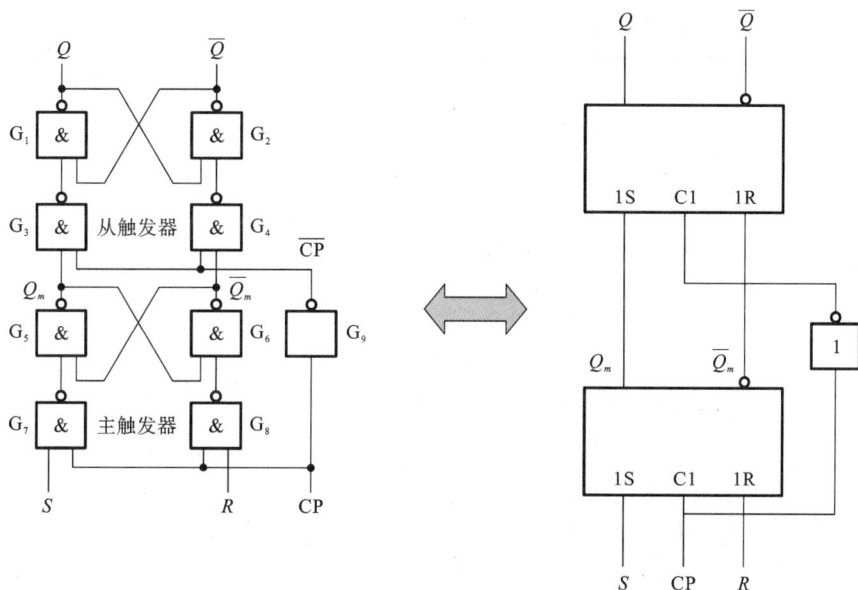

图 3.14　主从 RS 触发器

(1) CP=1 期间,主触发器工作,其输出状态按照下面特性方程变化:

$$\begin{cases} Q_m^{n+1}=S+\bar{R}Q_m^n \\ RS=0 \end{cases}$$
(3.3)

式中:$S$、$R$ 为 CP=1 期间的输入信号,故主触发器还存在"空翻",而从触发器保持输出状态不变。

(2) CP 由 1 变为 0,即下降沿到来时,主触发器保持 CP=1 期间的最后输出状态不变并作为从触发器的输入;同时,从触发器开始工作。由于主触发器的两个输出始终相反,故从触发器的输出状态跟随主触发器的最后输出状态(根据钟控 RS 触发器的真值表得到)。故有

$$\begin{cases} Q^{n+1}=Q_m^{n+1}=S+\bar{R}Q_m^n=S+\bar{R}Q^n \\ RS=0 \end{cases} \tag{3.4}$$

(3) CP=0 期间,即使 $S$、$R$ 输入信号发生变化,主触发器的输出状态继续不变,这使得从触发器的输入不变,故从触发器保持上述动作后的输出状态不变。从触发器无"空翻"。

综上所述,在一个时钟周期内,主触发器可能发生多次翻转,但从触发器只发生一次翻转,故整个主从 RS 触发器克服了"空翻"现象。但其缺点也是显而易见的,即输入信号 $R$、$S$ 仍然存在约束条件 $RS=0$。

2. 主从 JK 触发器

主从 JK 触发器在上述主从 RS 触发器基础上进一步改进而得到,通过引入反馈 $S=J\bar{Q}^n$,$R=KQ^n$,此时输入 $S$、$R$ 自动满足约束条件,且主触发器只发生一次翻转,如图 3.15 (a)所示。

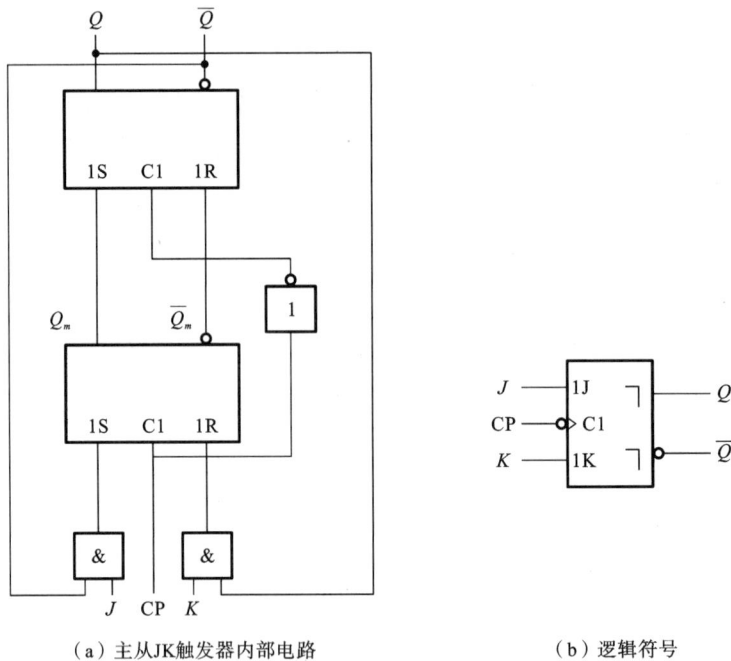

(a) 主从JK触发器内部电路　　　　　　(b) 逻辑符号

图 3.15　主从 JK 触发器

将输入 $S$、$R$ 的表达式代入主从 RS 触发器的特性方程式(3.4),即可得到主从 JK 触发器的特性方程:

$$Q^{n+1}=S+\bar{R}Q^n=J\bar{Q}^n+\overline{KQ^n}Q^n=J\bar{Q}^n+\bar{K}Q^n \tag{3.5}$$

式(3.5)仅在 CP 的下降沿到来时有效。注意式(3.5)中 $Q^{n+1}$ 为 CP 下降沿之后的状态,$Q^n$ 为 CP 下降沿之前的状态,$J$、$K$ 信号为 CP=1 期间的值,如图 3.16 所示。

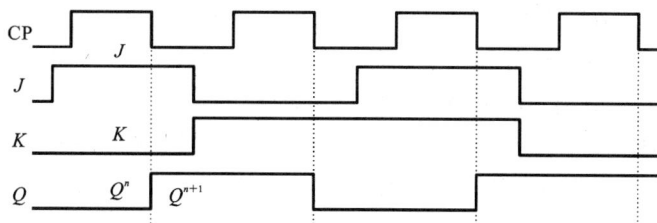

图 3.16 主从 JK 触发器时序图

由特性方程式(3.5)可得主从 JK 触发器的状态转换真值表,如表 3.5 所示。

表 3.5 主从 JK 触发器状态转换真值表(CP 下降沿时)

| $J$ | $K$ | $Q^n$ | $Q^{n+1}$ | 功 能 | |
| --- | --- | --- | --- | --- | --- |
| 0 | 0 | 1 | 0 | $Q^{n+1}=Q^n$ | 保持 |
| 0 | 0 | 1 | 1 | | |
| 0 | 1 | 0 | 0 | $Q^{n+1}=0$ | 置0 |
| 0 | 1 | 1 | 0 | | |
| 1 | 0 | 0 | 0 | $Q^{n+1}=0$ | 置1 |
| 1 | 0 | 1 | 1 | | |
| 1 | 1 | 0 | 1 | $Q^{n+1}=\overline{Q^n}$ | 翻转 |
| 1 | 1 | 1 | 0 | | |

【例 3-5】 已知主从 JK 触发器 $J$、$K$ 的波形如图 3.17 所示,画出输出 $Q$ 的波形图(设初始状态为0)。

**解** 根据主从 JK 触发器的状态转换真值表可知,在第 1 个 CP 高电平期间,$J=1$,$K=0$,$Q^{n+1}$ 为1;在第 2 个 CP 高电平期间,$J=1$,$K=1$,$Q^{n+1}$ 翻转为0;在第 3 个 CP 高电平期间,$J=0$,$K=0$,$Q^{n+1}$ 保持不变,仍为0;在第 4 个 CP 高电平期间,$J=1$,$K=0$,$Q^{n+1}$ 为1;在第 5 个 CP 高电平期间,$J=0$,$K=1$,$Q^{n+1}$ 为0;在第 6 个 CP 高电平期间,$J=0$,$K=0$,$Q^{n+1}$ 保持不变,仍为0。最后得到输出 $Q$ 的波形如图 3.17 所示。

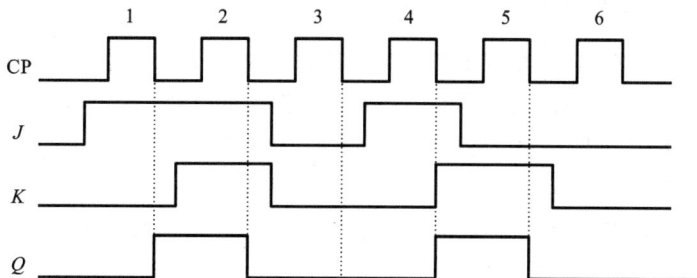

图 3.17 例 3-5 的波形图

3. 一次变化现象

前面分析主从 JK 触发器时,假定在 CP=1 期间 $J$、$K$ 信号是不变的,因此在 CP 脉冲的下降沿时,从触发器所达到的状态就是 CP=1 期间主触发器所接收的状态。但在 CP=1 期间,若 $J$、$K$ 信号发生变化,则可能导致主触发器的状态发生变化,但只能变化一次。这种现象称为一次变化现象。它最终会造成从触发器的错误翻转。

只有在下面两种情况下会发生一次变化现象:一是触发器状态为 0 时,$J$ 信号的变化;二是触发器状态为 1 时,$K$ 信号的变化。因此,为避免产生一次变化现象,必须保证在 CP=1 期间 $J$、$K$ 信号保持不变。但在实际使用中,干扰信号往往会造成 CP=1 期间 $J$ 或 $K$ 信号的变化,从而导致主从 JK 触发器的抗干扰能力变差。为了减少接收干扰的机会,应使 CP=1 的宽度尽可能窄。

若在 CP=1 期间,$J$、$K$ 信号发生了变化,就不能根据上述真值表或特性方程来决定输出 $Q$,可按以下方法来处理:

(1) 若原态 $Q=0$,则由 $J$ 信号决定其次态,而与 $K$ 无关。此时只要 CP=1 期间出现过 $J=1$,则 CP 下降沿时 $Q$ 为 1;否则 $Q$ 仍为 0。

(2) 若原态 $Q=1$,则由 $K$ 信号决定其次态,而与 $J$ 无关。此时只要 CP=1 期间出现过 $K=1$,则 CP 下降沿时 $Q$ 为 0;否则 $Q$ 仍为 1。

【例 3-6】 设主从 JK 触发器的初态为 1,输入波形如图 3.18 所示,试画出它的输出波形。

**解** 在图 3.18 中,第 5、6 个 CP 脉冲的高电平期间,$J$、$K$ 信号发生了变化,其他 CP 脉冲的高电平期间,$J$、$K$ 信号没有发生变化。针对这两种不同情况分别采用前面介绍的两种方法画出它的输出波形,如图 3.18 所示。

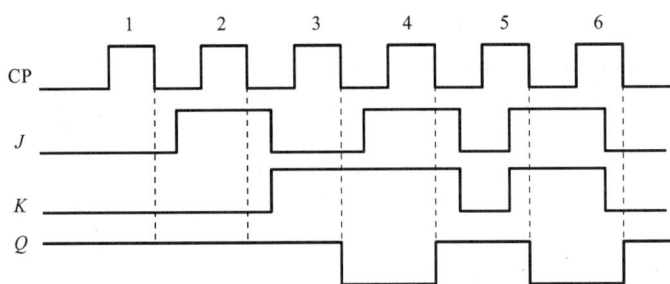

图 3.18 例 3-6 图

### 3.3.2 边沿 JK 触发器

图 3.19 所示的是利用门传输延迟时间构成的负边沿 JK 触发器逻辑电路。图中的两个与或非门构成基本 RS 触发器,两个与非门(1、2 门)作为输入信号引导门,而且在制作时已保证与非门的延迟时间大于基本 RS 触发器的传输延迟时间。

边沿 JK 触发器具有以下特点:

(1) 边沿 JK 触发器在 CP 下降沿时产生翻转,CP 下降沿前瞬间的 $J$、$K$ 输入信号为有效输入信号。

(2) 对于主从 JK 触发器,在 CP=1 的全部时间内,$J$、$K$ 输入信号均为有效输入信号。故与主从 JK 触发器相比,边沿 JK 触发器大大减少了干扰信号可能作用的时间,从而增强了抗干扰能力。

(3) 边沿 JK 触发器的真值表、特性方程与主从 JK 触发器的完全相同。

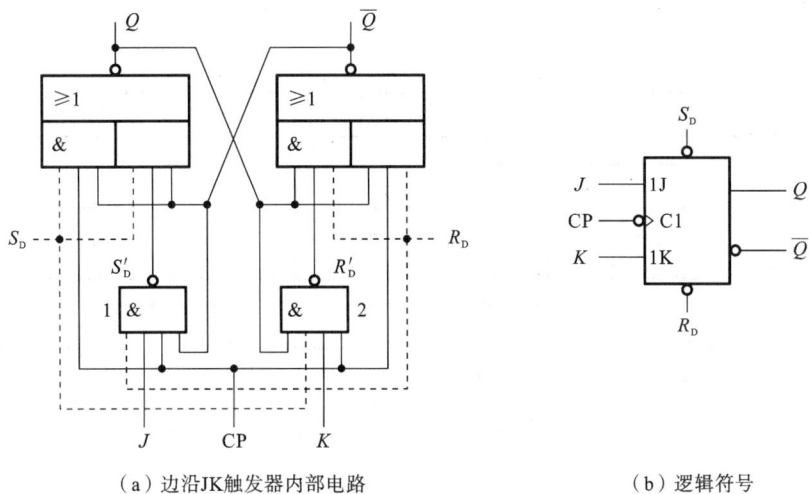

（a）边沿JK触发器内部电路　　　　　　（b）逻辑符号

**图 3.19　边沿 JK 触发器**

（4）无"一次变化"问题。

【例 3-7】　设边沿 JK 触发器的初态为 0，输入信号波形如图 3.20 所示，试画出它的输出波形。

**解**　（1）以时钟 CP 的下降沿为基准，划分时间间隔，CP 下降沿到来前为现态，下降沿到来后为次态。

（2）每个时钟脉冲下降沿来到后，根据触发器的特性方程或状态转换真值表确定其次态。

输出波形如图 3.20 所示。

【例 3-8】　设边沿 JK 触发器的初态为 0，输入信号波形如图 3.21 所示，试画出它的输出波形。

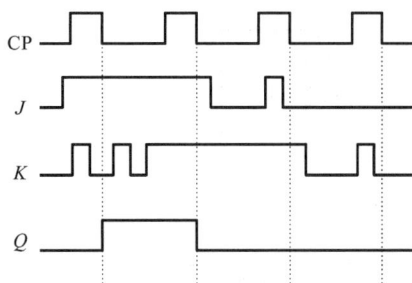

**图 3.20　例 3-7 图**

**解**　此题中要特别注意异步置 0、置 1 端($R_D$、$S_D$)的操作不受时钟 CP 的控制。其输出波形如图 3.21 所示。

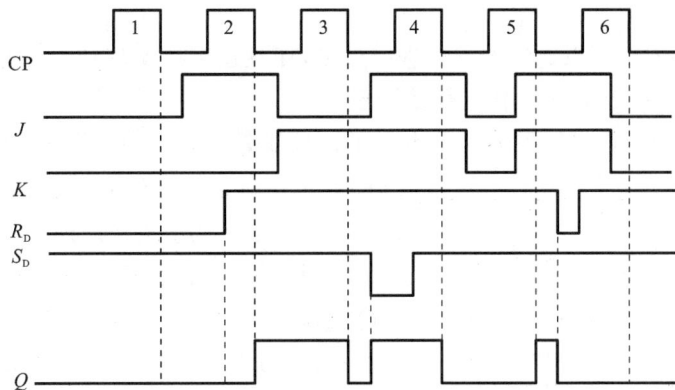

**图 3.21　例 3-8 的波形图**

【**例 3-9**】 边沿 JK 触发器的 $J$、$K$ 和 CP 的波形如图 3.22 所示,画出 $Q$ 的输出波形,设初始状态为 0。

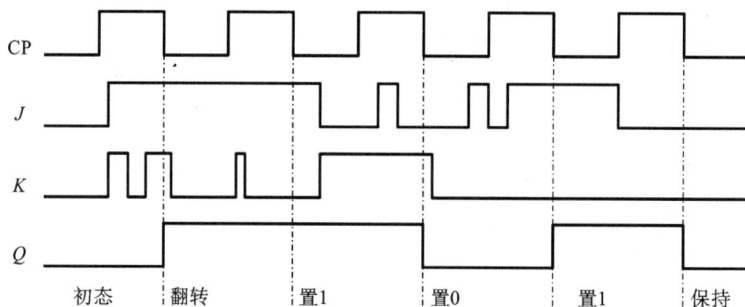

图 3.22 例 3-9 的波形图

**解** $Q$ 的输出波形如图 3.22 所示。

【**例 3-10**】 图 3-23(a)所示的是边沿 JK 触发器的连接图,请画出输出端 $Q$ 和 $\overline{Q}$ 的波形。

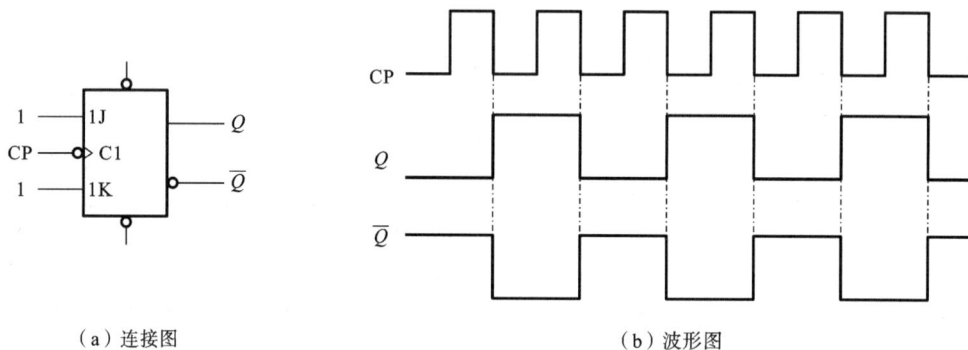

(a)连接图                    (b)波形图

图 3.23 例 3-10 连接图与波形图

**解** 由于 JK 触发器的 $J = K = 1$,依照 JK 触发器的真值表,每到一个 CP 的下降沿,$Q$ 输出端的状态就翻转一次,因此其输出波形如图 3.23(b)所示。若输入脉冲是连续的,且频率为 $f_{CP}$,则输出端 $Q$ 和 $\overline{Q}$ 的频率为 $f_{CP}$ 的一半,故此电路又称为二分频电路,即对 CP 时钟脉冲进行二分频输出。

触发器的应用不仅可以对周期波形进行分频,而且还可以实现计数、数据存储等。JK 触发器由于功能齐全,在数字电路中应用最广泛。

【**例 3-11**】 边沿 JK 触发器 $FF_0$ 和 $FF_1$ 的连接如图 3.24 所示,设两个触发器的初始状态都是 0,试确定输出端 $Q_1$、$Q_0$ 的波形,并写出由这些波形所表示的二进制序列。

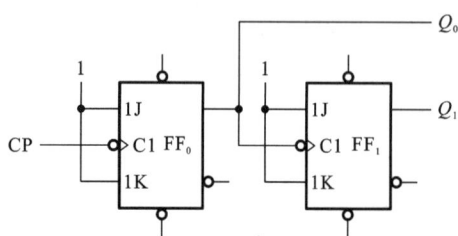

图 3.24 例 3-11 电路图

**解** 根据边沿 JK 触发器的特点,可得到 $Q_1$、$Q_0$ 的波形如图 3.25 所示。若将 $Q_1$、$Q_0$ 的时序进行排列,即为 00、01、10、11,分别对应于 0、1、2、3。可见,这个二进制序列每 4 个时钟脉冲重复一次,然后返回 0 重新开始该序列,此序列相当于对时钟脉冲进行了计数。

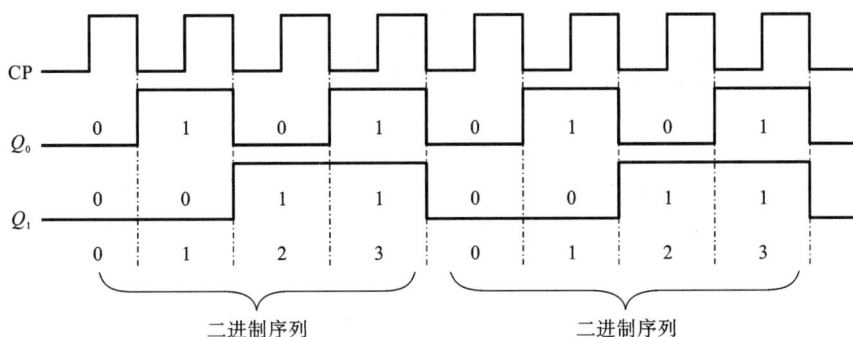

**图 3.25  例 3-11 输出波形**

集成电路 JK 触发器的种类很多,大多数标准 TTL JK 触发器为主从型,而所有 STTL 及 LSTTL 和 CMOS JK 触发器都是边沿型。例如,主从型集成 JK 触发器的常用型号有 7472、7473 和 7476 等,边沿型集成 JK 触发器的常用型号有 74LS73、74LS76 等。它们的逻辑功能都相同,只是触发方式不同,74LS76、7472 的引脚图如图 3.26 所示。

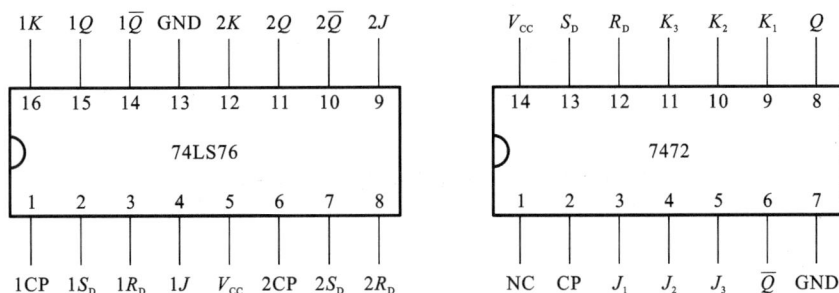

**图 3.26  JK 触发器引脚图**

# 任务 3.4   不同类型触发器的相互转化

**【任务要求】**

学习 T、$T'$ 触发器的基本概念,以及 D 触发器、JK 触发器的相互转换。

**【任务目标】**

➤ 了解 T 和 $T'$ 触发器的基本概念。

➤ 掌握各种触发器相互转换的方法,学会转换的应用。

## 3.4.1   概述

在触发器中,D 触发器和 JK 触发器具有较完善的功能,实际中最常用的集成触发器大多数也是 D 触发器和 JK 触发器,且它们之间可以相互转换。

其转换方法是:根据"已有触发器和待求触发器的特性方程相等"的原则,求出已有触发器的输入信号与待求触发器之间的转换逻辑关系。

### 3.4.2 D 触发器转换为 JK、T 和 T′ 触发器

1. D 触发器转换成 JK 触发器

写出 D 触发器和 JK 触发器的特性方程:

$$Q^{n+1}=D, Q^{n+1}=J\overline{Q^n}+\overline{K}Q^n$$

将两者进行比较,可得:

$$D=J\overline{Q^n}+\overline{K}Q^n$$

按照此式,可得如图 3.27 所示的 JK 触发器电路。

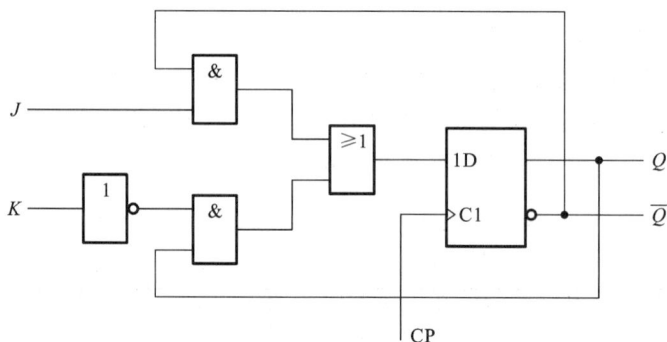

图 3.27  用 D 触发器构成的 JK 触发器

2. D 触发器转换成 T、T′ 触发器

在实际集成电路中,没有 T、T′ 触发器,它们一般由其他触发器转换而来。凡在 CP 时钟脉冲控制下,根据输入信号 T 取值的不同,只具有保持和翻转功能的电路,称为 T 触发器;每来一个时钟脉冲就翻转一次的电路,称为 T′ 触发器。

T、T′ 触发器的真值表分别如表 3.6、表 3.7 所示。

表 3.6  T 触发器真值表

| $T$ | $Q^{n+1}$ | 功能说明 |
| --- | --- | --- |
| 0 | $Q^n$ | 保持 |
| 1 | $\overline{Q^n}$ | 翻转 |

表 3.7  T′ 触发器真值表

| $Q^{n+1}$ | 功能说明 |
| --- | --- |
| $\overline{Q^n}$ | 翻转 |

首先讨论 D 触发器转换为 T 触发器。采用与 D 触发器构成 JK 触发器相同的方法,可得:$Q^{n+1}=T\overline{Q^n}+\overline{T}Q^n=T\oplus Q^n$,所以 $D=T\oplus Q^n$。按照此式,可得图 3.28 所示的 T 触发器电路。

同样可得 D 触发器转换为 T′ 触发器时:$D=\overline{Q^n}$。由此可得图 3.29 所示的 T′ 触发器电路。

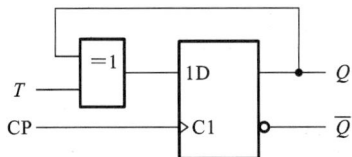

图 3.28 用 D 触发器构成的 T 触发器

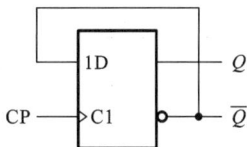

图 3.29 用 D 触发器构成的 T' 触发器

### 3.4.3 JK 触发器转换为 D 触发器

写出待求 D 触发器的特性方程,并进行变换,使之形式与已有 JK 触发器的特性方程一致:$Q^{n+1}=D=DQ^n+D\overline{Q^n}$;再与 JK 触发器的特性方程 $Q^{n+1}=J\overline{Q^n}+\overline{K}Q^n$ 进行比较,可得:$J=D,K=\overline{D}$,所以可得 D 触发器的电路如图 3.30 所示。

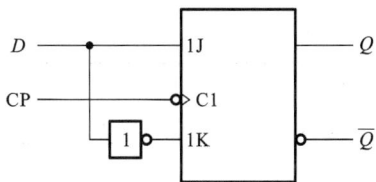

图 3.30 JK 触发器构成的 D 触发器

JK 触发器转换成 T 触发器和 T' 触发器的方法与此相同,在此不再重复。

# 任务 3.5 抢答器电路的设计与调试

【任务要求】

用 74LS373、74LS08 等集成电路设计四路抢答器电路并验证电路的逻辑功能。

【任务目标】

➤ 掌握常用触发器集成电路的功能及使用方法。

➤ 正确连接电路,并学会验证其逻辑功能是否正确。

➤ 能够排除电路中出现的故障。

### 3.5.1 74LS373 芯片的引脚和逻辑功能

74LS373 是三态输出的八 D 锁存器。图 3.31 为 74LS373 芯片的引脚图。其中,3 脚、4 脚、6 脚、8 脚、13 脚、14 脚、17 脚、18 脚为触发器的 $D$ 输入端;2 脚、5 脚、7 脚、9 脚、12 脚、15 脚、16 脚、19 脚为触发器的 $Q$ 输出端;1 脚 OE 端($E$ 端)为输出使能端,低电平有效。当 1 脚为高电平时,无论其他引脚输入如何,输出 $Q$ 端全部呈现高阻状态(或者悬空状态);当 1 脚为低电平时,芯片正常工作;11 脚 $G$ 端为锁存控制端,当 $G$ 端为高电平时,锁存器输出 $Q$ 端同输入 $D$ 端;当 $G$ 端为低电平时,数据输入锁存器中,输出 $Q$ 保持不变。74LS373 芯片真值表如表 3.8 所示。

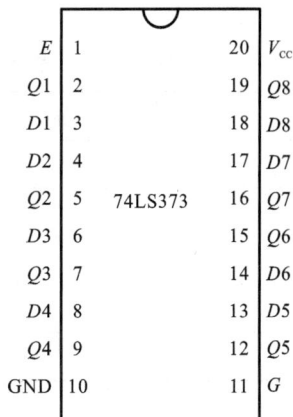

图 3.31 74LS373 芯片引脚图

表 3.8　74LS373 芯片真值表

| E | G | D | Q |
|---|---|---|---|
| 0 | 1 | 1 | 1 |
| 0 | 1 | 0 | 0 |
| 0 | 0 | × | 不变 |
| 1 | × | × | 高阻 |

### 3.5.2　74LS08 芯片的引脚和逻辑功能

74LS08 芯片是常用的四 2 输入与门电路,即一片 74LS08 芯片内共有 4 个二输入的与门。其引脚如图 3.32 所示,真值表如表 3.9 所示。

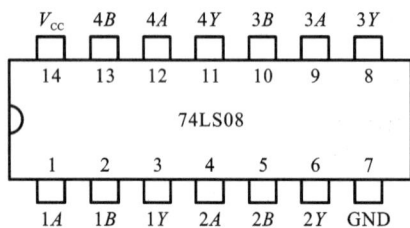

图 3.32　74LS08 芯片引脚图(四 2 输入与门)

表 3.9　74LS08 芯片真值表

| A | B | Y |
|---|---|---|
| 0 | 0 | 0 |
| 0 | 1 | 0 |
| 1 | 0 | 0 |
| 1 | 1 | 1 |

### 3.5.3　集成电路功能检测

1. 74LS08 芯片逻辑功能测试

在 74LS08 芯片中任选一组与门,输入端接逻辑开关 A、B,输出端接指示器(发光二极管)。改变输入状态的高低电平,将 A、B 输入端依次接成 00、01、10、11 状态,进行电路仿真,观察输出端显示状态,并将实验结果记入表 3.10 中,写出相应的逻辑表达式和电路的逻辑功能。

表 3.10　74LS08 任一与门逻辑功能测试表

| 输　　　入 | | 输　　　出 |
|---|---|---|
| A | B | Y |
| 0 | 0 | |
| 0 | 1 | |
| 1 | 0 | |
| 1 | 1 | |

2. 74LS373 芯片逻辑功能测试

在 74LS373 芯片中任选一组 D 触发器,分别在 D、E、G 输入端接逻辑开关,输出 Q 端接指示器(发光二极管)。改变输入状态的高低电平,进行电路测试,观察输出 $Q$ 端显示状态,并将实验结果记入表 3.11 中,写出相应的逻辑表达式和电路的逻辑功能。

表 3.11　74LS313 任一 D 触发器功能测试表

| 输　　入 | | | 输　　出 |
| --- | --- | --- | --- |
| $E$ | $G$ | $D$ | $Q$ |
| 0 | 1 | 1 | |
| 0 | 1 | 0 | |
| 0 | 0 | × | |
| 1 | × | × | |

### 3.5.4　抢答器电路连接

四路抢答器电路如图 3.33 所示,这个电路需要使用四个 D 触发器和三个与门,可以在 74LS08 中选择三个两输入与门,在 74LS373 中选择四个触发器来连接电路,输入端按照图 3.33 所示接入相应的开关,输出端接入相应的指示灯(发光二极管)。

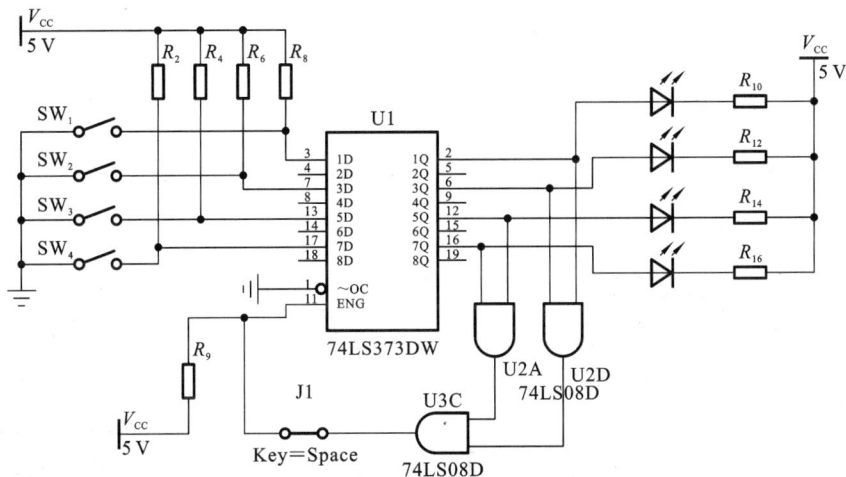

图 3.33　四路抢答器电路原理图

注意:74LS373 和 74LS08 的 $V_{CC}$、GND 必须分别连接到实验平台直流电源部分的 +5 V 处和接地处,否则集成电路将无法工作。

74LS08 中的四输入与非门只用到了三个输入端,对于多余的输入端可采用下述方法中的一种进行处理:

(1) 并联到其他输入端。

(2) 接电源"+"或者接高电平。

(3) 悬空。

注意:74 系列集成电路属于 TTL 门电路,其输入端悬空可视为输入高电平;CMOS 门电路的多余输入端是禁止悬空的,否则容易损坏集成电路。

### 3.5.5 调试与检修

分别拨动(或按下)输入端 $SW_1$、$SW_2$、$SW_3$、$SW_4$ 的逻辑电平开关,观察电平指示灯的亮灭,验证电路的逻辑能否实现四人抢答的功能。

如果输出结果与输入一致,电平指示灯亮,则表明电路功能正确,即实现抢答功能;否则电路逻辑功能错误。

如果电路功能不正确,则应从以下几个方面来检查排除故障。

(1) 检查电路连接是否有误。实验中大部分电路故障都是由于电路连接错误造成的,电路出现故障后首先应对照电路原理图,根据信号的流程由输入到输出逐级检查,找出引起故障的原因。

(2) 重新检测所使用的 74LS08 与门芯片和 74LS373 触发器芯片是否有损坏。在实验中许多元器件是重复使用的,所使用的集成电路即使型号、外观都无异常,但它的内部可能已经损坏,因此,在确认电路没有连接故障后,如果还不能正常工作,则应检测集成电路本身是否损坏。

(3) 实验平台的插孔、逻辑电平开关连接是否松动。长期使用及使用不当容易造成试验平台上面板的插孔、逻辑电平开关等属于实验平台内部电路之间的连接脱落,特别是一些松动的插孔。可以用万用表来检查嫌疑点与理论上应该连接的地方是否正常,必要时可以在老师的指导下打开实验平台检查、排除故障。

### 3.5.6 电路扩展

在实现四路抢答器的基础上,可以增加输入和输出,调整与门控制,实现八路抢答器电路,原理如图 3.34 所示。

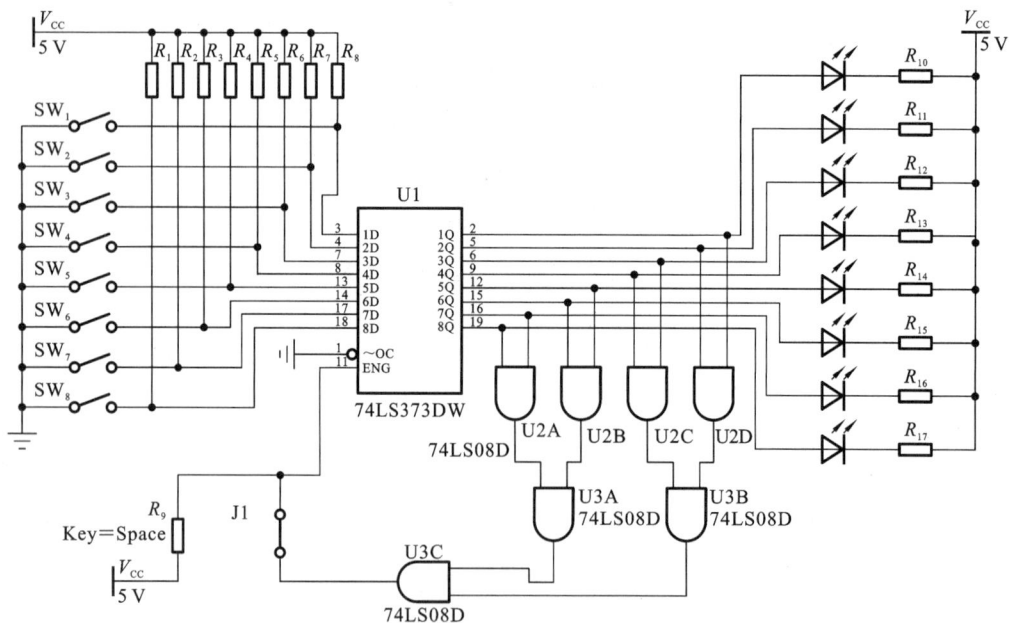

图 3.34 八路抢答器电路原理图

## 【思考与练习】

1. 或非门构成的基本 RS 触发器的输入 $S=1,R=0$,当输入 $S$ 变为 0 时,触发器的输出将会( )。

(a) 置位　　　　　(b) 复位　　　　　(c) 不变

2. 与非门构成的基本 RS 触发器的输入 $S=1,R=1$,当输入 $S$ 变为 0 时,触发器输出将会( )。

(a) 保持　　　　　(b) 复位　　　　　(c) 置位

3. 或非门构成的基本 RS 触发器的输入 $S=1,R=1$ 时,其输出状态为( )。

(a) $Q=0,\bar{Q}=1$　　(b) $Q=1,\bar{Q}=0$　　(c) $Q=1,\bar{Q}=1$

(d) $Q=0,\bar{Q}=0$　　(e) 状态不确定

4. 与非门构成的基本 RS 触发器的输入 $S=0,R=0$ 时,其输出状态为( )。

(a) $Q=0,\bar{Q}=1$　　(b) $Q=1,\bar{Q}=0$　　(c) $Q=1,\bar{Q}=1$

(d) $Q=0,\bar{Q}=0$　　(e) 状态不确定

5. 触发器引入时钟脉冲的目的是( )(改变输出状态,改变输出状态的时刻受时钟脉冲的控制)。

6. 与非门构成的基本 RS 触发器的约束条件是( )。

(a) $S=0,R=1$　　(b) $S=1,R=0$　　(c) $S=1,R=1$　　(d) $S=0,R=0$

7. 钟控 RS 触发器的约束条件是( )。

(a) $S=0,R=1$　　(b) $S=1,R=0$　　(c) $S=1,R=1$　　(d) $S=0,R=0$

8. 要使边沿触发 D 触发器直接置 1,只要使 $S_D=$( )、$R_D=$( )即可。

9. 对于边沿触发的 D 触发器,下面( )是正确的。

(a) 输出状态的改变发生在时钟脉冲的边沿

(b) 要进入的状态取决于 D 输入

(c) 输出跟随每一个时钟脉冲的输入

(d) (a)(b)和(c)

10. "空翻"是指( )。

(a) 在脉冲信号 CP=1 时,输出的状态随输入信号多次翻转

(b) 输出的状态取决于输入信号

(c) 输出的状态取决于时钟和控制输入信号

(d) 总是使输出改变状态

11. 要用边沿触发的 D 触发器构成一个二分频电路,将频率为 100 Hz 的脉冲信号转换为 50 Hz 的脉冲信号,其电路连接形式为( )。

12. 主从 JK 触发器是在( )采样,在( )输出。

13. JK 触发器在( )时可以直接置 1,在( )时可以直接清零。

14. JK 触发器处于翻转时输入信号的条件是( )。

(a) $J=0,K=0$　　(b) $J=0,K=1$　　(c) $J=1,K=0$　　(d) $J=1,K=1$

15. 当 $J=K=1$ 时,边沿 JK 触发器的时钟输入频率为 120 Hz。$Q$ 输出( )。

(a) 保持为高电平　　　　　　　　　　(b) 保持为低电平

(c) 频率为 60 Hz 波形　　　　　　　　(d) 频率为 240 Hz 波形

16. JK 触发器在 CP 作用下,要使 $Q^{n+1}=Q^n$,则输入信号必为(　　)。

(a) $J=K=0$　　　　　　　　　　　(b) $J=Q^n,K=0$

(c) $J=Q^n,K=Q^n$　　　　　　　　(d) $J=0,K=0$

17. 下列触发器中,没有约束条件的是(　　)。

(a) 基本 RS 触发器　　　　　　　　　(b) 主从 JK 触发器

(c) 钟控 RS 触发器　　　　　　　　　(d) 边沿 D 触发器

18. 某 JK 触发器工作时,输出状态始终保持为 1,则可能的原因有(　　)。

(a) 无时钟脉冲输入　　　　　　　　　(b) 异步置 1 端始终有效

(c) $J=K=0$　　　　　　　　　　　(d) $J=1,K=0$

19. 由与非门组成的基本 RS 触发器和输入端信号如图 3.35 所示,画出输出端 $Q$、$\overline{Q}$ 的波形。

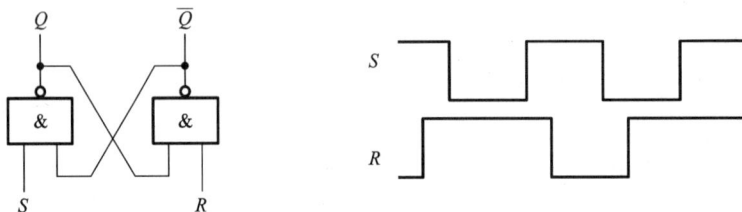

图 3.35　题 19 图

20. 由或非门组成的触发器和输入端信号如图 3.36 所示,设触发器的初始状态为 1,画出输出端 $Q$ 的波形。

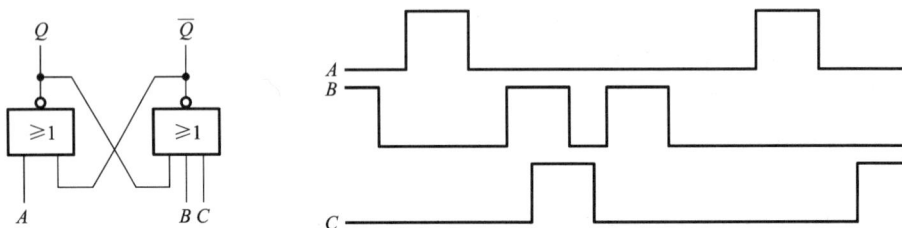

图 3.36　题 20 图

21. 钟控 RS 触发器如图 3.37 所示,设触发器的初始状态为 0,画出输出端 $Q$ 的波形。

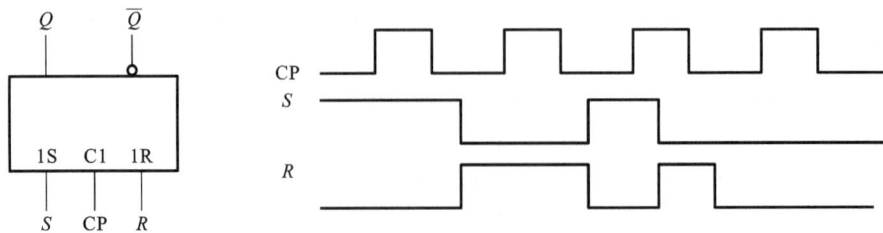

图 3.37　题 21 图

22. 边沿 D 触发器如图 3.38 所示,画出输出端 $Q$ 的波形,并分析其特殊功能。设触发器的初始状态为 0。

23. 已知边沿 D 触发器输入端的波形如图 3.39 所示,假设为上升沿触发,画出输出端 $Q$ 的波形。若为下降沿触发,输出端 $Q$ 的波形如何? 设初始状态为 0。

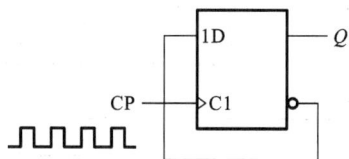

图 3.38 题 22 图

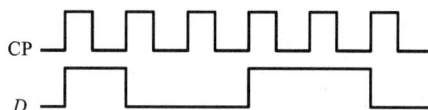

图 3.39 题 23 图

24. 已知 D 触发器各输入端的波形如图 3.40 所示,试画出 $Q$ 和 $\overline{Q}$ 端的波形。

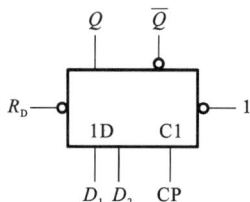

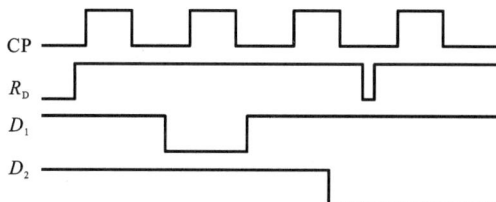

图 3.40 题 24 图

25. 已知逻辑电路和输入信号如图 3.41 所示,画出各触发器输出端 $Q_1$、$Q_2$ 的波形。设触发器的初始状态均为 0。

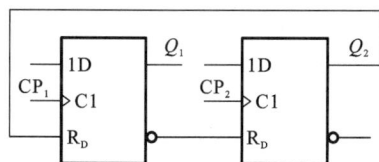

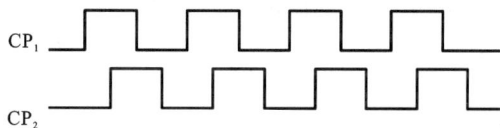

图 3.41 题 25 图

26. 已知 $J$、$K$ 信号如图 3.42 所示,分别画出主从 JK 触发器和边沿(下降沿)JK 触发器输出端 $Q$ 的波形。设触发器的初始状态为 0。

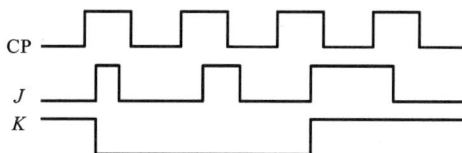

图 3.42 题 26 图

27. 边沿 JK 触发器电路和输入端信号如图 3.43 所示,画出输出端 $Q$ 的波形。

28. 集成 JK 触发器的电路图如图 3.44 所示。画出输出端 $Q_B$ 的波形。设触发器的初始状态均为 0。

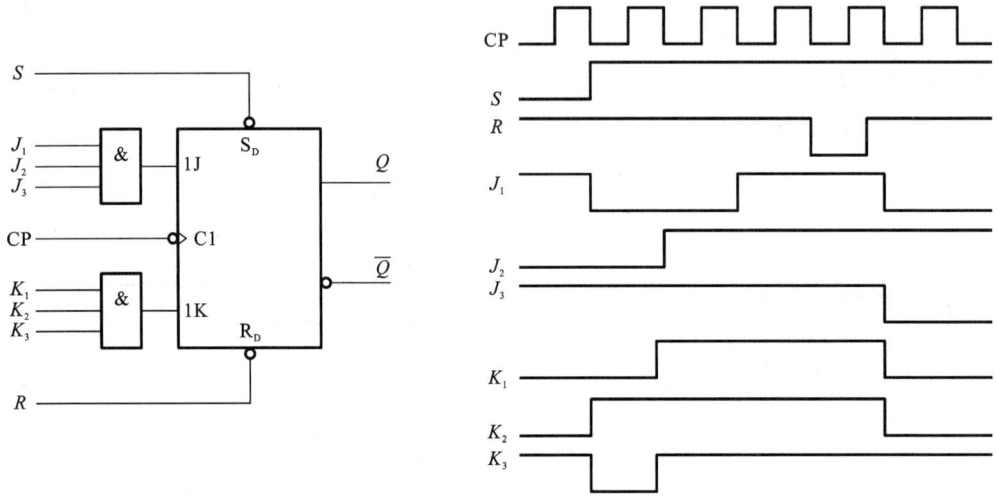

**图 3.43  题 27 图**

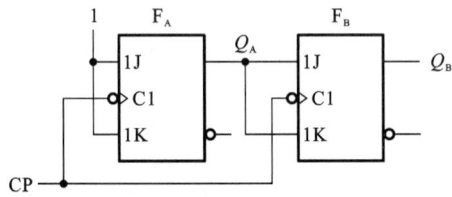

**图 3.44  题 28 图**

29. 试用 D 触发器和适当的门电路构成 JK 触发器和 T 触发器。

# 项目 4　计数分频电路的设计与调试

【知识目标】

➢ 了解时序逻辑电路的特点、分类及表示方法。

➢ 掌握时序逻辑电路的分析方法。

➢ 理解时序逻辑电路的设计方法。

➢ 掌握寄存器的功能、特点及集成寄存器的应用。

➢ 掌握计数器的功能、特点及集成计数器的应用。

➢ 掌握集成计数器的级联。

➢ 能根据计数器逻辑功能表设计任意进制计数器。

【能力目标】

➢ 掌握集成计数器与集成寄存器的资料查询、识别与选取方法。

➢ 掌握集成计数器与集成寄存器的功能测试方法。

➢ 能熟练利用给定的集成计数器构成任意进制计数器。

➢ 能对计数分频电路进行功能分析。

➢ 能完成六十进制计数器电路的设计与调试。

【项目介绍】

时序逻辑电路(简称时序电路)是一种有记忆的电路,它的基本单元是触发器,基本功能电路是寄存器和计数器。

本项目主要用十进制同步计数器设计和调试六十进制计数电路,要顺利完成此项目,需熟悉时序逻辑电路的基本分析方法、设计方法,以及集成寄存器、计数器的功能原理和应用。

计数器广泛应用于日常生活中的各种电子设备,给人们的工作、生活和娱乐带来了极大的方便,如数字钟,六十进制计数电路就是其中非常重要的分、秒的构成模块。本项目通过对给定的 74LS160 同步十进制计数器逻辑功能表进行分析,结合计数分频电路的学习,设计与调试六十进制计数电路。本项目电路的功能是对输入脉冲的个数进行加法计数,将计数器输出的二进制代码输入译码显示电路,通过译码显示电路将所计脉冲数显示出来。

本项目中任务部分详细地介绍了时序逻辑电路的分析方法、设计方法,寄存器的工作原理和功能应用,计数器的工作原理,集成计数器的工作原理、电路设计及应用。

计数器是数字系统中的常用器件,除具有计数功能外,还可用于定时、分频及进行数字运算等。大家在学习过程中要重点把握两点:① 能够熟练应用时序逻辑电路的分析方法判断 N 进制时序电路的逻辑功能;② 能够根据集成计数器的逻辑功能表,熟练设计不同进制计数器。

# 任务 4.1 时序逻辑电路

**【任务要求】**

学会时序逻辑电路的分析方法,熟悉时序逻辑电路的设计方法。

**【任务目标】**

➢ 理解时序逻辑电路的概念、特点、分类及表示方法。

➢ 掌握时序逻辑电路的分析方法。

➢ 会进行简单的同步时序逻辑电路设计。

## 4.1.1 概述

### 1. 时序逻辑电路的特点

在项目 2 中所学习的组合逻辑电路,其主要特点是任意时刻的输出仅由该时刻的输入状态决定,而与此之前的输入状态无关,在电路结构上是开环的,输出与输入之间没有反馈回路,如图 4.1(a)所示。

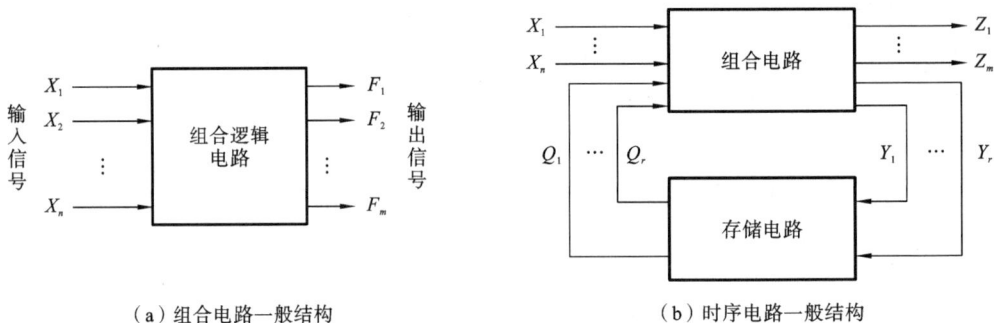

（a）组合电路一般结构　　　　　　　（b）时序电路一般结构

**图 4.1 组合电路与时序电路一般结构**

图 4.1(b)所示的是另一类数字电路,电路的输出不仅与输入有关,而且还与电路原来的状态有关。在任意给定时刻其输出状态由该时刻的输入与电路的原状态共同决定,这类电路称为时序逻辑电路(简称时序电路)。在电路组成上,输出与输入之间至少有一条反馈线,使电路能把输入信号作用时的状态(现态)$Q^n$ 存储起来,或者作为产生新状态(次态)$Q^{n+1}$ 的条件,这就使得时序电路具有了记忆功能。

由图 4.1(b)可知,时序逻辑电路由组合逻辑电路和存储电路构成,其中存储器即为项目 3 中讲过的触发器,是构成时序逻辑电路必不可少的记忆单元。其中 $X(X_1,X_2,\cdots,X_n)$ 是时序逻辑电路的输入信号,$Q(Q_1,Q_2,\cdots,Q_r)$ 是存储电路的输出信号,它被反馈到组合电路的输入端,与输入信号共同决定时序逻辑电路的输出状态。$Z(Z_1,Z_2,\cdots,Z_m)$ 是时序电路的输出信号,$Y(Y_1,Y_2,\cdots,Y_r)$ 是时序逻辑电路中的激励信号,又称为组合电路的内部输入信号,它和时序逻辑电路的当前状态共同决定存储电路下一时该的状态。这些信号的逻辑关系可以表示为

$$Z_i = f_i(X_1, \cdots, X_n, Q_1, \cdots, Q_r), \quad i = 1, 2, \cdots, m \tag{4.1}$$

$$Y_i = g_i(X_1, \cdots, X_n, Q_1, \cdots, Q_r), \quad i = 1, 2, \cdots, r \tag{4.2}$$

$$Q_i^{n+1} = k_i(Y_1, \cdots, Y_r, Q_1, \cdots, Q_r), \quad i = 1, 2, \cdots, r \tag{4.3}$$

其中,式(4.1)是输出方程;式(4.2)是存储电路的驱动方程或激励方程;式(4.3)是存储电路的状态方程。

**2. 时序逻辑电路的分类**

时序逻辑电路通常按照电路的工作方式以及电路输出对输入信号的依从关系来进行分类。

按照电路的工作方式,时序逻辑电路可以分为同步时序逻辑电路和异步时序逻辑电路两大类。在同步时序逻辑电路中,各触发器的时钟脉冲相同,各触发器状态的改变受到同一时钟脉冲的控制。在异步时序逻辑电路中,各触发器的时钟脉冲不相同,各触发器状态的改变不是同时发生的。

按照电路输出对输入信号的依从关系,时序逻辑电路又可分为 Mealy 型时序电路和 Moore 型时序电路。如果时序逻辑电路的输出是电路输入和电路状态的函数,则称为 Mealy 型时序电路;如果时序逻辑电路的输出仅仅是电路状态的函数,则称为 Moore 型时序电路。换言之,在 Mealy 型时序电路中,输出同时取决于存储电路的状态和输入信号;而在 Moore 型时序电路中,输出只是电路状态的函数。

**3. 时序逻辑电路的表示方法**

时序逻辑电路功能的描述方法一般有以下几种。

(1) 逻辑表达式。即输出方程、驱动方程和状态方程。

(2) 状态转换表。状态转换表是一种能够完全描述时序电路逻辑功能的状态转移表格。它是一张反映时序电路输出 $Z$、次态 $Q^{n+1}$ 和电路输入 $X$、现态 $Q^n$ 之间关系的表格,简称状态表,如表 4.1 所示。

**表 4.1　状态转换表**

| 输入 $X$ | 现态 $Q^n$ | 次态 $Q^{n+1}$ | 输出 $Z$ |
|---|---|---|---|
|  |  |  |  |

(3) 状态转换图(简称状态图)。状态图是一种反映时序状态转换规律及相应输入、输出取值关系的有向图。在状态图中,圆圈及圈内的字母或数字表示电路的各个状态,连线及箭头表示状态由现态到次态转换的方向,当箭头的起点和终点都在同一个圆圈上时,则表示电路的状态不变。Mealy 型电路状态图的形式如图 4.2(a)所示。在有向箭头的上方标出发生该转换的输入信号以及在该输入和现态下的相应输出。Moore 型电路状态图的形式如图 4.2(b)所示,圆圈内除了标出电路的状态外,还标出了电路相应的输出。

(4) 时序波形图(简称时序图、波形图)。时序图是根据时间变化顺序,画出反映时序脉冲、输入信号、各个存储器件状态机输出之间对应关系的波形图。用时序图描述时序电路,便于了解电路的工作过程,对电路中的各种信号与状态之间发生转换的时间顺序有一个直观的认识。

(5) 逻辑电路图(简称逻辑图)。逻辑图是指用存储器件和门电路的逻辑符号画出的电路

（a）Mealy型　　　　　　　　　　　　　（b）Moore型

**图 4.2　Mealy 型和 Moore 型两种模型的状态图**

图。最常用的存储器件是触发器。

### 4.1.2　时序逻辑电路的分析

分析时序逻辑电路按下述步骤进行（框图如图 4.3 所示）：

（1）由给定的逻辑电路图写出各触发器的时钟方程、各触发器的驱动方程、时序电路的输出方程。

（2）将驱动方程代入相应触发器的特性方程，求得电路的状态方程（或次态方程）。

（3）把电路的输入信号和现态的各种可能取值组合代入状态方程和输出方程，求出对应的次态和输出信号值，列出状态表。

（4）画出反映时序逻辑电路状态转换规律及相应输入、输出信号取值情况的行为描述图形——状态图；或画出反映输入信号、输出信号及各触发器状态取值在时间上的对应关系的波形——时序图。

（5）根据电路的状态转换图（表）说明该时序逻辑电路的逻辑功能。

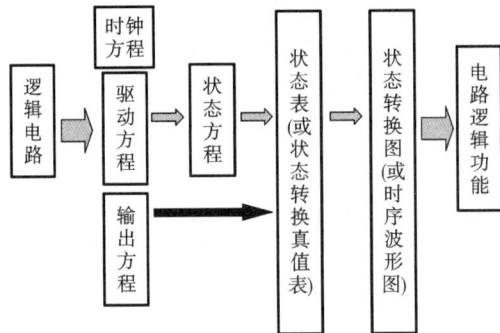

**图 4.3　时序逻辑电路分析的一般步骤**

【例 4-1】　试分析图 4.4 所示时序逻辑电路的逻辑功能。

**解**　该电路的存储电路由 JK 触发器构成，组合电路由门电路构成，属于 Mealy 型时序逻辑电路。分析过程如下。

（1）写出时序逻辑电路的各方程。

这是一个同步时序逻辑电路，故时钟方程可以不写。

驱动方程：

$$J_1 = X \quad K_1 = \overline{XQ_2^n}$$
$$J_2 = XQ_1^n \quad K_2 = \overline{X}$$

输出方程：

$$Z = XQ_1^n Q_2^n$$

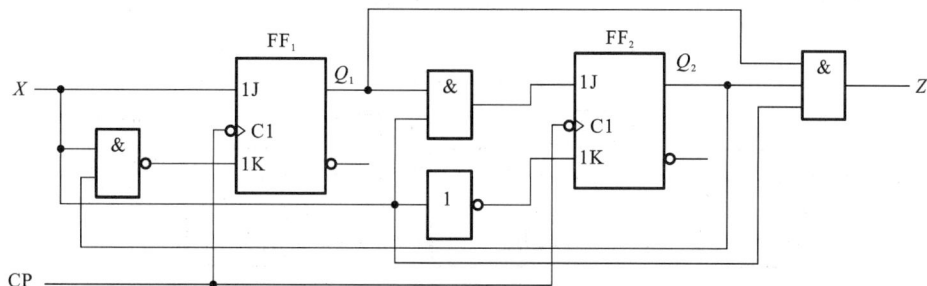

**图 4.4** 例 4-1 时序电路

（2）求状态方程。

将驱动方程代入 JK 触发器特征方程，得出状态方程为

$$Q_1^{n+1} = X \overline{Q_1^n} + X Q_2^n Q_1^n$$

$$Q_2^{n+1} = X Q_1^n \overline{Q_2^n} + X Q_2^n$$

（3）列状态表。

将输入及触发器的各种现态取值组合和相应的次态在表 4.2 所示的状态表中列出，设电路的初始状态 $Q_2^n Q_1^n = 00$。

**表 4.2 例 4-1 状态表**

| $X$ | $Q_2^n$ | $Q_1^n$ | $Q_2^{n+1}$ | $Q_1^{n+1}$ | $Z$ |
|---|---|---|---|---|---|
| 0 | 0 | 0 | 0 | 0 | 0 |
| 0 | 0 | 1 | 0 | 0 | 0 |
| 0 | 1 | 0 | 0 | 0 | 0 |
| 0 | 1 | 1 | 0 | 0 | 0 |
| 1 | 0 | 0 | 0 | 1 | 0 |
| 1 | 0 | 1 | 1 | 0 | 0 |
| 1 | 1 | 0 | 1 | 1 | 0 |
| 1 | 1 | 1 | 1 | 1 | 1 |

（4）画状态图。

由表 4.2 中计算结果画出状态图，如图 4.5 所示。

（5）说明逻辑功能。

由状态表和状态图可知，只要 $X=0$，无论电路原来处于何种状态都要回到 00 状态，且 $Z=0$；只有连续输入 4 个或 4 个以上 1 时，才能使 $Z=1$。该电路的逻辑功能是对输入信号 $X$ 进行检测，当连续输入 4 个或 4 个以上 1 时，输出 $Z=1$，否则 $Z=0$。故该电路称为 1111 序列检测器。

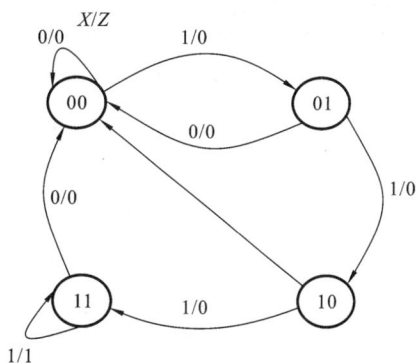

**图 4.5** 例 4-1 状态图

【例 4-2】 试分析图 4.6 所示时序逻辑电路的逻辑功能。

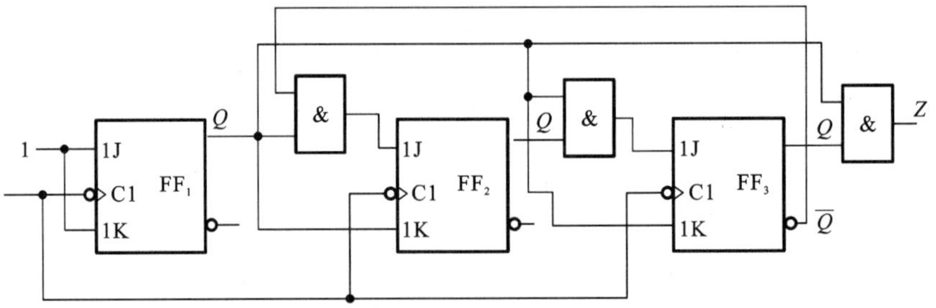

图 4.6 例 4-2 时序逻辑电路

**解** 该电路属于 Moore 型时序逻辑电路。分析过程如下。

（1）写出时序逻辑电路的各方程。

这是一个同步时序逻辑电路,故时钟方程可以不写。

驱动方程:

$$J_1 = K_1 = 1$$

$$J_2 = Q_1^n \overline{Q_3^n} \quad K_2 = Q_1^n$$

$$J_3 = Q_1^n Q_2^n \quad K_3 = Q_1^n$$

输出方程:

$$Z = Q_1^n Q_3^n$$

（2）求状态方程。

将驱动方程代入 JK 触发器特征方程,得出状态方程为

$$Q_1^{n+1} = \overline{Q_1^n}$$

$$Q_2^{n+1} = Q_1^n \overline{Q_3^n} \overline{Q_2^n} + \overline{Q_1^n} Q_2^n$$

$$Q_3^{n+1} = Q_1^n Q_2^n \overline{Q_3^n} + \overline{Q_1^n} Q_3^n$$

（3）列状态表。

将输入及触发器的各种现态取值组合和相应的次态在表 4.3 所示的状态表中列出,设电路的初始状态 $Q_3^n Q_2^n Q_1^n = 000$。

表 4.3 例 4-2 状态表

| $Q_3^n$ | $Q_2^n$ | $Q_1^n$ | $Q_3^{n+1}$ | $Q_2^{n+1}$ | $Q_1^{n+1}$ | $Z$ |
|---|---|---|---|---|---|---|
| 0 | 0 | 0 | 0 | 0 | 1 | 0 |
| 0 | 0 | 1 | 0 | 1 | 0 | 0 |
| 0 | 1 | 0 | 0 | 1 | 1 | 0 |
| 0 | 1 | 1 | 1 | 0 | 0 | 0 |
| 1 | 0 | 0 | 1 | 0 | 1 | 0 |
| 1 | 0 | 1 | 0 | 0 | 0 | 1 |
| 1 | 1 | 0 | 1 | 1 | 1 | 0 |
| 1 | 1 | 1 | 0 | 0 | 0 | 1 |

（4）画状态图。

根据表 4.3 中的计算结果画出的状态图，如图 4.7 所示；图 4.8 为根据计算结果画出的 $Q_3$、$Q_2$、$Q_1$、$Z$ 与 CP 对应的随时间变化的波形图（时序图）。

（5）说明逻辑功能。

从分析可以看出，电路状态每加入 6 个时钟脉冲信号循环变化一次，因此，这个电路具有对时钟脉冲信号进行计数的功能，即电路是一个同步六进制加法计数器。000～101 六个状态为有效状态，有效状态构成的循环为有效循环；110 和 111 两个状态不在有效循环中为无效

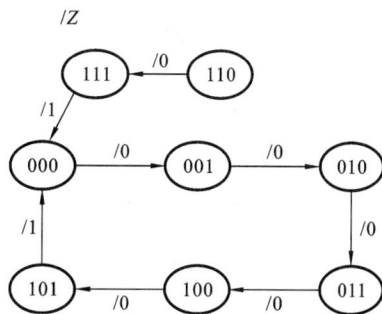

图 4.7 例 4-2 状态图

状态。在 CP 脉冲的作用下，无效状态能进入有效状态，电路具有自启功能；反之，如果无效状态在 CP 脉冲的作用下不能进入有效循环的状态，则说明电路不具有自启功能。通常，状态图中若存在两个或两个以上的循环时，就可能除有效循环外还存在无效循环，此时，电路一定不能自启动。本例题所示电路具有自启动功能。

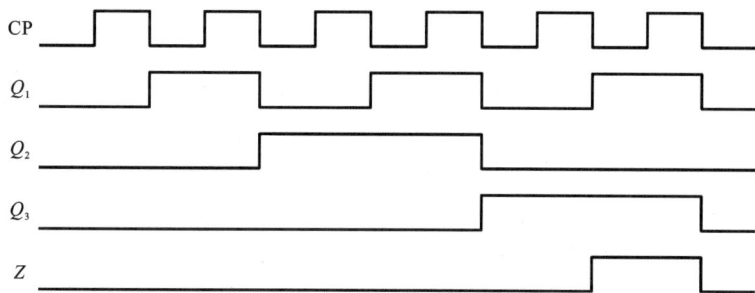

图 4.8 例 4-2 时序图

### 4.1.3 同步时序逻辑电路的设计

设计时序逻辑电路，就是要根据给定的逻辑问题，求出实现这一逻辑功能的时序电路。同步时序逻辑电路的设计与分析互为逆过程，可按其分析的逆步骤进行时序逻辑电路的设计。

同步时序逻辑电路设计的一般步骤如下。

（1）由给定的逻辑功能要求求出原始状态图。

一般所要设计的同步时序电路的逻辑功能是用文字或时序图来描述说明电路的输入、输出及状态的关系，因此，必须把它们变成相应的状态图。由于开始得到的状态图是对逻辑问题最原始的抽象，其中可能包含多余的状态，所以称为原始状态图。原始状态图的正确与否是时序逻辑电路设计最关键的一步，因为以后所有的设计步骤均是在此基础上进行的，只有这一步正确，后面的工作才是有效的。

建立原始状态图的具体过程如下。

① 确定时序逻辑电路模型。

同步时序逻辑电路有 Mealy 型和 Moore 型两种模型，具体将电路设计成哪种模型，有的由设计要求规定，有的由设计人员选择。不同模型对应的电路结构不同。

② 分析电路的输入条件和输出要求,确定输入变量、输出变量及该电路应包含的状态,并用字母 $S_0, S_1, \cdots$ 表示这些状态。

③ 分别以上述状态为现态,确定在每一个可能的输入组合作用下应转移到哪个状态及相应的输出,即可求出原始状态图。

(2) 状态化简。

对原始状态图进行化简,消除多余的状态,保留有效状态,从而使设计出来的电路得到简化。状态图的化简是建立在状态等效这个概念的基础上的。所谓状态等效,是指有两个或两个以上的状态,在输入相同的条件下,不仅有相同的输出,而且向同一个次态转换。凡是等效状态都可以合并。

(3) 状态编码并画出编码后的状态图和状态表。

状态编码就是对简化状态图中的各种状态进行二进制编码。一般情况下,采用的状态编码方案不同,所得到的电路形式也不同。为便于记忆和识别,一般选用的状态编码都遵循一定的规律,如用自然二进制数码。

(4) 选择触发器的类型及个数。

触发器的个数 $n$ 应满足 $n \geqslant \log_2 M$,$M$ 为状态的数目。

(5) 求出电路的输出方程和各触发器的驱动方程。

首先根据状态表可直接列出输出信号及次态的真值表。该真值表中,电路的输入信号 $X$ 和触发器的现态 $Q^n$ 作为输入变量,电路的输出 $Z$ 和触发器的次态 $Q^{n+1}$ 作为输出变量。然后根据该真值表画出相应的卡诺图(或直接由状态表得到该卡诺图)。最后分别求出输出方程、各触发器的状态方程,进而求出驱动方程。

(6) 画出电路的逻辑电路图,并检查自启动能力。

【例 4-3】 试设计一个同步 8421BCD 码的十进制加法计数器,采用 JK 触发器实现。

解 (1) 分析设计要求,建立原始状态图。

根据设计要求可知,加法器能够在时钟脉冲作用下,自动地依次从一个状态转换到下一个状态,所以电路没有输入信号,只有一个输出信号 $Z$ 表示进位信号。令进位输出 $Z=1$ 表示有进位输出;$Z=0$ 则表示无进位输出。原始状态图如图 4.9 所示。

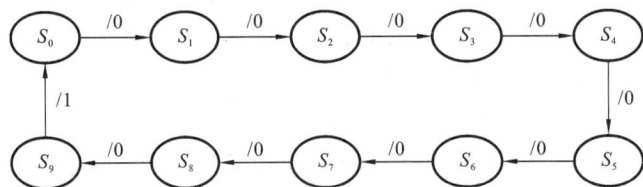

图 4.9 例 4-3 原始状态图

(2) 状态化简。

由于 8421BCD 码十进制加法计数器必须用 10 个不同的电路状态来表示输入的时钟脉冲数,所以不存在等效状态,也就无需进行状态化简。

(3) 确定状态编码并画出编码后的状态图和状态表。

8421BCD 码是用 4 位二进制码表示,故而可直接用 0~9 的 8421BCD 码来表示 $S_0 \sim S_9$ 十个状态,故而编码后的状态图如图 4.10 所示。

$Q_3Q_2Q_1Q_0/Z$

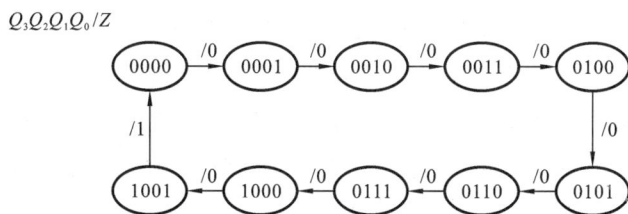

图 4.10 例 4-3 状态图

（4）选择触发器的类型及个数。

题目要求采用 JK 触发器，而计数器状态数是 10，触发器的个数 $n$ 应满足 $n \geqslant \log_2 M$，故而可知 $n=4$（或按照 8421BCD 码需要用 4 位二进制表示亦可知需 4 个 JK 触发器）。

（5）求出电路的输出方程和各触发器的驱动方程。

由图 4.10 所示的状态图很容易得到相应的输出方程：$Z = Q_3^n Q_0^n$，以及次态卡诺图如图 4.11 所示。

（a）总次态卡诺图

（b）$Q_3^{n+1}$

（c）$Q_2^{n+1}$

（d）$Q_1^{n+1}$

（e）$Q_0^{n+1}$

图 4.11 例 4-3 的次态卡诺图

$$Q_3^{n+1}=Q_2^n Q_1^n Q_0^n \cdot \overline{Q_3^n}+\overline{Q_0^n} \cdot Q_3^n$$

$$Q_2^{n+1}=\overline{Q_2^n} Q_1^n Q_0^n+Q_2^n \overline{Q_1^n}+Q_2^n \overline{Q_0^n}=Q_1^n Q_0^n \cdot \overline{Q_2^n}+\overline{Q_1^n Q_0^n} \cdot Q_2^n$$

$$Q_1^{n+1}=\overline{Q_2^n} Q_1^n Q_0^n+Q_2^n \overline{Q_1^n}+Q_2^n \overline{Q_0^n}=Q_0^n \cdot \overline{Q_2^n}+\overline{Q_1^n Q_0^n} \cdot Q_2^n$$

$$Q_0^{n+1}=\overline{Q_2^n} Q_1^n Q_0^n+Q_2^n \overline{Q_1^n}+Q_2^n \overline{Q_0^n}=Q_0^n \cdot \overline{Q_2^n}+\overline{Q_1^n Q_0^n} \cdot Q_2^n$$

由上述状态方程可得各触发器的驱动方程:

$$J_0=K_0=1 \quad J_1=\overline{Q_3^n} Q_0^n \quad K_1=Q_0^n$$

$$J_2=K_2=Q_1^n Q_0^n \quad J_3=Q_2^n Q_1^n Q_0^n \quad K_3=Q_0^n$$

(6)画出电路的逻辑电路图,并检查自启动能力。

由上述驱动方程即可得到同步十进制加法计数器的逻辑电路图,如图 4.12 所示。将无效状态 1010~1111 分别代入状态方程进行计算,可以验证在 CP 脉冲作用下都能回到有效状态,因此该电路能够自启动。

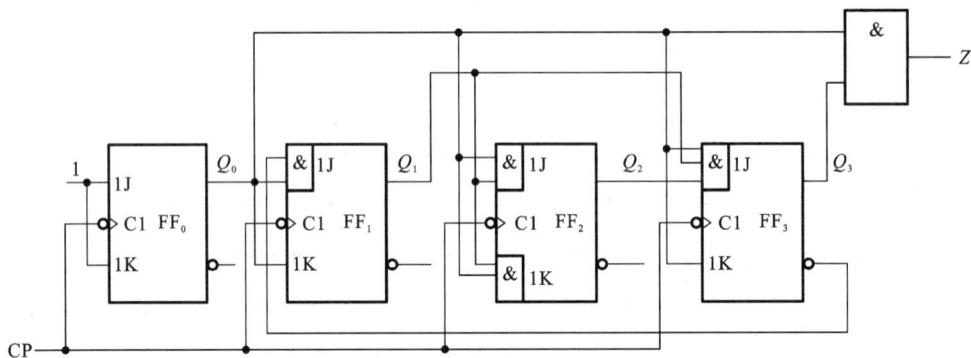

图 4.12 例 4-3 逻辑电路图

# 任务4.2 寄存器和移位寄存器

【任务要求】

学习寄存器的基本概念、基本寄存器的工作原理和作用、移位寄存器的移位原理、集成移位寄存器的逻辑功能分析及其应用。

【任务目标】

➢ 理解寄存器的基本概念。

➢ 掌握基本寄存器的工作原理和作用。

➢ 掌握集成移位寄存器的逻辑功能表。

➢ 了解寄存器、移位寄存器的应用。

## 4.2.1 基本寄存器

在数字系统和电子计算机中,常常需要把一些数据信息暂时存放起来等待处理。能够存放二进制数据或代码的电路称为寄存器。它是一种常见的时序逻辑电路,常用来暂时存放数据、指令等。对寄存器的基本要求是:数据存得进、存得住、取得出。寄存器的记忆单元是触发器。一个触发器可以存储 1 位二进制代码,存放 $N$ 位二进制代码自然需要 $N$ 个触发器。

图 4.13 所示的为一个由边沿 D 触发器构成的 4 位数码寄存器,将待寄存的数码预先分别加在 D 触发器的输入端,无论寄存器中原来的内容是什么,只要时钟脉冲 CP 上升沿到来,待存数码将同时存入相应的触发器中,又可以同时从各触发器的 $Q$ 端输出,即有: $Q_3^{n+1} Q_2^{n+1} Q_1^{n+1} Q_0^{n+1} = D_3 D_2 D_1 D_0$。

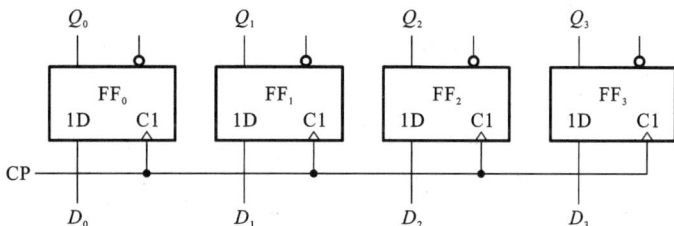

图 4.13 4 位数码寄存器

而在 CP 上升沿以外时间,寄存器内容将保持不变,直到下一个 CP 上升沿到来,故寄存时间为一个时钟周期。

### 4.2.2 移位寄存器

寄存器中存放的各种数码,有时需要依次移动(或低位向相邻高位移动,或高位向相邻低位移动),以满足数据处理的需求。具有移位功能的寄存器称为移位寄存器。移位寄存器除了数据保存外,还可以在移位脉冲作用下依次逐位右移或左移,数据既可以并行输入、并行输出,也可以串行输入、串行输出,还可以并行输入、串行输出及串行输入、并行输出。

1. 单向移位寄存器

由 D 触发器构成的右移寄存器如图 4.14 所示。左边触发器的输出接至相邻右边触发器的输入端 $D$,输入数据由最左边触发器 $FF_0$ 的输出端 $D_0$ 接入,$D_0$ 为串行输入端,$Q_3$ 为串行输出端,$Q_3 \sim Q_0$ 为并行输出端。

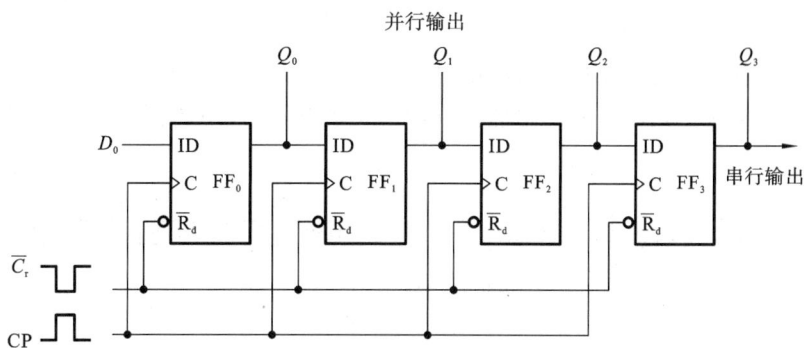

图 4.14 单向右移寄存器逻辑电路图

设寄存器的原始状态为 $Q_3 Q_2 Q_1 Q_0 = 0000$,将数据 1101 从高位至低位依次移至寄存器时,因为逻辑电路中最高位寄存器单元 $FF_3$ 位于最右侧,因此需先送入最高位数据,则第 1 个 CP↑ 到来时，$Q_3Q_2Q_1Q_0 = 0001$；

第 2 个 CP↑ 到来时，$Q_3Q_2Q_1Q_0 = 0011$；

第 3 个 CP↑ 到来时，$Q_3Q_2Q_1Q_0 = 0110$；

第 4 个 CP↑ 到来时，$Q_3Q_2Q_1Q_0 = 1101$。

此时，并行输出端 $Q_3Q_2Q_1Q_0$ 的数码与输入相对应，完成了 4 位数据串行输入并行输出的过程。

若 $Q_3$ 端作为输出端，再经 4 个 CP 脉冲后，已经输入的并行数据可依次从 $Q_3$ 端串行输出，即可组成串行输入、串行输出的移位寄存器，时序图如图 4.15 所示。

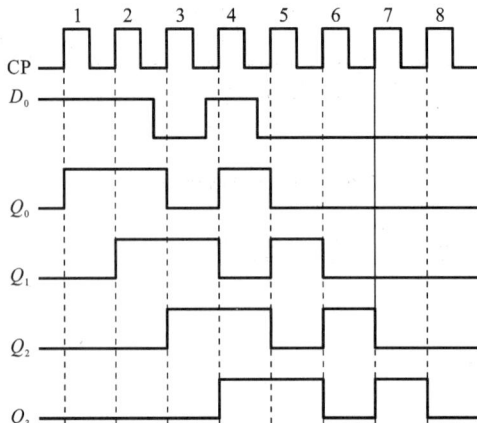

图 4.15　单向右移寄存器时序图

如果将右边触发器的输出端接至相邻左边触发器的数据输入端，待存数据由最右边触发器的数据输入端串行输入，则构成左移移位寄存器。除用 D 触发器外，也可用 JK、RS 触发器构成寄存器，只需将 JK、RS 触发器转换为 D 触发器功能即可。但 T 触发器不能用来构成移位寄存器。

2. 集成移位寄存器

在实际应用中，一般采用集成寄存器。集成移位寄存器产品较多，现以比较典型的 4 位双向移位寄存器 74LS194 为例进行简要说明。

74LS194 是一种功能比较齐全的移位寄存器，它不仅有清零、保持、左移和右移功能，还有并行或串行输入及并行或串行输出功能。74LS194 逻辑符号、引脚图如图 4.16 所示，功能表如表 4.4 所示。

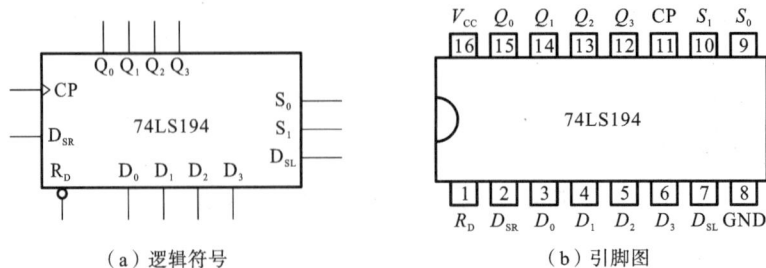

（a）逻辑符号　　　　　　　　　（b）引脚图

图 4.16　集成移位寄存器 74LS194

表 4.4 移位寄存器 74LS194 功能表

| 输入 | | | | | | | | | | 输出 | | | | 工作模式 |
|---|---|---|---|---|---|---|---|---|---|---|---|---|---|---|
| 清零 | 控制 | | 串行输入 | | 时钟 | 并行输入 | | | | | | | | |
| $R_D$ | $S_1$ | $S_0$ | $D_{SL}$ | $D_{SR}$ | CP | $D_0$ | $D_1$ | $D_2$ | $D_3$ | $Q_0$ | $Q_1$ | $Q_2$ | $Q_3$ | |
| 0 | × | × | × | × | × | × | × | × | × | 0 | 0 | 0 | 0 | 异步清零 |
| 1 | 0 | 0 | × | × | × | × | × | × | × | $Q_0^n$ | $Q_1^n$ | $Q_2^n$ | $Q_3^n$ | 保持 |
| 1 | 0 | 1 | × | 1 | ↑ | × | × | × | × | 1 | $Q_0^n$ | $Q_1^n$ | $Q_2^n$ | 右移，$D_{SR}$ 为串行输入， |
| 1 | 0 | 1 | × | 0 | ↑ | × | × | × | × | 0 | $Q_0^n$ | $Q_1^n$ | $Q_2^n$ | $Q_3$ 为串行输出 |
| 1 | 1 | 0 | 1 | × | ↑ | × | × | × | × | $Q_1^n$ | $Q_2^n$ | $Q_3^n$ | 1 | 左移，$D_{SL}$ 为串行输入， |
| 1 | 1 | 0 | 0 | × | ↑ | × | × | × | × | $Q_1^n$ | $Q_2^n$ | $Q_3^n$ | 0 | $Q_0$ 为串行输出 |
| 1 | 1 | 1 | × | × | ↑ | $D_0$ | $D_1$ | $D_2$ | $D_3$ | $D_0$ | $D_1$ | $D_2$ | $D_3$ | 并行置数 |

从表 4.4 可知，$D_{SL}$ 和 $D_{SR}$ 分别是左移和右移串行输入端，$D_0$、$D_1$、$D_2$ 和 $D_3$ 是并行输入端，$Q_0$ 和 $Q_3$ 分别是左移和右移时的串行输出端，$Q_0$、$Q_1$、$Q_2$ 和 $Q_3$ 为并行输出端，$R_D$ 是异步清零端，低电平有效，即当 $R_D=0$ 时，各触发器都置"0"，而且清零时与 CP 无关。$S_1$、$S_0$ 是工作模式控制端，它们的不同组合将决定 74LS194 应该执行什么功能，即 $S_1 S_0=00$，保持；$S_1 S_0=01$，右移；$S_1 S_0=10$，左移；$S_1 S_0=11$，并行置数。除了保持功能和清零功能与 CP 无关外，其余功能都必须在 CP 的控制下才能实现。

【例 4-4】 用两片集成移位寄存器 74LS194 扩展成一个 8 位移位寄存器。

解 如图 4.17 所示，左边移位寄存器的 $Q_3$（最右位）作为右边移位寄存器的右移串行输入 $D_{SR}$；右边移位寄存器的 $Q_0$（最左位）作为左边移位寄存器的左移串行输入 $D_{SL}$，清零端、$S_1$、$S_0$ 分别并联，这样即可构成一个 8 位移位寄存器。连接后两片的 8 个输出端为整个 8 位移位寄存器的并行输出 $Q_0 \sim Q_7$，两片的 8 个输入端成为 8 位数码并行输入端 $D_0 \sim D_7$，左边移位寄存器的 $D_{SR}$ 是这个 8 位寄存器的右移输入端，右边移位寄存器的 $D_{SL}$ 是这个 8 位寄存器的左移输入端，其工作过程与单片 4 位寄存器的相同。

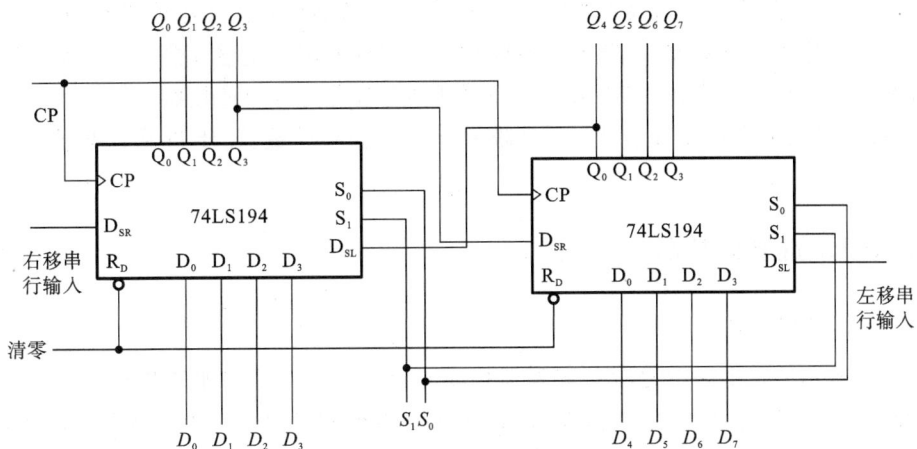

图 4.17 8 位双向移位寄存器

由此可知,将 $K$ 个集成移位寄存器 74LS194 串接,可构成 $K \times 4$ 位的双向移位寄存器。

# 任务 4.3　计数器

## 【任务要求】

通过对计数器的概念、分类,异步、同步二进制计数器的设计思想、电路结构、工作原理、逻辑功能的学习,了解异步、同步非二进制计数器的分析方法、逻辑功能描述,掌握典型集成计数器的逻辑功能、应用(反馈置数法、反馈清零法),并在此基础上学会任意进制计数器的设计。

## 【任务目标】

➢ 掌握计数器的概念、分类。

➢ 掌握异步、同步二进制计数器的设计思想、电路结构、工作原理、逻辑功能。

➢ 了解异步、同步非二进制计数器的分析方法、逻辑功能描述。

➢ 掌握集成计数器 74LS161、74LS192、74LS90 等同步、异步计数器的逻辑功能。

➢ 利用反馈清零法和反馈置数法,使用典型计数器设计任意进制计数器。

### 4.3.1　计数器概念及分类

所谓"计数",就是累计输入脉冲的个数。计数器就是实现"计数"操作的时序逻辑电路。计数器在数字系统中应用非常广泛,除了计数的基本功能外,还可以实现脉冲信号的分频、定时、脉冲序列的产生等。

计数器一般是由触发器级联构成的,种类繁多。

如果按照计数器中各触发器是否受同一脉冲控制,计数器可分为同步计数器和异步计数器。若各触发器受同一时钟脉冲控制,则其状态更新是在同一时刻完成的,即同时翻转,这样的计数器为同步计数器;而在异步计数器中,各个触发器不使用相同的时钟脉冲,所有触发器不是同时翻转的。

如果按照计数过程中计数器中数字的增减分类,计数器可分为加法计数器、减法计数器和可逆计数器(或称加减计数器)。随着计数脉冲的不断输入而作递增计数的计数器为加法计数器,作递减计数的计数器为减法计数器,可增可减的计数器为可逆计数器。

如果按照计数的循环长度分类,计数器可分为二进制计数器、十进制计数器、$N$ 进制计数器。

### 4.3.2　二进制计数器

1. 异步二进制计数器

图 4.18 所示的是由两个边沿 D 触发器构成的异步 2 位二进制加计数器电路。每个触发器的 $\bar{Q}$ 输出端接到该触发器的 $D$ 输入端,即每个触发器构成一个二分频电路。同时,第二个触发器 $FF_1$ 由第一个触发器 $FF_0$ 的 $Q$ 输出端来触发。

计数器工作时,每来一个 CP 脉冲,$FF_0$ 就翻转一次。但是 $FF_1$ 只有被 $FF_0$ 的 $Q_0$ 输出的下降沿触发时，$FF_1$ 才能翻转。由于触发器存在传输延迟，输入时钟脉冲的下降沿和 $FF_0$ 的 $Q_0$ 输出的下降沿绝对不会发生在同一时刻，所以这两个触发器绝对不会同时被触发。由此可得到它的输出波形，如图 4.19 所示。可以看出，每输入一个计数脉冲，其输出状态按二进制递增，共输出 4 个不同的状态，如表 4.5 所示，故称为异步 2 位二进制加法计数器，或称为模 4 加法计数器（"模"指计数器顺序经过的状态个数，最大模是 $2^n$）。

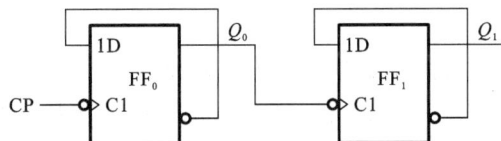

图 4.18  异步 2 位二进制加法计数器

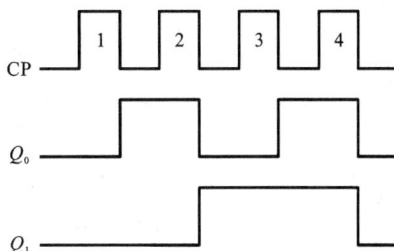

图 4.19  异步 2 位二进制加法计数器输出波形

表 4.5  异步 2 位二进制加法计数器真值表

| 计数脉冲 | $Q_1$ | $Q_0$ |
| --- | --- | --- |
| 0 | 0 | 0 |
| 1 | 0 | 1 |
| 2 | 1 | 0 |
| 3 | 1 | 1 |
| 4（再循环） | 0 | 0 |

图 4.20 所示的是由两个边沿 D 触发器构成的异步 2 位二进制减法计数器电路。它与加法计数器的不同点是：第二个触发器 $FF_1$ 由第一个触发器 $FF_0$ 的 $\overline{Q}$ 输出端来触发。其输出波形如图 4.21 所示，可以看出，每输入一个计数脉冲，其输出状态按二进制递减，共输出 4 个不同的状态，如表 4.6 所示。

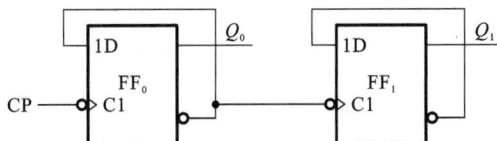

图 4.20  异步 2 位二进制减法计数器

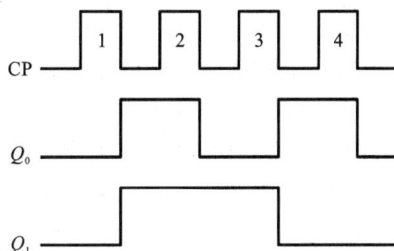

图 4.21  异步 2 位二进制减法计数器输出波形

表 4.6  异步 2 位二进制减法计数器真值表

| 计数脉冲 | $Q_1$ | $Q_0$ |
| --- | --- | --- |
| 0 | 0 | 0 |

| 计数脉冲 | $Q_1$ | $Q_0$ |
|---|---|---|
| 1 | 1 | 1 |
| 2 | 1 | 0 |
| 3 | 0 | 1 |
| 4(再循环) | 0 | 0 |

根据上述异步 2 位二进制计数器电路,异步 $n$ 位二进制计数器电路的构成具有一定的规律,可归纳如下:

(1)异步 $n$ 位二进制计数器由 $n$ 个触发器组成,每个触发器均接成 T′触发器。

(2)各个触发器之间采用级联方式,其连接形式由计数方式(加或减)和触发器的边沿触发方式(上升沿或下降沿)共同决定,如表 4.7 所示。

表 4.7 异步 $n$ 位二进制计数器构成规律

| 连 接 规 律 | T′触发器的触发沿 | |
|---|---|---|
| | 上升沿 | 下降沿 |
| 加法计数 | $CP_i = \overline{Q}_{i-1}$ | $CP_i = Q_{i-1}$ |
| 减法计数 | $CP_i = Q_{i-1}$ | $CP_i = \overline{Q}_{i-1}$ |

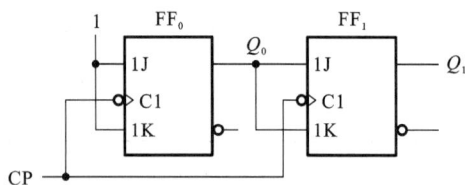

图 4.22 同步 2 位二进制加法计数器

**2. 同步二进制计数器**

图 4.22 所示的是由两个边沿 JK 触发器构成的同步 2 位二进制加法计数器电路。第一个触发器 $FF_0$ 的 $J$、$K$ 输入信号连接高电平 1,第二个触发器 $FF_1$ 的 $J$、$K$ 输入信号连接到第一个触发器 $FF_0$ 的 $Q$ 输出端。

首先,假设该计数器的初始状态为 00,则 $J_1 = K_1 = Q_0 = 0$。当第一个时钟脉冲的下降沿到来时,$FF_0$ 将翻转为 1,$FF_1$ 由于 $J_1 = K_1 = 0$ 而保持输出状态不变。因此,在第一个时钟脉冲作用之后,$Q_0 = 1$,$Q_1 = 0$,则 $J_1 = K_1 = Q_0 = 1$。

当第二个时钟脉冲的下降沿到来时,$FF_0$ 将翻转为 0,$FF_1$ 由于 $J_1 = K_1 = 1$ 也发生翻转,变为 1。因此,在第二个时钟脉冲作用之后,$Q_0 = 0$,$Q_1 = 1$,则 $J_1 = K_1 = Q_0 = 0$。

当第三个时钟脉冲的下降沿到来时,$FF_0$ 将再次翻转为 1,$FF_1$ 由于 $J_1 = K_1 = 0$ 而保持状态 1 不变。因此,在第三个时钟脉冲作用之后,$Q_0 = 1$,$Q_1 = 1$,则 $J_1 = K_1 = Q_0 = 1$。

最后,当第四个时钟脉冲的下降沿到来时,$FF_0$ 和 $FF_1$ 都发生翻转而变为 0。因此,在第四个时钟脉冲作用之后,$Q_0 = 0$,$Q_1 = 0$,计数器又循环到它的初始状态 00。由此可得到它的输出波形,如图 4.23 所示。可以看出,每输入一个计数脉冲,其输出状态按二进制递增,

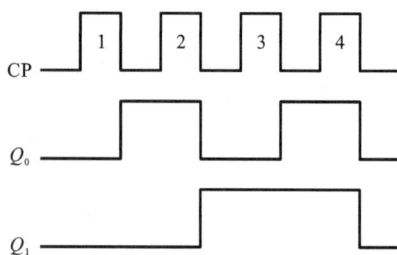

图 4.23 同步 2 位二进制加法计数器输出波形

共输出 4 个不同的状态,故称为同步 2 位二进制加法计数器。

在不考虑触发器传输延迟的条件下,同步 2 位二进制加法计数器的输出波形与异步 2 位二进制加法计数器相同。

如果将图 4.22 中触发器 $FF_1$ 的输入信号改为 $J_1 = K_1 = \overline{Q_1}$,则构成同步 2 位二进制减法计数器,其工作过程可自行分析。

图 4.24 所示的是由 3 个边沿 JK 触发器构成的同步 3 位二进制加法计数器电路。第一个触发器 $FF_0$ 的 $J$、$K$ 输入信号连接高电平 1,第二个触发器 $FF_1$ 的 $J$、$K$ 输入信号连接到第一个触发器 $FF_0$ 的 $Q$ 输出端。第三个触发器 $FF_2$ 的 $J$、$K$ 输入信号由 $FF_0$ 及 $FF_1$ 的输出相与后得到。

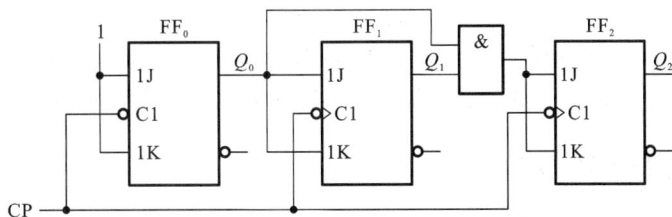

图 4.24 同步 3 位二进制加法计数器

由图 4.24 可知(亦可用时序逻辑电路分析方法来分析),对于 $FF_0$,每来一个时钟脉冲,$Q_0$ 翻转一次;对于 $FF_1$,其输出 $Q_1$ 在每次 $Q_0$ 为 1 之后,再来一个时钟脉冲就翻转一次,这种翻转发生在第 2 个、第 4 个、第 6 个、第 8 个,即偶数个时钟脉冲 CP 上,而当 $Q_0$ 为 0 时,保持状态不变;对于 $FF_2$,当 $Q_0$、$Q_1$ 都为高电平 1 时,通过与门输出使 $J_2 = K_2 = 1$,则在下一个时钟脉冲到来时输出发生翻转,在所有其他时间,$FF_2$ 的输入都被与门输出保持为低电平,它的状态不变。由此可画出该计数器的输出波形,如图 4.25 所示。

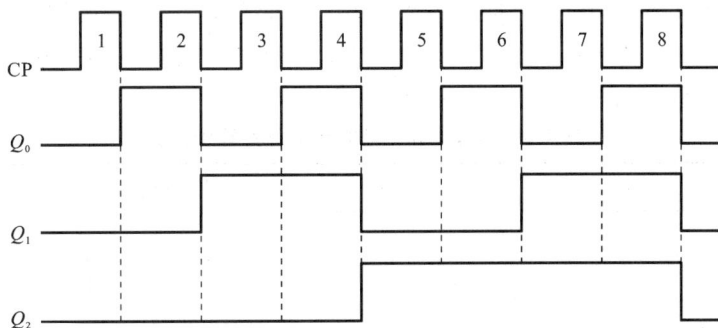

图 4.25 同步 3 位二进制加法计数器输出波形

如果将图 4.24 中触发器 $FF_1$、$FF_2$ 的输入信号分别改为 $J_1 = K_1 = \overline{Q_0}$,$J_2 = K_2 = \overline{Q_0}\,\overline{Q_1}$,则构成同步 3 位二进制减法计数器,其工作过程可自行分析。

根据上面介绍的同步 2 位二进制及 3 位二进制计数器电路,同步 $n$ 位二进制计数器电路的构成具有一定的规律,可归纳如下:

(1) 同步 $n$ 位二进制计数器由 $n$ 个 JK 触发器组成;

(2) 各个触发器之间采用级联方式,第一个触发器的输入信号 $J_0 = K_0 = 1$,其他触发器的

输入信号由计数方式决定。如果是加法计数器,则有

$$J_1 = K_1 = Q_0^n$$

$$J_2 = K_2 = Q_0^n Q_1^n$$

$$\vdots$$

$$J_{n-1} = K_{n-1} = Q_0^n Q_1^n \cdots Q_{n-2}^n$$

如果是减法计数器,则有

$$J_1 = K_1 = \overline{Q_0^n}$$

$$J_2 = K_2 = \overline{Q_0^n Q_1^n}$$

$$\vdots$$

$$J_{n-1} = K_{n-1} = \overline{Q_0^n} \, \overline{Q_1^n} \cdots \overline{Q_{n-2}^n}$$

实际上,并不需要特意制作同步 $n$ 位二进制减法计数器,任何同步 $n$ 位二进制加法计数器可以很容易改成同步 $n$ 位二进制减法计数器:只需将各 $\overline{Q}$ 端作为结果输出端即可。

### 4.3.3 十进制计数器

虽然二进制计数器有电路结构简单、运算方便等优点,但人们仍习惯于用十进制计数器,特别是当二进制数的位数较多时,要较快地得出数据就比较困然。因此,数字系统中经常用到十进制计数器。

1. 异步十进制加法计数器

异步十进制加法计数器是在异步 4 位二进制加法计数器的基础上加以修改,使计数器在计数过程中跳过 1010～1111 这 6 个状态而得到的。比较一下 4 位二进制加法计数器输出状态表(见表 4.8)和异步十进制加法计数器的输出状态表(见表 4.9)。对于 4 位二进制加计数器,计数到第 10 个脉冲时,$Q_3$、$Q_2$、$Q_1$ 和 $Q_0$ 为 1010。但对于十进制加法计数器,这时的 $Q_3$、$Q_2$、$Q_1$ 和 $Q_0$ 应为 0000。如果使 4 位二进制加法计数器计数到 1010 的瞬间就清零,则就变成十进制加法计数器的工作状态。为了实现这一点,可使用带异步清零端的触发器,根据这一方法构成的异步十进制加法计数器电路如图 4.26 所示。

表 4.8 异步 4 位二进制加法计数器状态表

| 计数脉冲 | $Q_3^n$ | $Q_2^n$ | $Q_1^n$ | $Q_0^n$ | $Q_3^{n+1}$ | $Q_2^{n+1}$ | $Q_1^{n+1}$ | $Q_0^{n+1}$ |
|---|---|---|---|---|---|---|---|---|
| 0 | 0 | 0 | 0 | 0 | 0 | 0 | 0 | 1 |
| 1 | 0 | 0 | 0 | 1 | 0 | 0 | 1 | 0 |
| 2 | 0 | 0 | 1 | 0 | 0 | 0 | 1 | 1 |
| 3 | 0 | 0 | 1 | 1 | 0 | 1 | 0 | 0 |
| 4 | 0 | 1 | 0 | 0 | 0 | 1 | 0 | 1 |
| 5 | 0 | 1 | 0 | 1 | 0 | 1 | 1 | 0 |
| 6 | 0 | 1 | 1 | 0 | 0 | 1 | 1 | 1 |
| 7 | 0 | 1 | 1 | 1 | 1 | 0 | 0 | 0 |
| 8 | 1 | 0 | 0 | 0 | 1 | 0 | 0 | 1 |

续表

| 计数脉冲 | $Q_3^n$ | $Q_2^n$ | $Q_1^n$ | $Q_0^n$ | $Q_3^{n+1}$ | $Q_2^{n+1}$ | $Q_1^{n+1}$ | $Q_0^{n+1}$ |
|---|---|---|---|---|---|---|---|---|
| 9 | 1 | 0 | 0 | 1 | 1 | 0 | 1 | 0 |
| 10 | 1 | 0 | 1 | 0 | 1 | 0 | 1 | 1 |
| 11 | 1 | 0 | 1 | 1 | 1 | 1 | 0 | 0 |
| 12 | 1 | 1 | 0 | 0 | 1 | 1 | 0 | 1 |
| 13 | 1 | 1 | 0 | 1 | 1 | 1 | 1 | 0 |
| 14 | 1 | 1 | 1 | 0 | 1 | 1 | 1 | 1 |
| 15 | 1 | 1 | 1 | 1 | 0 | 0 | 0 | 0 |

表 4.9　异步十进制加法计数器状态表

| 计数脉冲 | $Q_3^n$ | $Q_2^n$ | $Q_1^n$ | $Q_0^n$ | $Q_3^{n+1}$ | $Q_2^{n+1}$ | $Q_1^{n+1}$ | $Q_0^{n+1}$ |
|---|---|---|---|---|---|---|---|---|
| 0 | 0 | 0 | 0 | 0 | 0 | 0 | 0 | 1 |
| 1 | 0 | 0 | 0 | 1 | 0 | 0 | 1 | 0 |
| 2 | 0 | 0 | 1 | 0 | 0 | 0 | 1 | 1 |
| 3 | 0 | 0 | 1 | 1 | 0 | 1 | 0 | 0 |
| 4 | 0 | 1 | 0 | 0 | 0 | 1 | 0 | 1 |
| 5 | 0 | 1 | 0 | 1 | 0 | 1 | 1 | 0 |
| 6 | 0 | 1 | 1 | 0 | 0 | 1 | 1 | 1 |
| 7 | 0 | 1 | 1 | 1 | 1 | 0 | 0 | 0 |
| 8 | 1 | 0 | 0 | 0 | 1 | 0 | 0 | 1 |
| 9 | 1 | 0 | 0 | 1 | 0 | 0 | 0 | 0 |

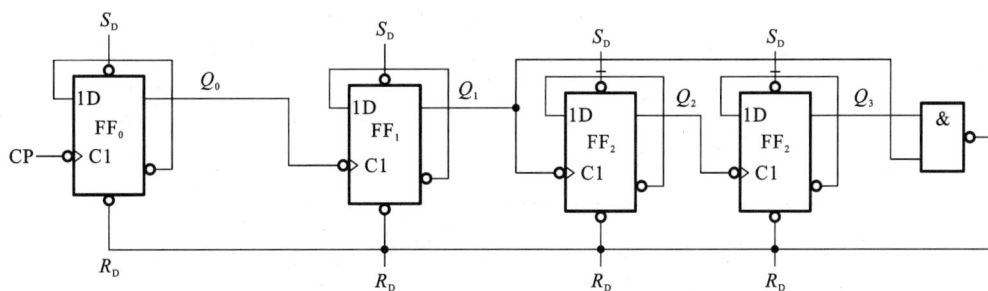

图 4.26　异步十进制加法计数器电路

2. 同步十进制加法计数器

采用 4 个 JK 触发器构成同步十进制加法计数器。同步十进制加法计数器的计数状态真值表如表 4.10 所示,采用与上面类似的方法,确定各个触发器的输入信号。

表 4.10　同步十进制加法计数器输出状态真值表

| 计数脉冲 | $Q_3$ | $Q_2$ | $Q_1$ | $Q_0$ |
| --- | --- | --- | --- | --- |
| 0 | 0 | 0 | 0 | 0 |
| 1 | 0 | 0 | 0 | 1 |
| 2 | 0 | 0 | 1 | 0 |
| 3 | 0 | 0 | 1 | 1 |
| 4 | 0 | 1 | 0 | 0 |
| 5 | 0 | 1 | 0 | 1 |
| 6 | 0 | 1 | 1 | 0 |
| 7 | 0 | 1 | 1 | 1 |
| 8 | 1 | 0 | 0 | 0 |
| 9 | 1 | 0 | 0 | 1 |
| 10 | 0 | 0 | 0 | 0 |

首先,观察真值表中的 $Q_0$,每来一个时钟脉冲就翻转一次,因此可确定 $FF_0$ 的输入信号为:$J_0=K_0=1$。

接下来,可以看到 $Q_1$ 每次在 $Q_0=1$ 及 $Q_3=0$ 的下一个时钟脉冲到来时发生翻转,因此可确定 $FF_1$ 的输入信号为:$J_1=K_1=Q_0\bar{Q}_3$。

而 $Q_2$ 每次在 $Q_0=1$ 和 $Q_1=1$ 的下一个时钟脉冲到来时发生翻转,因此可确定 $FF_2$ 的输入信号为:$J_2=K_2=Q_0Q_1$。

最后,$Q_3$ 每次在 $Q_0=1$、$Q_1=1$ 和 $Q_2=1$ 的下一个时钟脉冲到来时发生翻转,或者在 $Q_0=1$ 和 $Q_3=1$ 时(状态9)的下一个时钟脉冲到来时发生改变,因此 $FF_3$ 的输入信号为:$J_3=K_3=Q_0Q_1Q_2+Q_0Q_3$。

由此可画出同步十进制加法计数器的电路,如图 4.27 所示。

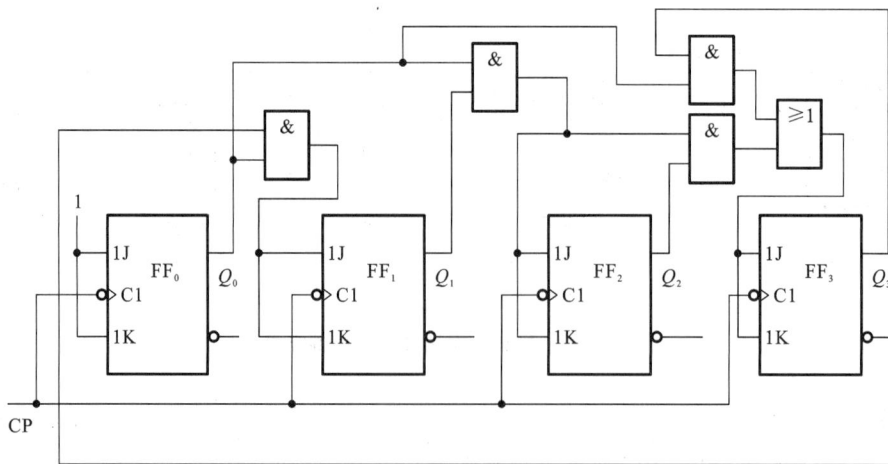

图 4.27　同步十进制加法计数器

对于同步计数器亦可按照同步时序逻辑电路设计步骤来进行设计。

3．集成计数器

集成计数器属于中规模集成电路，应用也十分广泛。它们具有体积小、功能灵活、可靠性高等优点。集成计数器种类很多，时钟脉冲的引入有同步或异步方式，计数进制主要以二进制和十进制为主。

1）集成同步二进制计数器

集成二进制计数器多以 4 位二进制计数器即十六进制计数器为主，常用的有 74LS161、74LS163、74LS191(4 位二进制可逆计数器，有两个时钟脉冲)等。下面以 74LS161 为例介绍其逻辑功能。74LS161 是中规模集成同步 4 位二进制可预置数加法计数器，也就是模 16 计数器，它除了有计数功能外，还具有同步置数、保持和异步清零等功能。其引脚图及逻辑符号图如图 4.28 所示。

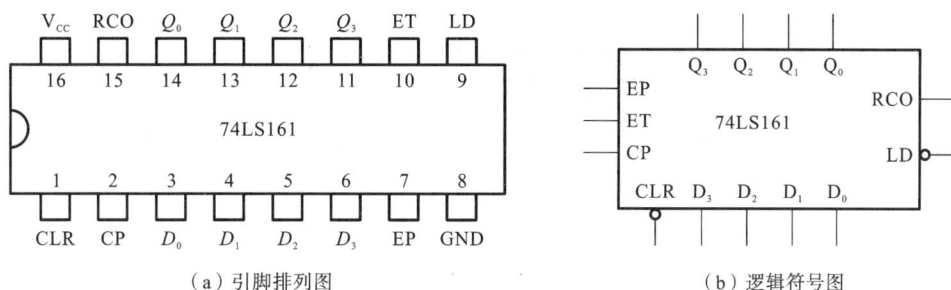

（a）引脚排列图 　　　　　　　　（b）逻辑符号图

**图 4.28　集成计数器** 74LS161

由图 4.28 可知，CP 是计数器脉冲输入端，CLR 是清零端，LD 是置数控制端，ET 和 EP 是计数器工作控制端，$D_3 \sim D_0$ 是并行数据输入端，RCO 是进位信号输出端，$Q_3 \sim Q_0$ 是计数状态输出端。具体功能表如表 4.11 所示。

**表 4.11　74LS161 功能表**

| 清零 | 置数 | 使能 | | 时钟 | 预置数据输入 | | | | 输　　出 | | | | 工　作　模　式 |
|---|---|---|---|---|---|---|---|---|---|---|---|---|---|
| CLR | LD | ET | EP | CP | $D_3$ | $D_2$ | $D_1$ | $D_0$ | $Q_3$ | $Q_2$ | $Q_1$ | $Q_0$ | |
| 0 | × | × | × | × | × | × | × | × | 0 | 0 | 0 | 0 | 异步清零 |
| 1 | 0 | × | × | ↑ | $D_3$ | $D_2$ | $D_1$ | $D_0$ | $D_3$ | $D_2$ | $D_1$ | $D_0$ | 同步置数 |
| 1 | 1 | 0 | × | × | × | × | × | × | 保持 | | | | 数据保持 |
| 1 | 1 | × | 0 | × | × | × | × | × | 保持 | | | | 数据保持 |
| 1 | 1 | 1 | 1 | ↑ | × | × | × | × | 计数 | | | | 加法计数 |

（1）异步清零。当 CLR＝0 时，不管其他输入信号的状态如何，计数器输出将立即被置零。

（2）同步置数。当 CLR＝1(清零无效)、LD＝0 时，如果有一个时钟脉冲的上升沿到来，则计数器输出端数据 $Q_3 \sim Q_0$ 等于计数器的预置端数据 $D_3 \sim D_0$。

（3）加法计数。当 CLR＝1、LD＝1(置数无效)且 ET＝EP＝1 时，每来一个时钟脉冲上升沿,计数器按照 4 位二进制码进行加法计数,计数变化范围为 0000~1111。该功能为它的最主要功能。

(4) 数据保持。当 CLR＝1、LD＝1,且 ET·EP＝0 时,无论有没有时钟脉冲,计数器状态将保持不变。

2) 集成同步十进制计数器

集成同步十进制计数器多以 BCD 码为主,下面以典型产品 74LS192 为例讨论。74LS192 是同步十进制可逆计数器,其引脚图及逻辑符号如图 4.29 所示,表 4.12 所示的是其功能表。

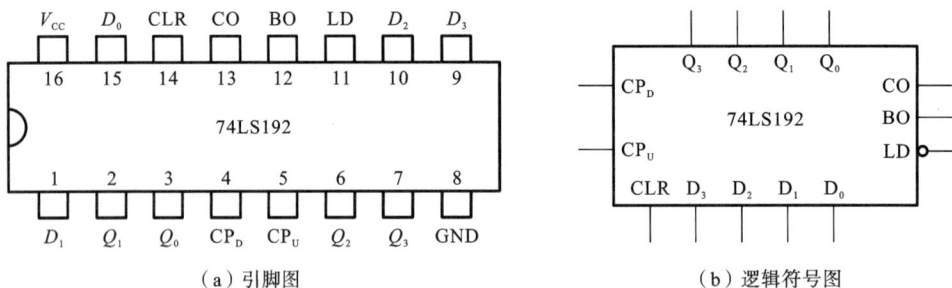

（a）引脚图　　　　　　　　　（b）逻辑符号图

**图 4.29　集成计数器** 74LS192

**表 4.12　74LS192 功能表**

| 清零 | 置数 | 加法时钟 | 减法时钟 | 数 据 输 入 | | | | 输　　　　出 | | | | 功　　能 |
|---|---|---|---|---|---|---|---|---|---|---|---|---|
| CLR | LD | $CP_U$ | $CP_D$ | $D_3$ | $D_2$ | $D_1$ | $D_0$ | $Q_3$ | $Q_2$ | $Q_1$ | $Q_0$ | |
| 1 | × | × | × | × | × | × | × | 0 | 0 | 0 | 0 | 异步清零 |
| 0 | 0 | × | × | $D_3$ | $D_2$ | $D_1$ | $D_0$ | $D_3$ | $D_2$ | $D_1$ | $D_0$ | 异步置数 |
| 0 | 1 | ↑ | 1 | × | × | × | × | 递增 8421BCD 码 | | | | 加法计数 |
| 0 | 1 | 1 | ↑ | × | × | × | × | 递减 8421BCD 码 | | | | 减法计数 |
| 0 | 1 | 1 | 1 | × | × | × | × | | | | | 保持不变 |

由功能表 4.12 可知,74LS192 具有以下功能:

(1) 异步清零功能。当 CLR＝1 时,不管其他端电平如何,计数器输出将立即被置零,该端高电平有效。

(2) 异步置数功能。当 CLR＝0(异步清零无效)、LD＝0 时,计数器输出端数据 $Q_3 \sim Q_0$ 等于计数器的预置端数据 $D_3 \sim D_0$。

(3) 加法计数功能。若 CLR＝0、LD＝1(异步置数无效)且减法时钟 $CP_D$＝1 时,则在加法时钟 $CP_U$ 上升沿作用下,计数器按照 8421BCD 码进行递增计数:0000~1001。

(4) 减法计数功能。若 CLR＝0、LD＝1 且加法时钟 $CP_U$＝1 时,则在减法时钟 $CP_D$ 上升沿作用下,按照 8421BCD 码进行递减计数:1001~0000。

(5) 保持功能。当 CLR＝0、LD＝1 且 $CP_U$＝1、$CP_D$＝1 时,计数器输出状态保持不变。

3) 集成异步二进制计数器

集成异步二进制计数器在基本异步计数器的基础上增加了一些辅助电路,以扩展其功能。

典型产品是 74LS93,其内部电路及引脚图如图 4.30 所示。

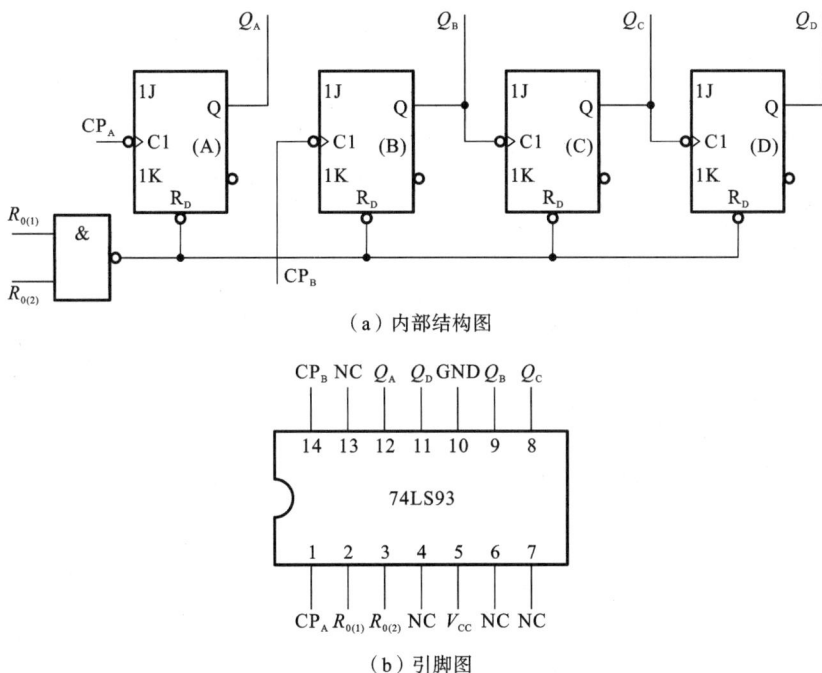

（a）内部结构图

（b）引脚图

图 4.30 74LS93 的内部电路和引脚图

由图 4.30(a)可知,触发器 A 为独立的 1 位二进制计数器;触发器 B、C、D 三级为独立的 3 位二进制计数器(即八进制);将两者级联可构成 4 位二进制计数器(即十六进制);计数器为异步清零,$R_{0(1)}$、$R_{0(2)}$ 是清零输入端,且高电平有效。因此,74LS93 实际上是一个二-八-十六进制异步加法计数器。

【例 4-5】 74LS93 的内部电路如图 4.30(a)所示,采用下面两种不同的级联方式所构成的计数器有何不同?

(1)计数脉冲从 $CP_A$ 输入,$Q_A$ 连接到 $CP_B$;

(2)计数脉冲从 $CP_B$ 输入,$Q_D$ 连接到 $CP_A$。

**解** 上述两种级联方式所构成的计数器都是 4 位二进制计数器或十六进制计数器。但计数器输出状态的高、低位构成方式不同。

对于级联方式(1),二进制计数器为低位,八进制计数器为高位,其输出状态为 $Q_D Q_C Q_B Q_A$;

对于级联方式(2),八进制计数器为低位,二进制计数器为高位,其输出状态为 $Q_A Q_D Q_C Q_B$。

4）集成异步非二进制计数器

集成异步非二进制计数器同样是在基本异步计数器的基础上扩展而成。其典型产品是 74LS90(或 74LS290,两者的逻辑功能相同,但引脚图不同),它的内部电路及引脚图如图 4.31 所示。

由图 4.31(a)可知,触发器 A 为独立的 1 位二进制计数器;触发器 B、C、D 三级为独立的

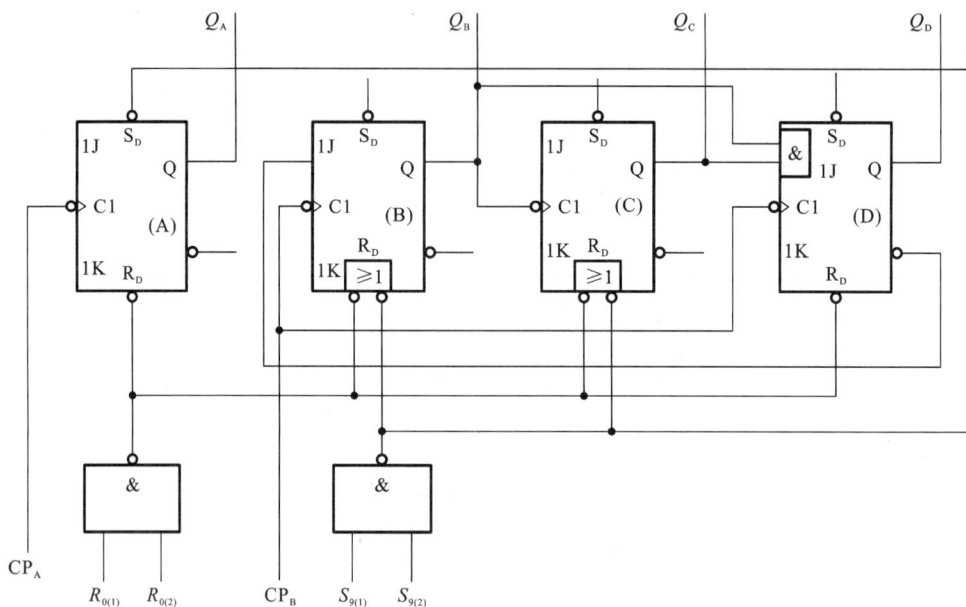

（a）内部结构图

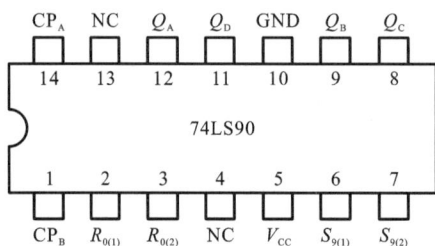

（b）引脚图

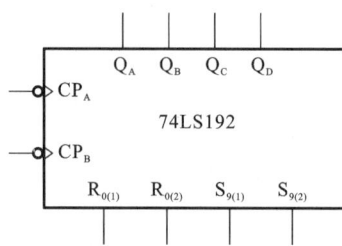

（c）逻辑符号图

图 4.31　74LS90 的内部电路、引脚图和逻辑符号图

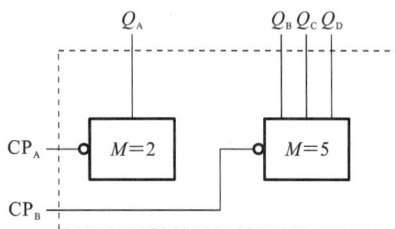

图 4.32　74LS90 的内部电路等效图

五进制计数器，其计数状态范围为 $000 \sim 100$。因此，74LS90 的内部电路可用图 4.32 表示。

将二进制和五进制计数器级联可构成十进制计数器：如果将 $Q_A$ 与 $CP_B$ 相连，$CP_A$ 作为计数脉冲输入端，如图 4.33（a）所示，则计数器的输出端 $Q_D Q_C Q_B Q_A$ 为 8421BCD 码十进制计数器。如果将 $Q_D$ 与 $CP_A$ 相连，$CP_B$ 作为计数脉冲输入端，如图 4.32（b）所示，则输出端 $Q_A Q_D Q_C Q_B$ 为 5421BCD 码十进制计数器。由真值表 4.13 和真值表 4.14 很容易得到这个结论。

74LS90 的功能表如表 4.15 所示。由表 4.15 可以看出，74LS90 具有以下功能：

（1）异步清零。$R_{0(1)}$、$R_{0(2)}$ 为清零输入端，高电平有效。即当 $R_{0(1)} = R_{0(2)} = 1$，且 $S_{9(1)}$、$S_{9(2)}$ 不全为 1 时，计数器的输出立即被清零。

（2）异步置 9。$S_{9(1)}$、$S_{9(2)}$ 为置 9 输入端，高电平有效。即当 $S_{9(1)} = S_{9(2)} = 1$，且 $R_{0(1)}$、$R_{0(2)}$ 不全为 1 时，计数器的输出立即被置 9（1001）。

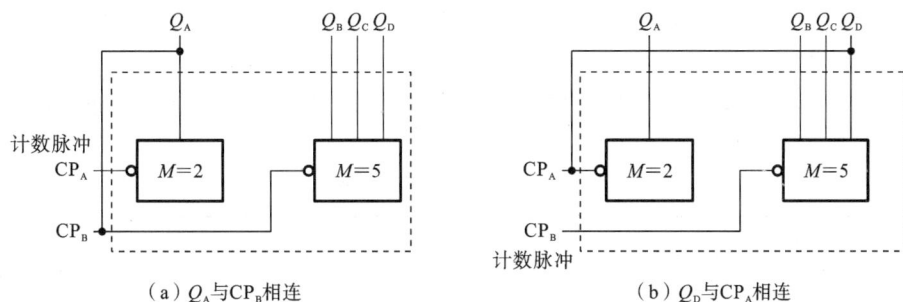

（a）$Q_A$与$CP_B$相连　　　　（b）$Q_D$与$CP_A$相连

**图 4.33** 74LS90 的两种级联方式

**表 4.13　级联产生 8421BCD 码计数状态**

| 计数脉冲 $CP_A=CP$ | 五进制计数器（高位）$Q_D Q_C Q_B$ | 二进制计数器（低位）$Q_A$ | 功 能 说 明 |
|---|---|---|---|
| 0 | 000 | 0 | |
| 1 | 000 | 1 | |
| 2 | 001 | 0 | |
| 3 | 001 | 1 | |
| 4 | 010 | 0 | （1）每来一个计数脉冲， $Q_A$ 翻转一次。 |
| 5 | 010 | 1 | |
| 6 | 011 | 0 | （2）$Q_A$ 产生的下降沿使 五进制计数器计数一次 |
| 7 | 011 | 1 | |
| 8 | 100 | 0 | |
| 9 | 100 | 1 | |
| 10 | 000 | 0 | |

**表 4.14　级联产生 5421BCD 码计数状态**

| 计数脉冲 $CP_B=CP$ | 五进制计数器（高位）$Q_A$ | 二进制计数器（低位）$Q_D Q_C Q_B$ | 功 能 说 明 |
|---|---|---|---|
| 0 | 0 | 000 | |
| 1 | 0 | 001 | |
| 2 | 0 | 010 | |
| 3 | 0 | 011 | |
| 4 | 0 | 100 | （1）每来一个计数脉冲， 五进制计数器计数一次 |
| 5 | 1 | 000 | |
| 6 | 1 | 001 | （2）$Q_D$ 产生的下降沿使 $Q_A$ 翻转一次 |
| 7 | 1 | 010 | |
| 8 | 1 | 011 | |
| 9 | 1 | 100 | |
| 10 | 0 | 000 | |

（3）正常计数。当异步清零端和异步置 9 端都无效时，在计数脉冲下降沿作用下，可进行二-五-十进制计数。

（4）保持不变。当异步清零端和异步置 9 端都无效，且 $CP_A$、$CP_B$ 都为 1 时，计数器输出保持不变。

表 4.15　74LS90 功能表

| 输　入 | | | | | | 输　出 | | | | 功　能 |
|---|---|---|---|---|---|---|---|---|---|---|
| 清零 | | 置 9 | | 时钟 | | | | | | |
| $R_{0(1)}$ | $R_{0(2)}$ | $S_{9(1)}$ | $S_{9(2)}$ | $CP_U$ | $CP_D$ | $Q_D$ | $Q_C$ | $Q_B$ | $Q_A$ | |
| 1 | 1 | 0 | × | × | × | 0 | 0 | 0 | 0 | 异步清零 |
| | | × | 0 | | | | | | | |
| 0 | × | 1 | 1 | × | × | 1 | 0 | 0 | 1 | 异步置 9 |
| × | 0 | | | | | | | | | |
| 0 | × | 0 | × | ↓ | 1 | 不变 | | 二进制 | | 二进制计数 |
| × | 0 | × | 0 | 1 | ↓ | 五进制 | | 不变 | | 五进制计数 |
| | | | | ↓ | $Q_A$ | 8421BCD 码 | | | | 十进制计数 |
| | | | | $Q_D$ | ↓ | 5421BCD 码 | | | | 十进制计数 |
| | | | | 1 | 1 | 不变 | | | | 保持 |

5）集成计数器的应用

集成计数器加适当的反馈电路就可以构成任意进制计数器。设集成计数器的模值为 $N$，如果要得到一个模值 $M(N>M)$ 的计数器，就要在 $N$ 进制计数器的顺序计数过程中，设法使之跳过 $N-M$ 个状态，只在 $M$ 个状态中循环就可以了。常用的方法有两种：反馈清零法和反馈置数法。

（1）反馈清零法：让计数器从全"0"状态开始计数，计满 $M$ 个状态后，进行清零；然后重新开始计数。由于集成计数器清零有同步和异步两种情况，因此反馈清零也分为两种情况。

计数器同步清零时，接收到清零指令后，必须在下一个计数脉冲到来后，才能执行清零指令。可见，计数器从全"0"状态开始计数，记录了 $M-1$ 个状态后，就要发出清零指令，在第 $M$ 个计数脉冲到来后才进行清零，这样才能记录 $M$ 个状态，实现 $M$ 进制计数。

计数器异步清零时，接收到清零指令后，立即清零，与 CP 无关，所以要计满 $M$ 个状态，必须是在计数到第 $M$ 个状态后，才接收清零指令，计数器的状态从第 $M$ 种状态返回到全"0"状态。第 $M$ 种状态一出现，无需计数脉冲，计数器便立即被置成全"0"状态，它只在极短的瞬间出现，通常称为过渡状态。

综上所述，对于异步清零的计数器，采用反馈清零法构成任意进制计数器时，存在一个过渡状态，而同步清零的计数器则不存在过渡状态。

（2）反馈置数法：与反馈清零法不同，它利用计数器预置数功能，使计数器从某个预置数开始计数，计满 $M$ 个状态后产生置数信号，使计数器又进入预置状态，然后再重新开始计数。这种方法适用于有预置功能的计数器。反馈置数也分为两种情况。

计数器同步置数时,预置数输入端接收到预置数信号后,必须在下一个计数脉冲到来后才能置数。可见计数器从预状态开始计数,记录了 $M-1$ 个状态后,预置数输入端应接收到预置数信号,当第 $M$ 个计数脉冲到来后才能执行预置数操作。

计数器异步预置数时,只要预置数输入端接收到预置数信号,计数器立即进行预置数,它不受 CP 控制。因此,计数器从预置数状态开始计数,必须是在计数到第 $M$ 个状态后,才能接收到预置数指令,计数器的状态返回到预置的状态。第 $M$ 种状态一出现,无需计数脉冲,计数器便立即执行置数操作,第 $M$ 种状态作为过渡状态。由于预置数操作可以在任意状态下进行,因此,计数器不一定从全"0"状态开始计数。

下面通过几个具体的例子进一步说明集成计数器的应用。

【例 4-6】 试用 74LS161 构成十二进制加法计数器。

**解** 由 74LS161 功能表分析可知,74LS161 具有异步清零和同步置数功能,因此,可采用反馈清零法实现十二进制计数器,亦可采用反馈置数法实现。

(1) 反馈清零法:74LS161 的计数状态转换图如图 4.34 所示,共有十六个计数状态 0000～1111。而十二进制加法计数器只需要 12 个计数状态 0000～1011 进行循环,因此当 74LS161 正常计数到 1011 后,它就必须再循环到 0000 而不是进入正常的下一个状态 1100,如图 4.34 中虚线所示。这可以利用它的异步清零端 CLR 实现,即利用 1011 的下一个状态 1100 即过渡状态产生清零低电平信号从而使计数器立即清零,清零信号 CLR 消失后,74LS161 重新从 0000 开始新的计数周期。

$Q_3Q_2Q_1Q_0$

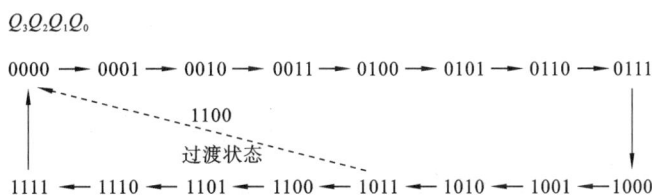

图 4.34 例 4-6 反馈清零法状态图

根据上述方法构成的十二进制加法计数器如图 4.35 所示。

(2) 反馈置数法:利用 74LS161 构成十二进制加法计数器时,可选择它的 16 个计数状态 0000～1111 中的任意 12 个状态作为十二进制加法计数器的计数状态,如选择 0001～1100。当 74LS161 正常计数到 1100 后,它就必须跳变到 0001 而不是进入正常的下一个状态 1101,如图 4.36 中虚线所示。这可以通过在 74LS161 的预置数据输入端置入 0001,并

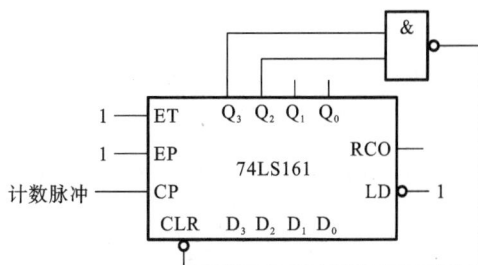

图 4.35 例 4-6 反馈清零法构成的十二进制加法计数器

使它的同步置数端 LD 有效来实现。即利用 1100 产生置数低电平信号,当下一个时钟脉冲的上升沿到来时,计数器输出端的状态 $Q_3Q_2Q_1Q_0$ 将变为预置数据 0001,置数信号 LD 消失后,74LS161 重新从 0001 开始新的计数周期。根据上述方法构成的十二进制加法计数器如图 4.37 所示。

$Q_3Q_2Q_1Q_0$

$$0000 \longrightarrow 0001 \longrightarrow 0010 \longrightarrow 0011 \longrightarrow 0100 \longrightarrow 0101 \longrightarrow 0110 \longrightarrow 0111$$

$$1111 \longleftarrow 1110 \longleftarrow 1101 \longleftarrow 1100 \longleftarrow 1011 \longleftarrow 1010 \longleftarrow 1001 \longleftarrow 1000$$

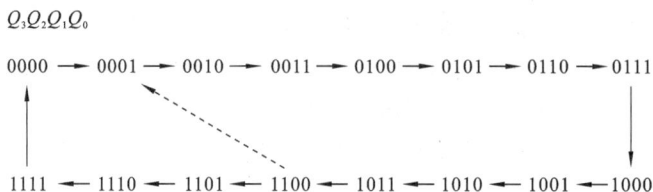

图 4.36 例 4-6 反馈置数法状态图

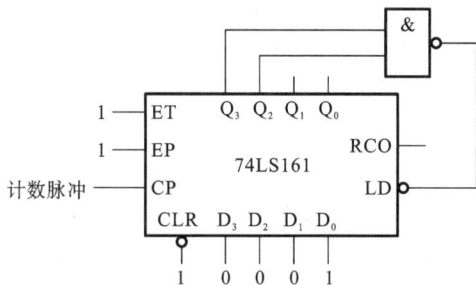

图 4.37 例 4-6 反馈置数法构成的十二进制加法计数器

【例 4-7】 利用反馈置数法,用 74LS192 构成七进制加法计数器(要求预置端数据输出为 0010)。

解 74LS192 在加计数模式下的状态转换图如图 4.38 所示,共有 10 个计数状态 0000~1001。而七进制加法计数器只需要 7 个计数状态,可选择其中的任意 7 个状态作为七进制加法计数器的计数状态,如选择 0010~1000。当 74LS192 正常计数到 1000 后,它就必须跳变到 0010 而不是进入正常的下一个状态 1001,如图 4.38 中虚线所示。这可以通过在 74LS192 的预置数据输入端置入 0010,并使它的异步置数端 LD 有效来实现。由于异步置数存在"过渡状态",因此要利用 1000 的下一个状态 1001 产生置数低电平信号从而使计数器立即置数,置数信号 LD 消失后,74LS192 重新从 0010 开始新的计数周期。

根据上述方法构成的七进制加法计数器如图 4.39 所示。

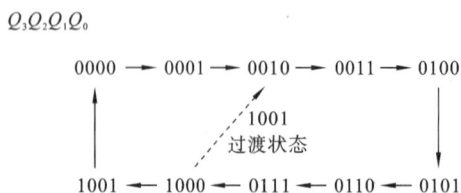

$Q_3Q_2Q_1Q_0$

$$0000 \longrightarrow 0001 \longrightarrow 0010 \longrightarrow 0011 \longrightarrow 0100$$

1001 过渡状态

$$1001 \longleftarrow 1000 \longleftarrow 0111 \longleftarrow 0110 \longleftarrow 0101$$

图 4.38 例 4-7 反馈置数法状态图

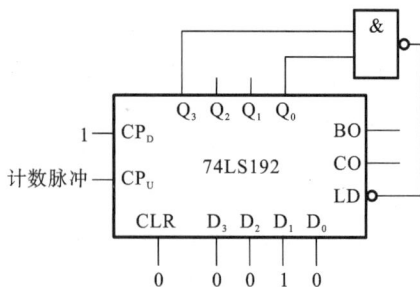

图 4.39 例 4-7 反馈置数法构成的七进制加法计数器

【例 4-8】 试用反馈清零法和反馈置 9 法,用 74LS90 构成 8421BCD 码的八进制加法计数器。

解 (1)反馈清零法:首先连接成 8421BCD 码十进制计数器,然后在此基础上采用反馈清零法。八进制加法计数器的计数状态为 0000~0111,将 0111 的下一个状态 1000 作为过渡状态,用过渡状态中的所有"1"产生高电平清零信号,将输出端直接清零。由此得到的八进制加法计数器电路如图 4.40 所示。

(2)反馈置 9 法:首先连接成 8421BCD 码十进制计数器,然后在此基础上采用反馈置 9 法。八进制加法计数器的计数状态为 $1001$、$0000 \sim 0110$,其状态转换图如图 4.41 所示。将 0110 的下一个状态 0111 作为过渡状态,用过渡状态中的所有"1"产生高电平置 9 信号,将输出端直接置 9。由此得到的八进制加法计数器电路如图 4.42 所示。

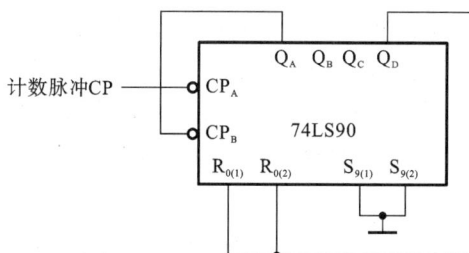

图 4.40 例 4-8 反馈清零法构成的
八进制加法计数器

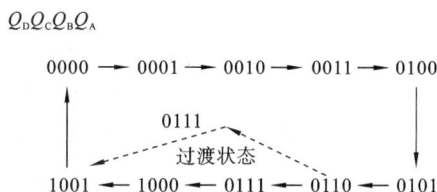

图 4.41 例 4-8 反馈置 9 法状态图

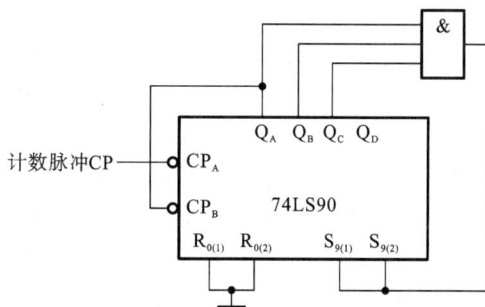

图 4.42 例 4-8 反馈置 9 法构成的八进制加法计数器

通过上述例题可以知道,用 $N$ 进制集成计数器构成一个 $M(N>M)$ 进制计数器可按下述结论设计:

若 $N$ 进制集成计数器异步清零,采用反馈清零法,则有反馈数 $=M$。

若 $N$ 进制集成计数器同步清零,采用反馈清零法,则有反馈数 $=M-1$。

若 $N$ 进制集成计数器异步置数,采用反馈置数法,则有反馈数-预置数 $=M$。

若 $N$ 进制集成计数器同步置数,采用反馈置数法,则有反馈数-预置数 $=M-1$。

6)集成计数器的扩展

前面介绍的都是集成计数器的模值 $N$ 大于所构成的计数器的模值 $M(N>M)$,如果要构成模值大于 $N$ 的计数器,则需要将多片集成计数器进行级联,扩大其计数范围。例如,将两片计数器(分别为模 $n$ 和模 $m$)相串接,可扩展为 $N=n \times m$ 的计数器。在此基础上再利用前面介绍的反馈清零或反馈置数的方法,可构成小于 $N=n \times m$ 的任意进制计数器。

级联的基本方式有两种:异步级联和同步级联。

异步级联:将前一级集成计数器的输出作为后一级集成计数器的时钟脉冲信号。这种信号可以取自前一级的进位或借位输出,也可直接取自高位触发器的输出。此时,若后一级集成计数器有计数允许控制端,则应使它处于允许计数状态。

同步级联:外加时钟信号同时接到各集成计数器的时钟脉冲输入端,用前一级集成计数器的进位或借位输出信号作为后一级集成计数器的工作控制信号。只有当进位或借位信号有效时,时钟脉冲才能对后一级集成计数器起作用。

前面讨论的 74LS90 构成的十进制计数器,就是利用一个二进制计数器和一个五进制计数器级联构成,而且采用的是异步级联。

下面通过三个例子来介绍集成计数器的级联。

**【例4-9】** 试用两片74LS161构成256进制加法计数器。

**解** (1)同步级联:将计数脉冲同时送入两片74LS161的CP端,低位片的进位信号RCO作为高位片的使能信号ET及EP。电路连接如图4.43所示。

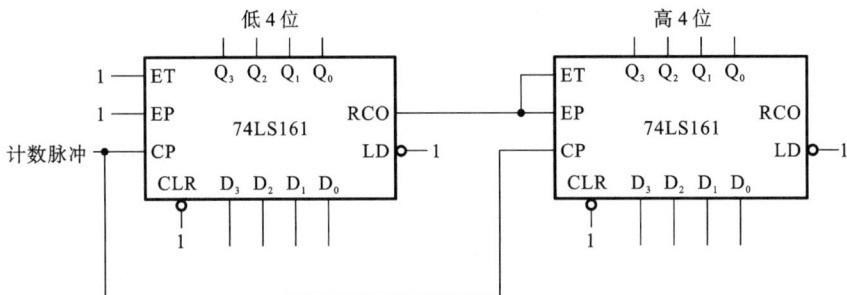

**图4.43 例4-9同步级联方式**

由图4.43可知,低位片的使能信号ET=EP=1,因而它总处于计数状态。同时低位片的进位信号RCO接到高位片的使能信号端,只有当低位片计数到1111(第15个计数脉冲到来后)而使RCO=1时,高位片才处于计数状态。再来下一个计数脉冲(第16个脉冲)时,高位片计数一次,同时低位片由1111状态变成0000状态,它的进位信号RCO也变成0,因此使高位片的使能信号端无效而停止计数。

(2)异步级联:将计数脉冲送入低位片74LS161的CP端,低位片74LS161的进位信号RCO作为高位片74LS161的时钟脉冲。电路连接如图4.44所示。

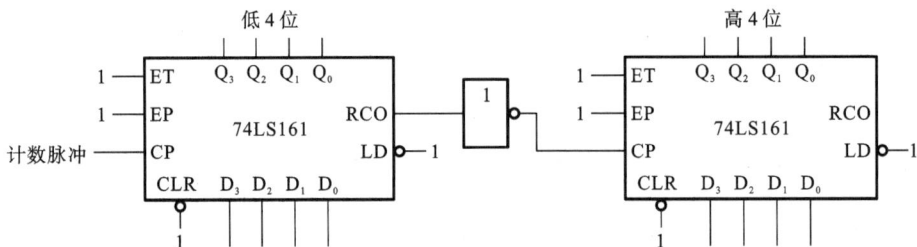

**图4.44 例4-9异步级联方式**

图4.44中,低位片74LS161的进位信号RCO经反相器后作为高位片74LS161的时钟脉冲。虽然两片74LS161的使能信号始终有效,但只有当第16个计数脉冲到来后,低位片74LS161由1111状态变成0000状态,使其RCO由1变为0,$\overline{RCO}$由0变成1时,高位片74LS161才计数一次。其他情况下,高位片74LS161将保持原有状态不变。

注意:如果直接将低位片74LS161的进位信号RCO作为高位片的时钟脉冲,则当第15个计数脉冲到来后,低位片74LS161输出状态将变成1111,使其RCO由0变为1,高位片74LS161就开始计数一次。这样两片计数器构成的是15×16=240进制计数器。

**【例4-10】** 试用两片74LS161构成100进制加法计数器。

**解** 首先将两片74LS161串接构成256进制加法计数器,方法如例4-9所示。然后在此基础上采用"整体反馈清零"或"整体反馈置数"方法构成小于256的任意进制加法计数器。

采用整体反馈清零法构成 100 进制加法计数器的状态转换图如图 4.45 所示。利用过渡状态 01100100(100 对应的二进制数)产生异步清零低电平信号,使两片 74LS161 同时清零。这样就构成 100 进制加法计数器,其电路如图 4.46 所示。

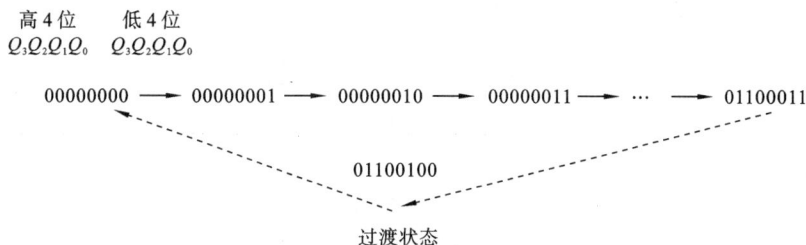

高 4 位　　低 4 位
$Q_3Q_2Q_1Q_0$　$Q_3Q_2Q_1Q_0$

00000000 ⟶ 00000001 ⟶ 00000010 ⟶ 00000011 ⟶ … ⟶ 01100011

01100100

过渡状态

**图 4.45　例 4-10 二进制表示的状态图**

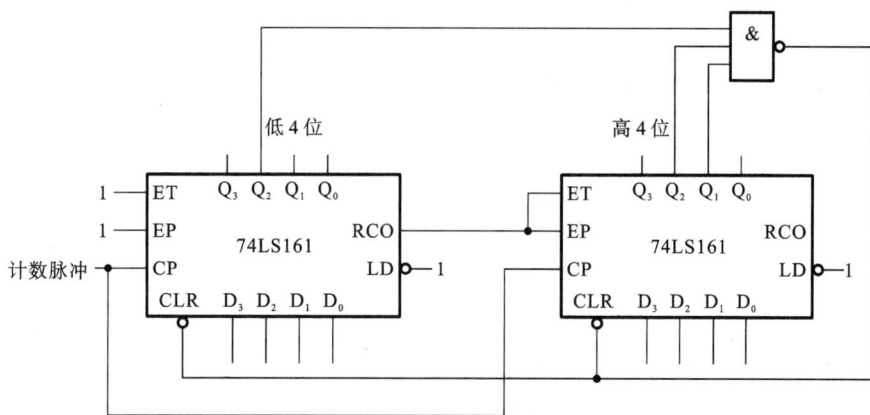

**图 4.46　例 4-10 电路图**

【**例 4-11**】　试用两片 74LS90 构成 8421BCD 码的二十四进制加法计数器。

**解**　首先将每片 74LS90 连接成 8421BCD 码的十进制计数器,然后将低位片的进位信号 $Q_D$ 送给高位片的 $CP_A$,从而串接成 100 进制计数器。在此基础上,采用"整体反馈清零"或"整体反馈置数"方法构成小于 100 的任意进制计数器。

采用整体反馈清零法构成二十四进制加法计数器的状态转换图如图 4.47 所示。利用过渡状态 00100100 产生异步清零高电平信号,使两片 74LS90 同时清零。二十四进制加法计数器的电路如图 4.48 所示。

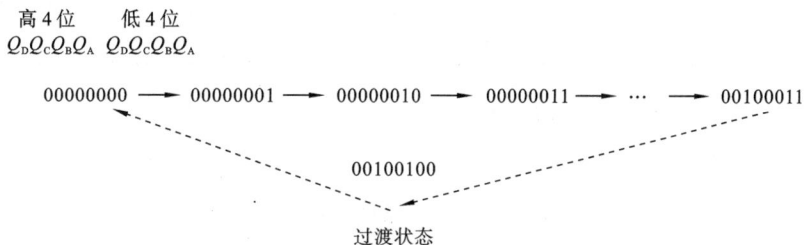

高 4 位　　低 4 位
$Q_DQ_CQ_BQ_A$　$Q_DQ_CQ_BQ_A$

00000000 ⟶ 00000001 ⟶ 00000010 ⟶ 00000011 ⟶ … ⟶ 00100011

00100100

过渡状态

**图 4.47　例 4-11 8421BCD 码表示的状态图**

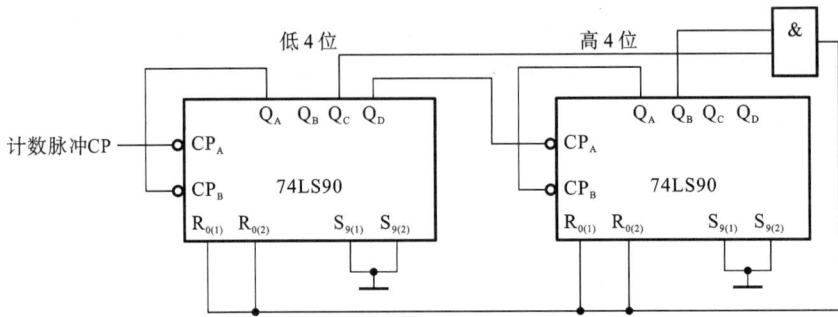

图 4.48　例 4-11 电路图

# 任务 4.4　计数分频电路的设计与调试

## 【任务要求】

用 74LS160 同步十进制计数器、74LS00、74LS48 七段显示译码器、数码显示管等集成电路设计六十进制计数器电路并验证电路的逻辑功能。

## 【任务目标】

➤ 掌握集成同步十进制计数器的使用方法。

➤ 熟悉计数器、译码器和数字显示器的应用。

➤ 完成六十进制计数、译码、显示电路,并掌握测试技能。

### 4.4.1　集成芯片 74LS160 功能简介

74LS160 是同步十进制计数器,图 4.49 为 74LS160 的逻辑符号和引脚图,功能表如表 4.16 所示。

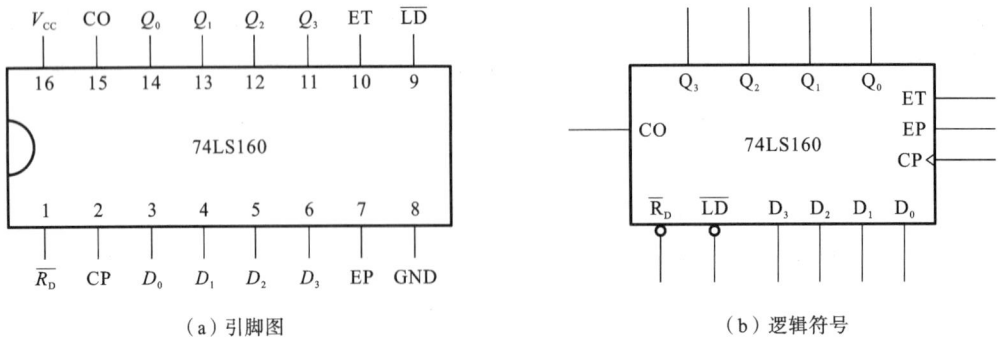

（a）引脚图　　　　　　　　　　（b）逻辑符号

图 4.49　74LS160 引脚排列图和逻辑符号

表 4.16 74LS160 功能表

| 清零 | 置数 | 使能 | | 时钟 | 预置数据输入 | | | | 输　　出 | | | | 工作模式 |
|------|------|------|------|------|------|------|------|------|------|------|------|------|------|
| $R_D$ | LD | ET | EP | CP | $D_3$ | $D_2$ | $D_1$ | $D_0$ | $Q_3$ | $Q_2$ | $Q_1$ | $Q_0$ | |
| 0 | × | × | × | × | × | × | × | × | 0 | 0 | 0 | 0 | 异步清零 |
| 1 | 0 | × | × | ↑ | $D_3$ | $D_2$ | $D_1$ | $D_0$ | $D_3$ | $D_2$ | $D_1$ | $D_0$ | 同步置数 |
| 1 | 1 | 0 | × | × | × | × | × | × | 保持 | | | | 数据保持 |
| 1 | 1 | × | 0 | × | × | × | × | × | 保持 | | | | 数据保持 |
| 1 | 1 | 1 | 1 | ↑ | × | × | × | × | 计数 | | | | 加法计数 |

注:74LS160 逻辑功能表与 74LS161 逻辑功能表相同,只是 74LS160 是同步十进制计数器,而 74LS161 是同步 4 位二进制计数器。

### 4.4.2　用 74LS160 构成六十进制计数器

完成图 4.50 所示的连线,先将两片 74LS160 接成 100 进制计数器,然后按照"整体反馈清零"或"整体反馈置数"构成六十进制计数器,并将各输出端连接到对应的逻辑电平指示灯上。

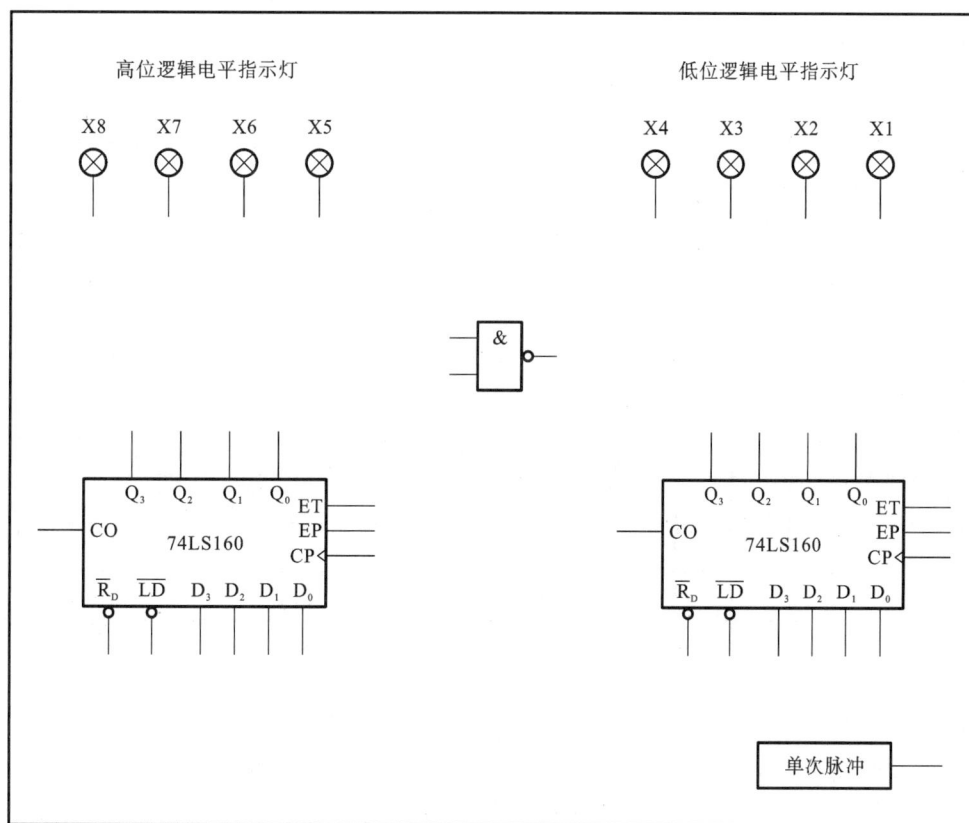

图 4.50 用 74LS160 构成六十进制计数器

CP 单次脉冲逐个输入,将逻辑电平指示灯显示的各输出端状态记录于表 4.17 中(指示灯亮用 1 表示,指示灯灭用 0 表示)。

**表 4.17　用 74LS160 构成六十进制计数器电平指示记录表**

| CP | $X_8$ | $X_7$ | $X_6$ | $X_5$ | $X_4$ | $X_3$ | $X_2$ | $X_1$ | CP | $X_8$ | $X_7$ | $X_6$ | $X_5$ | $X_4$ | $X_3$ | $X_2$ | $X_1$ |
|---|---|---|---|---|---|---|---|---|---|---|---|---|---|---|---|---|---|
| 0 | | | | | | | | | 30 | | | | | | | | |
| 1 | | | | | | | | | 31 | | | | | | | | |
| 2 | | | | | | | | | 32 | | | | | | | | |
| 3 | | | | | | | | | 33 | | | | | | | | |
| 4 | | | | | | | | | 34 | | | | | | | | |
| 5 | | | | | | | | | 35 | | | | | | | | |
| 6 | | | | | | | | | 36 | | | | | | | | |
| 7 | | | | | | | | | 37 | | | | | | | | |
| 8 | | | | | | | | | 38 | | | | | | | | |
| 9 | | | | | | | | | 39 | | | | | | | | |
| 10 | | | | | | | | | 40 | | | | | | | | |
| 11 | | | | | | | | | 41 | | | | | | | | |
| 12 | | | | | | | | | 42 | | | | | | | | |
| 13 | | | | | | | | | 43 | | | | | | | | |
| 14 | | | | | | | | | 44 | | | | | | | | |
| 15 | | | | | | | | | 45 | | | | | | | | |
| 16 | | | | | | | | | 46 | | | | | | | | |
| 17 | | | | | | | | | 47 | | | | | | | | |
| 18 | | | | | | | | | 48 | | | | | | | | |
| 19 | | | | | | | | | 49 | | | | | | | | |
| 20 | | | | | | | | | 50 | | | | | | | | |
| 21 | | | | | | | | | 51 | | | | | | | | |
| 22 | | | | | | | | | 52 | | | | | | | | |
| 23 | | | | | | | | | 53 | | | | | | | | |
| 24 | | | | | | | | | 54 | | | | | | | | |
| 25 | | | | | | | | | 55 | | | | | | | | |
| 26 | | | | | | | | | 56 | | | | | | | | |
| 27 | | | | | | | | | 57 | | | | | | | | |
| 28 | | | | | | | | | 58 | | | | | | | | |
| 29 | | | | | | | | | 59 | | | | | | | | |

## 4.4.3 六十进制计数、译码、显示电路连接与调试

将 74LS160、74LS48、数码显示管组成六十进制计数、译码、显示电路,完成图 4.51 所示电路图的连线。

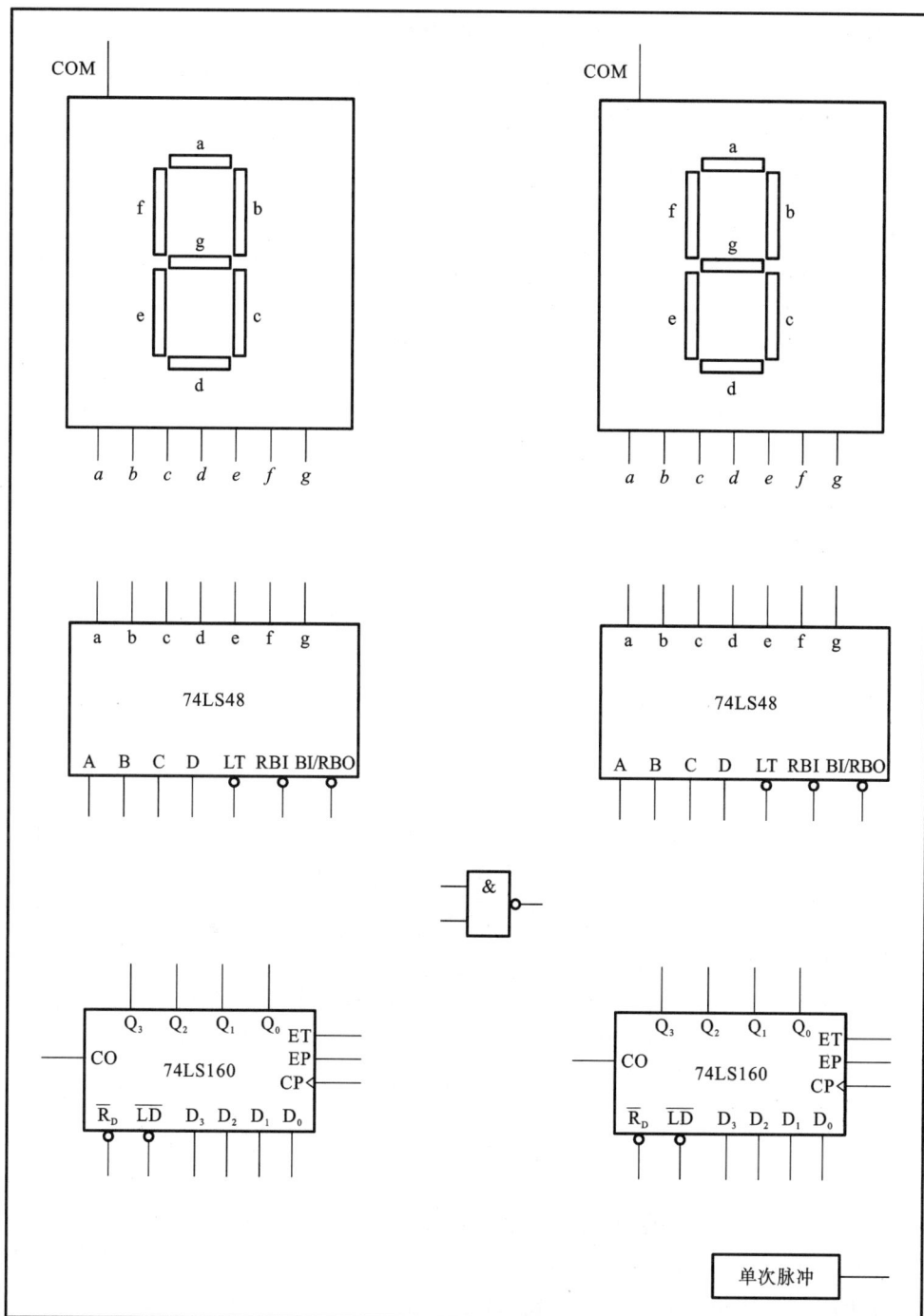

**图 4.51 六十进制计数、译码、显示电路**

由于本电路中器件较多,设计前必须合理安排各器件在实验装置上的位置,要保证电路逻辑清楚,接线整齐。设计时按照任务的次序,将各计数、译码、显示电路逐个进行接线和调试,待各电路工作正常后,再逐级连接起来进行调试,直到六十进制的显示电路能正常工作。在检查电路连接无误后,接入电源,由 CP 端输入单次脉冲,观察电路的计数、译码、显示功能。若显示不正确,按故障排查的方法检测线路和器件,排除故障直至显示正确。

若单次脉冲的频率是 1 Hz,则该电路可作为电子钟的秒显示电路使用。若采用的是 CMOS 集成电路,则多余输入端不能悬空,必须按照要求接电源或接地,并注意防止静电破坏。译码器和数码显示管要配套使用,74LS47 配共阳极的七段数码显示管,74LS48 配共阴极的七段数码显示管。

## 【思考与练习】

1. 说明时序逻辑电路与组合逻辑电路的区别。

2. 已知状态表如表 4.18 所示,作出相应的状态图。

表 4.18　题 2 表

| 现态 | 次态/输出 $Z$ | | | |
| --- | --- | --- | --- | --- |
| | $X_1 X_2 = 00$ | $X_1 X_2 = 01$ | $X_1 X_2 = 11$ | $X_1 X_2 = 10$ |
| $A$ | $A/0$ | $B/0$ | $C/1$ | $D/0$ |
| $B$ | $B/0$ | $C/0$ | $A/0$ | $D/1$ |
| $C$ | $C/0$ | $B/0$ | $D/0$ | $D/0$ |
| $D$ | $D/0$ | $A/1$ | $C/0$ | $C/0$ |

3. 试分析图 4.52 所示时序电路的逻辑功能。

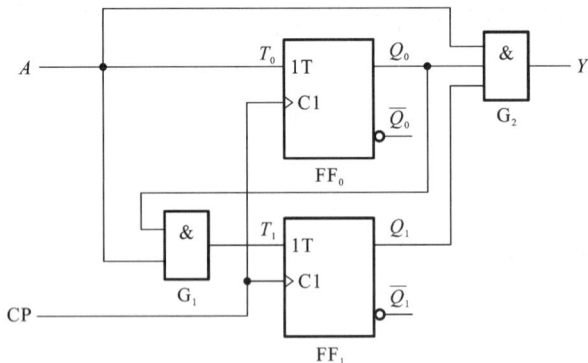

图 4.52　题 3 图

4. 试分析图 4.53 所示时序电路的逻辑功能。

5. 分析图 4.54 所示的同步时序电路。

6. 分析图 4.55 所示的同步时序逻辑电路。

(1) 写出驱动方程和输出方程,并作出状态图;

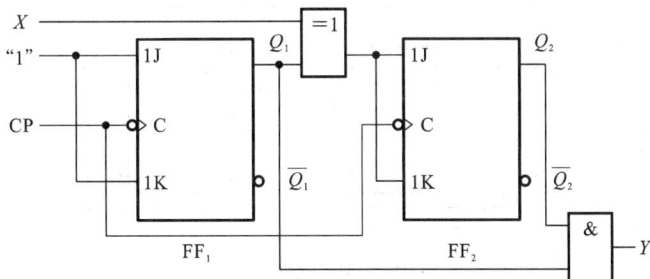

图 4.53 题 4 图

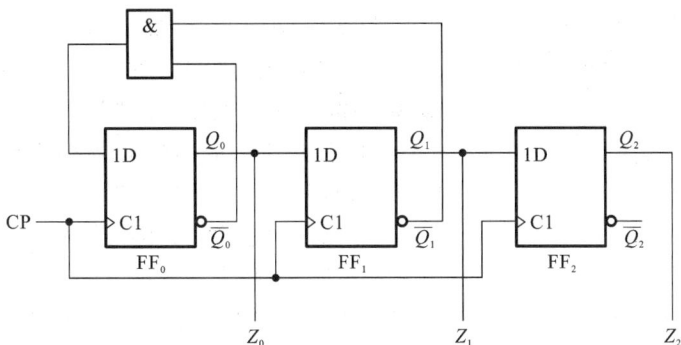

图 4.54 题 5 图

（2）说明电路的逻辑功能。

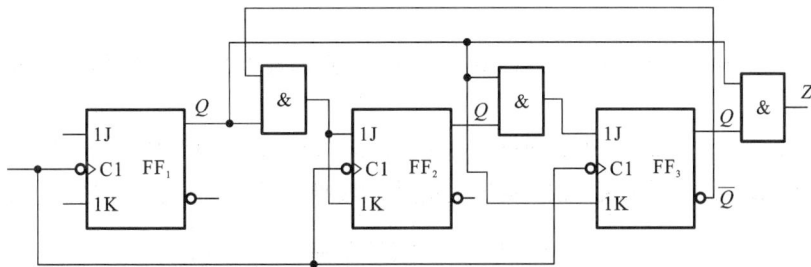

图 4.55 题 6 图

7. 分析图 4.56 所示时序电路的逻辑功能，要求：

（1）写出电路的驱动方程、状态方程、输出方程。

（2）画出电路的状态转换图，并说明该电路能否自启动。

8. 已知状态图如图 4.57 所示，输入序列为 $X=11010010$，设初始状态为 $A$，求状态和输出响应序列。

9. 设计一个串行数据检测器。电路的输入信号 $X$ 是与时钟脉冲同步的串行数据，输出信号为 $Z$。要求电路在 $X$ 信号输入出现 110 序列时，输出信号 $Z$ 为 1，否则为 0。

10. 设计一个同步五进制计数器，进位输出端为 $Z$，分别用 JK 触发器、D 触发器和门电路

数字电子技术项目化教程

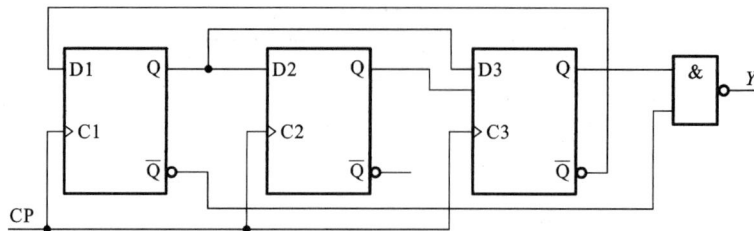

图 4.56 题 7 图

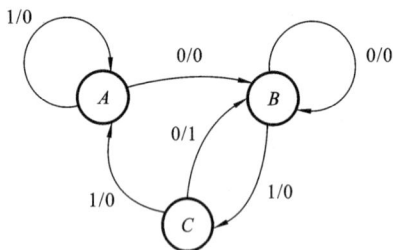

图 4.57 题 8 图

实现该电路。

11. 试用负边沿 D 触发器构成异步十六进制加法计数器电路,并画出其输出波形。

12. 试用负边沿 JK 触发器构成异步八进制减法计数器电路,并画出其输出波形。

13. 试用正边沿 D 触发器构成异步七进制加法计数器电路,并画出其输出波形。

14. 试用负边沿 JK 触发器构成同步十六进制加法计数器电路,并画出其输出波形。

15. 采用反馈清零法,利用 74LS161 构成同步十进制加法计数器,并画出其输出波形。

16. 采用反馈置数法,利用 74LS161 构成同步加法计数器,其计数状态为 1001～1111。

17. 采用反馈清零法,利用 74LS192 构成同步八进制加法计数器。

18. 采用反馈置数法,利用 74LS192 构成同步减法计数器,其计数状态为 0001～1000。

19. 采用反馈清零法,利用 74LS90 按 8421BCD 码构成九进制加法计数器,并画出其输出波形。

20. 采用反馈置 9 法,利用 74LS90 按 8421BCD 码构成九进制加法计数器,并画出其输出波形。

21. 利用 74LS90 按 5421BCD 码构成七进制加法计数器,并画出其输出波形。

22. 试分析图 4.58 所示的电路,画出它的状态转换图,并说明它是几进制计数器。

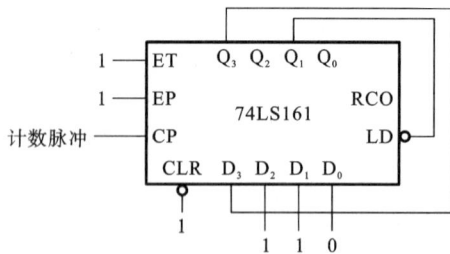

图 4.58 题 22 图

23. 试分析图 4.59 所示电路,画出它的状态转换图,并说明它是几进制计数器。

24. 分析图 4.60 所示的电路,画出它的状态转换图,并说明它是几进制计数器。

25. 利用两片 74LS161 构成同步六十进制加法计数器,要求采用两种不同的方法。

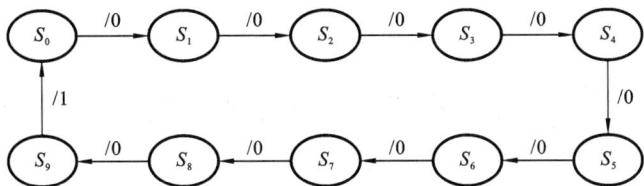

图 4.59 题 23 图

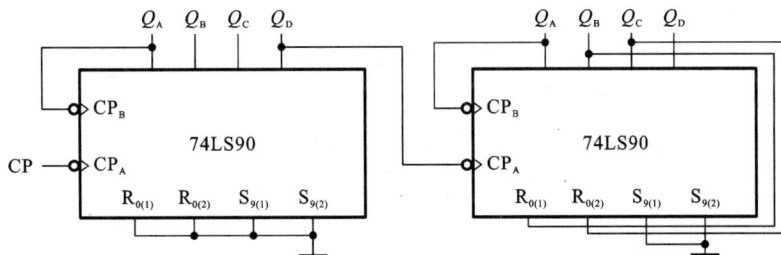

图 4.60 题 24 图

26. 利用两片 74LS90 构成 8421BCD 码的异步六十进制加法计数器,并比较它与上题中的六十进制加法计数器之间输出状态的差别。

# 项目 5  防盗报警器的设计与调试

**【知识目标】**

➢ 了解脉冲波形产生与变换的基本概念。

➢ 熟悉多谐振荡器的电路特点、工作原理及主要用途。

➢ 了解石英晶体振荡器的特点。

➢ 熟悉单稳态触发器的电路特点、工作原理及主要用途。

➢ 熟悉施密特触发器的电路特点、工作原理及主要用途。

➢ 熟悉 555 集成电路的结构、原理及应用。

**【能力目标】**

➢ 会识别和检测多谐振荡器、单稳态触发器及施密特触发器电路。

➢ 会识别和检测 555 集成电路,掌握 555 定时器基本应用电路的特点。

➢ 会用 555 定时器构成多谐振荡器、单稳态触发器及施密特触发器。

➢ 完成防盗报警器电路的设计与调试。

**【项目介绍】**

本项目是由 555 定时器和语音芯片设计的触摸式防盗报警器。项目相关的知识点有多谐振荡器、单稳态触发器、施密特触发器及 555 定时器。通过防盗报警器电路的设计,帮助同学们掌握 555 电路的电路结构、逻辑功能和使用方法,掌握脉冲信号的产生和整形电路的工作原理及实际应用。

防盗报警电路在触发信号的作用下能够产生报警信号。它由单稳态触发器和多谐振荡器构成。通过本项目的训练,同学们可以进一步提高数字电路的装调能力。

# 任务 5.1  脉冲波形的产生与整形电路

**【任务要求】**

在数字系统中,经常要处理脉冲的产生、延时、整形等问题。多谐振荡器、单稳态触发器和施密特触发器可以实现这些功能。本任务要求熟悉这三种电路的电路结构、工作原理以及应用。

**【任务目标】**

➢ 掌握多谐振荡器、单稳态触发器和施密特触发器的概念。

➢ 掌握多谐振荡器的电路形式、工作原理。

➢ 掌握与非门组成的单稳态触发器电路特点及工作原理。

➤ 了解施密特触发器的电路特点及工作原理。

➤ 了解多谐振荡器、单稳态触发器和施密特触发器三种电路的应用。

### 5.1.1 脉冲信号

在数字系统中,常常需要各种不同频率、不同幅度的矩形脉冲作为控制信号,如时序逻辑电路中的同步脉冲控制信号 CP。

脉冲信号是指一种持续时间极短的电压或电流信号,如矩形波、锯齿波、三角波、阶梯波等。常见的脉冲电压波形是矩形波,理想矩形波的突变部分是瞬时的,但在实际中,脉冲电压从零值上升到最大值或从最大值下降到零值,都需要经历一定的时间。图 5.1 为矩形脉冲信号的实际波形图。

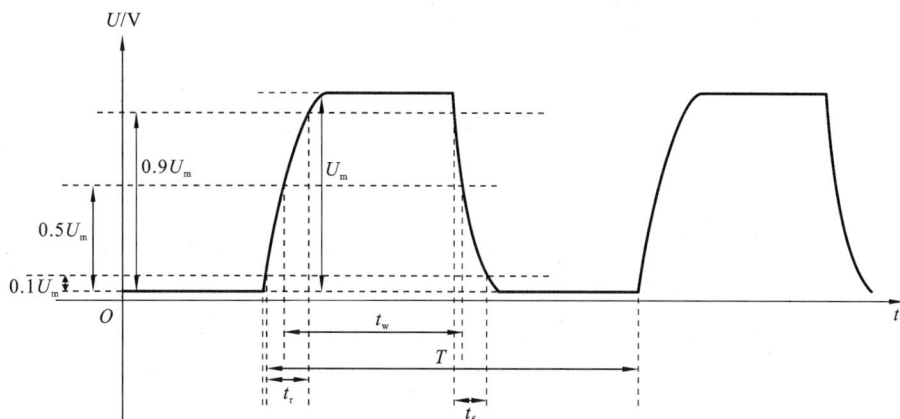

图 5.1 矩形脉冲波形图

从图 5.1 可知,脉冲波形的主要参数如下。

(1) 脉冲周期 $T$:在周期性脉冲信号中,任意两个相邻脉冲上升沿(或)下降沿之间的时间间隔。

(2) 脉冲幅度 $U_m$:脉冲电压变化的最大值。

(3) 上升时间 $t_r$:脉冲信号从 $0.1U_m$ 上升到 $0.9U_m$ 所需的时间。

(4) 下降时间 $t_f$:脉冲信号从 $0.9U_m$ 下降至 $0.1U_m$ 所需的时间。

(5) 脉冲宽度 $t_w$:脉冲信号从上升沿的 $0.5U_m$ 至下降沿下降到 $0.5U_m$ 所需时间。

(6) 脉冲频率 $f$:脉冲信号每秒出现的次数,即脉冲周期的倒数 $f=\frac{1}{T}$。

(7) 占空比 $q$:脉冲宽度与脉冲周期的比值,即 $q=\frac{t_w}{T}$。

获得脉冲信号的方法有两种:一种是利用多谐振荡器直接产生;另一种是通过整形电路对已有信号的波形进行整形、变换,得到符合要求的矩形脉冲(如单稳态触发器、施密特触发器)。

### 5.1.2 多谐振荡器

多谐振荡器是能够产生矩形脉冲信号的自激振荡器,它不需要输入脉冲信号,接通电源就可自动输出矩形脉冲信号。由于矩形波是很多谐波分量叠加的结果,故称"多谐振荡器"。多谐振荡器没有稳定状态,只有两个暂稳态。

### 1. 门电路构成的多谐振荡器

由三个反相器再加上 RC 延迟环节构成的多谐振荡器如图 5.2 所示。图中 $R_s$ 为限流电阻,对 $G_3$ 门起保护作用。由于 $R_s$ 一般较小(100 Ω 左右),$u_A$ 仍可看作 $G_3$ 门的输入电压。通常 RC 电路产生的延迟时间远远大于门电路本身的传输延迟时间,所以分析时可以忽略 $t_{pd}$。下面对该电路的工作原理进行简单的定性分析。

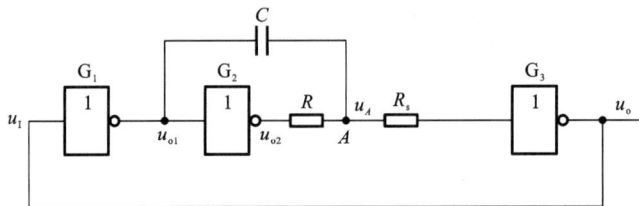

**图 5.2 门电路构成的多谐振荡器**

工作原理如下:

设在 $t_0$ 时刻,$u_I = u_o$ 为低电平,则 $u_{o1}$ 为高电平,$u_{o2}$ 为低电平。此时 $u_{o1}$ 经电容 $C$、电阻 $R$ 到 $u_{o2}$ 形成电容的充电回路。随着充电过程的进行,电容 $C$ 上的电压逐渐增大,$A$ 点的电压相应减小,当接近门电路的阈值电压 $U_{TH}$ 时,形成下述正反馈过程:

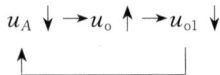

$$u_A \downarrow \rightarrow u_o \uparrow \rightarrow u_{o1} \downarrow$$

正反馈的结果,使电路在 $t_1$ 时刻,$u_I = u_o$ 变为高电平,则 $u_{o1}$ 为低电平,$u_{o2}$ 为高电平。考虑到电容电压不能突变,当 $u_{o1}$ 由高电平变为低电平时,$A$ 点电压出现下跳,其幅度与 $u_{o1}$ 的变化幅度相同。此时 $u_{o2}$ 经电阻 $R$、电容 $C$ 到 $u_{o1}$ 形成电容的放电回路。随着放电过程的进行,$A$ 点的电压逐渐增大,当接近门电路的阈值电压时,形成下述正反馈过程:

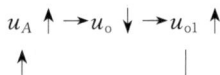

$$u_A \uparrow \rightarrow u_o \downarrow \rightarrow u_{o1} \uparrow$$

正反馈的结果,使电路在 $t_2$ 时刻,返回到 $u_I = u_o$ 为低电平,$u_{o1}$ 为高电平,$u_{o2}$ 为低电平的状态,同样考虑到电容电压不能突变,当 $u_{o1}$ 由低电平变为高电平时,$A$ 点电压出现上跳,其幅度与 $u_{o1}$ 的变化幅度相同。此后,电路重复上述过程,周而复始地从一个暂稳态转换到另一个暂稳态,从而在 $G_3$ 门的输出端得到连续的方波。该电路的工作波形如图 5.3 所示。

由上述分析可以看出,多谐振荡器的两个暂稳态之间的转换过程是通过电容 $C$ 的充、放电作用来实现的。电容 $C$ 的充、放电作用又集中反映在图 5.2 中电压 $u_A$ 的变化上,因此 $A$ 点电压的变化是决定电路工作状态的关键。

通过定量计算可得该电路的振荡周期为

$$T \approx RC\ln\left(\frac{U_{TH}-2U_{OH}}{U_{TH}-U_{OH}} \cdot \frac{U_{TH}+U_{OH}}{U_{TH}}\right) \tag{5.1}$$

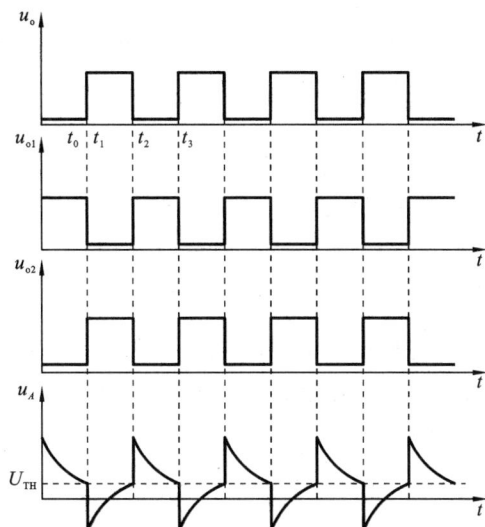

**图 5.3  多谐振荡器的工作波形**

### 2. 石英晶体多谐振荡器

在很多应用场合都对多谐振荡器的稳定性有严格的要求。例如,在将多谐振荡器作为数字电路中的脉冲源使用时,它的频率稳定性直接影响着计时的准确性。上述多谐振荡器的振荡周期或频率不仅与时间常数 $RC$ 有关,还与门电路的阈值电压 $U_{TH}$ 有关。由于 $U_{TH}$ 本身易受温度、电源电压及干扰的影响,因此频率稳定性较差,不能适应频率稳定性要求较高的电路。

目前普遍采用的稳频方法是在多谐振荡器电路中接入石英晶体,组成石英晶体多谐振荡器。

图 5.4 所示的为两种常见的石英晶体振荡器电路。图 5.4(a)中,电阻 $R$ 的作用是使反相器工作在线性放大区,对于 TTL 门电路,其值通常为 $0.5 \sim 2 \text{ k}\Omega$;对于 CMOS 门电路,其值通常为 $5 \sim 100 \text{ M}\Omega$。电容 $C$ 用于两个反相器之间的耦合,电容 $C$ 的大小选择应使其在频率为 $f_s$ 时的容抗忽略不计。该电路的振荡频率即为 $f_s$,而与其他参数无关。

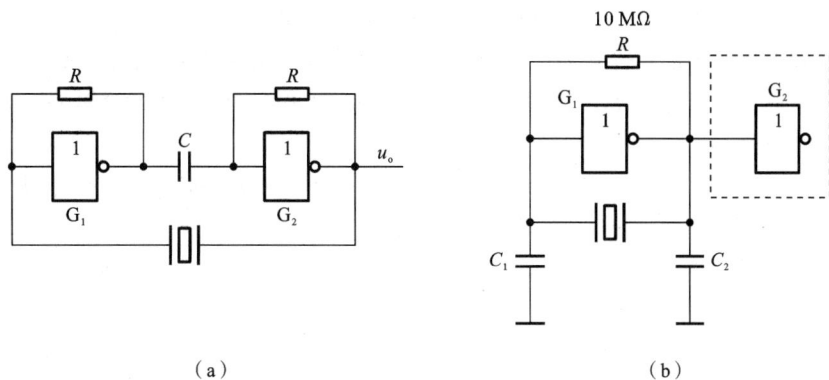

（a）

（b）

**图 5.4  石英晶体多谐振荡器**

在图 5.4(b)中,反相器 $G_1$ 用于振荡,10 MΩ 电阻为反相器 $G_1$ 提供静态工作点。石英晶体和两个电容 $C_1$、$C_2$ 构成了一个 π 型网络,用于完成选频功能。电路的振荡频率仅取决于石英晶体的谐振频率 $f_s$。为了改善输出波形,增强带负载能力,通常在该振荡器的输出端再接一个反相器 $G_2$。

石英晶体振荡器的突出优点是具有极高的频率稳定度,且工作频率范围非常宽,从几百赫兹到几百兆赫兹,多用于要求高精度时基的数字系统中。

### 5.1.3 单稳态触发器

单稳态触发器又称为单稳态电路,是一种对已有波形进行变换、整形的电路。电路特点是有一个稳定状态和一个暂稳态。当外加触发信号时,单稳态触发器从稳定状态转换到暂稳态,在暂稳态维持一段时间后,由于电路中所包含的电容元件的充放电作用,电路自动返回到稳定状态,因此这种电路称为"单稳态"电路。暂稳态维持的时间取决于电路本身的参数,而与外触发信号的宽度无关。

根据 RC 定时电路连接方式的不同,单稳态触发器分为微分型和积分型两种。下面以微分型单稳态触发器为例,了解其工作原理。

1. 微分型单稳态触发器

1) 电路结构

图 5.5 所示的电路是微分型单稳态触发器的电路形式之一。电路中电阻 $R$ 的值小于门电路的关门电阻值,即 $R < R_{OFF}$。

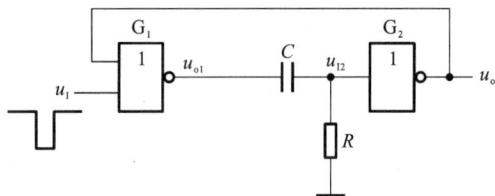

图 5.5 微分型单稳态触发器

2) 工作原理

(1) 稳定状态:在图 5.5 所示电路中,输入信号 $u_1$ 在稳态下为高电平。考虑到 $R < R_{OFF}$,稳态时 $u_{12}$ 为低电平,则 $u_o$ 为高电平。与非门 $G_1$ 的两个输入端均为高电平,所以 $u_{o1}$ 为低电平,电容 $C$ 两端的电压近似为 0 V。只要输入信号保持高电平不变,电路就维持在 $u_{o1}$ 为低电平、$u_o$ 为高电平这一稳定状态。

(2) 触发器翻转至暂稳态:假设在 $t_1$ 时刻,输入端有一负脉冲信号出现,即外加触发信号开始作用,则与非门 $G_1$ 的输出 $u_{o1}$ 变为高电平。由于电容 $C$ 两端的电压不能突变,故 $u_{12}$ 随 $u_{o1}$ 跳变为高电平,$u_o$ 跳变为低电平。该低电平反馈到 $G_1$ 的输入端,使 $u_{o1}$ 仍维持在高电平。电路处于 $u_{o1}$ 为高电平、$u_o$ 为低电平的暂稳状态。

(3) 自动翻转回稳态:在暂稳态期间,经电容 $C$、电阻 $R$ 到地形成充电回路,电容 $C$ 开始充电,随着充电过程的进行,$u_{12}$ 逐渐下降。当接近门电路的阈值电压 $U_{TH}$ 时(设此时触发脉冲已消失),出现下述正反馈过程:

$$u_{I2} \downarrow \rightarrow u_o \uparrow \rightarrow u_{o1} \downarrow$$

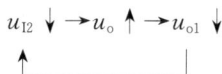

此正反馈的结果,使电路自动返回到 $u_{o1}$ 为低电平、$u_o$ 为高电平,电路回到稳定状态。

（4）恢复过程:暂稳态结束后,$u_{o1}$ 回到低电平,电容 $C$ 开始放电,使电容两端的电压恢复到稳态值,为下一次触发做准备。

其工作波形如图 5.6 所示。图中 $t_W$ 为暂稳状态的维持时间,通过定量计算(在此略)可知其大小与 $R$、$C$ 的大小成正比。

需要说明的是,图 5.6 所示的工作波形是在假定输入触发信号的脉冲宽度小于 $t_W$ 的条件下得到的。如果这个条件不满足,则电路就无法正常工作。对于宽脉冲触发的输入信号,只要在其输入电路前增加一个简单的 RC 微分电路,来实现宽脉冲到窄脉冲的变换即可。

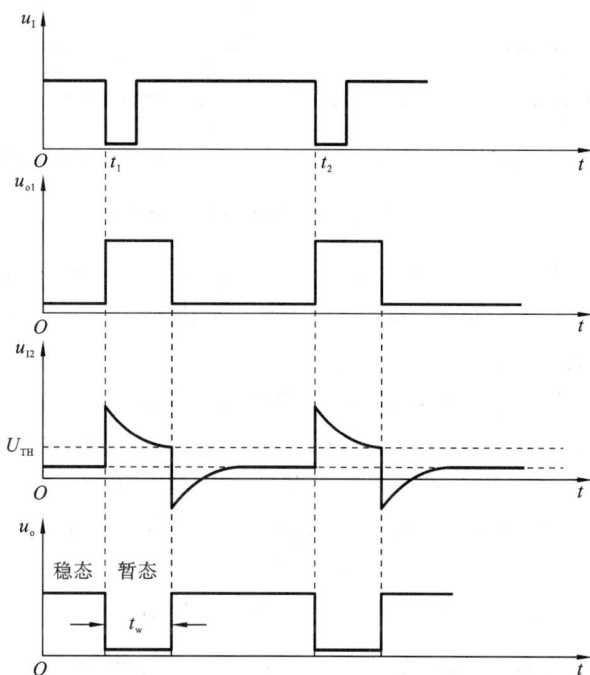

图 5.6 微分型单稳态触发器的工作波形

### 2. 集成单稳态触发器

集成单稳态触发器与由门电路和 RC 元件构成的单稳态触发器相比,具有明显的优点,主要包括脉冲展宽范围大、外接元器件少、温度特性好、功能全、抗干扰能力强、对电源电压的稳定性好等。

目前使用的集成单稳态触发器有不可重复触发和可重复触发之分,逻辑符号如图 5.7 所示。

不可重复触发的单稳态触发器一旦被触发进入暂稳态之后,即使再有触发脉冲作用,电路的工作过程也不受其影响,直到该暂稳态结束后,它才接收下一个触发而再次进入暂稳态。可重复触发单稳态触发器在暂稳态期间,如有触发脉冲作用,电路会被重新触发,使暂稳态继续延迟一个 $t_W$ 时间。两种单稳态触发器的工作波形如图 5.8 所示。

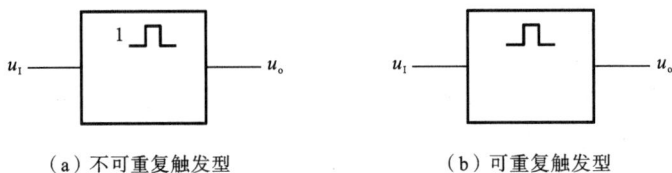

（a）不可重复触发型　　　　　　　（b）可重复触发型

**图 5.7　单稳态触发器的逻辑符号**

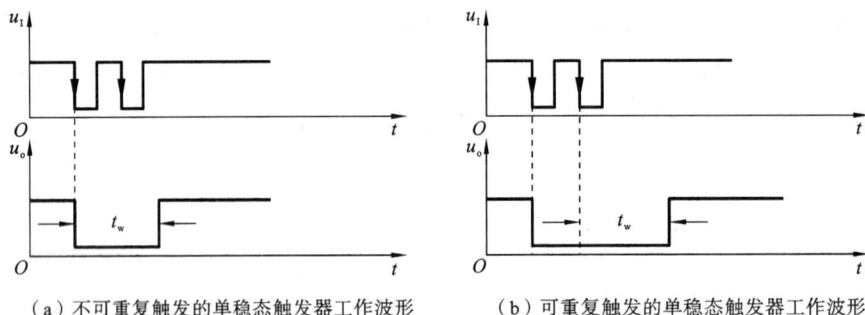

（a）不可重复触发的单稳态触发器工作波形　　　（b）可重复触发的单稳态触发器工作波形

**图 5.8　两种单稳态触发器的工作波形**

　　集成单稳态触发器中,74121、74LS121、74221、74LS221 等是不可重复触发的单稳态触发器。74122、74123、74LS123 等是可重复触发的单稳态触发器。下面以不可重复触发的单稳态触发器 74LS121 为例加以介绍。

　　74LS121 单稳态触发器的引脚图和逻辑符号如图 5.9(a)、(b)所示,外接电阻 $R_{ext}$ 的取值范围为 2~40 kΩ,外接电容 $C_{ext}$ 取值为 10 pF~1000 μF。$C_{ext}$ 接在 10、11 脚之间,$R_{ext}$ 接在 11 脚和电源 $U_{CC}$(14 脚)之间,此时 9 脚开路。当需要电阻较小时,可以直接使用阻值约为 2 kΩ 的内部电阻 $R_{int}$,此时将 $R_{int}$ 接 $U_{CC}$,即 9、14 脚相接。它的输出脉宽为

$$t_W = 0.7RC \tag{5.2}$$

　　式(5.2)中的 R 可以是 $R_{ext}$,也可以是芯片的内部电阻 $R_{int}$。

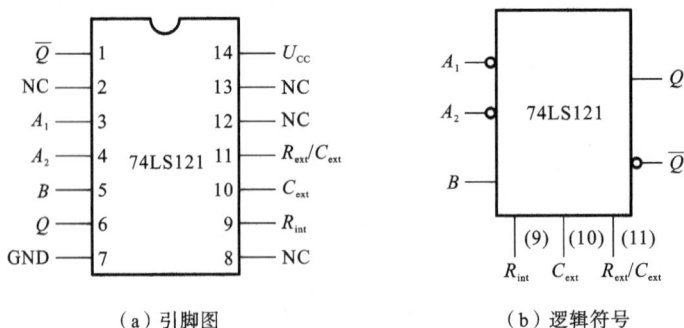

（a）引脚图　　　　　　　　　　（b）逻辑符号

**图 5.9　单稳态触发器 74LS121**

　　其功能表如表 5.1 所示。74LS121 的主要功能如下:

　　(1)电路在输入信号 $A_1$、$A_2$、B 的所有静态组合下均处于稳态($Q=0$,$Q=1$)。

　　(2)有两种边沿触发方式。输入 $A_1$ 或 $A_2$ 是下降沿触发,输入 B 是上升沿触发。从功能

表可知,当 $A_1$、$A_2$ 或 $B$ 中的任一端输入相应的触发脉冲,则在 $Q$ 端可以输出一个正向定时脉冲,$\overline{Q}$ 端输出一个负向脉冲。

表 5.1　74LS121 功能表

| $A_1$ | $A_2$ | $B$ | $Q$ | $\overline{Q}$ |
|---|---|---|---|---|
| 0 | × | 1 | 0 | 1 |
| × | 0 | 1 | 0 | 1 |
| × | × | 0 | 0 | 1 |
| 1 | 1 | × | 0 | 1 |
| 1 | ↓ | 1 | ⎍ | ⎏ |
| ↓ | 1 | 1 | ⎍ | ⎏ |
| ↓ | ↓ | 1 | ⎍ | ⎏ |
| 0 | × | ↑ | ⎍ | ⎏ |
| × | 0 | ↑ | ⎍ | ⎏ |

**3. 单稳态触发器的应用**

**1）脉冲整形**

脉冲信号在传输过程中,其边沿会变差或在波形上叠加了某些干扰。为了使这些脉冲信号变成符合要求的波形,可利用单稳态触发器进行整形。具体方法是将不规则的脉冲信号作为触发信号加到单稳态触发器的输入端,合理选择定时元件 $R$ 和 $C$ 的值,即可将不规则的脉冲信号整形为需要的矩形脉冲信号,如图 5.10 所示。

**2）定时控制**

由于单稳态触发器能根据需要产生一定宽度的矩形脉冲,因此可利用这一特性,去控制某一系统,使其在 $t_W$ 时间内动作(或不动作),从而起到定时控制的作用。如图 5.11 所示,在定时时间 $t_W$ 内,$D$ 端输出脉冲信号,而在其他时间,$D$ 端不输出脉冲信号。

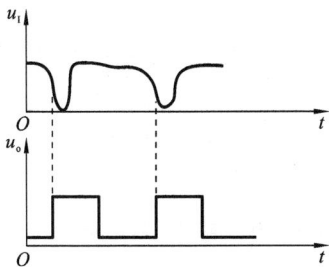

图 5.10　脉冲整形

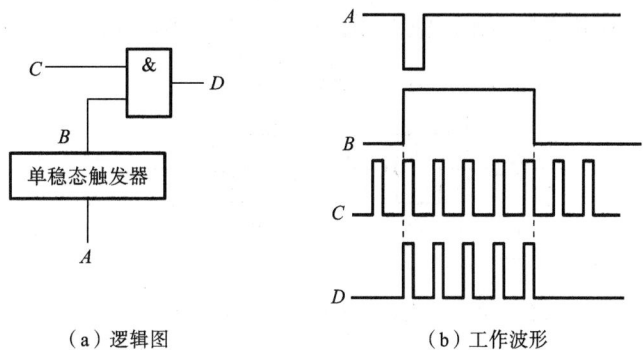

（a）逻辑图　　（b）工作波形

图 5.11　脉冲定时控制

3）脉冲延时

脉冲延时一般包括两种情况：一是边沿延时，如图 5.12(a)所示，输出脉冲信号的下降沿相对于输入脉冲信号的下降沿延时了 $t_\mathrm{W}$；二是脉冲信号整体延时一段时间，如图 5.12(b)所示。第一种情况利用一个单稳态触发器即可实现，第二种情况可采用两个单稳态触发器来实现。其中，第一个单稳态触发器采用上升沿触发，其输出脉冲宽度等于所要求的延时时间；第二个单稳态触发器采用下降沿触发，并使其输出脉冲宽度等于第一个单稳态触发器输入脉冲宽度即可。

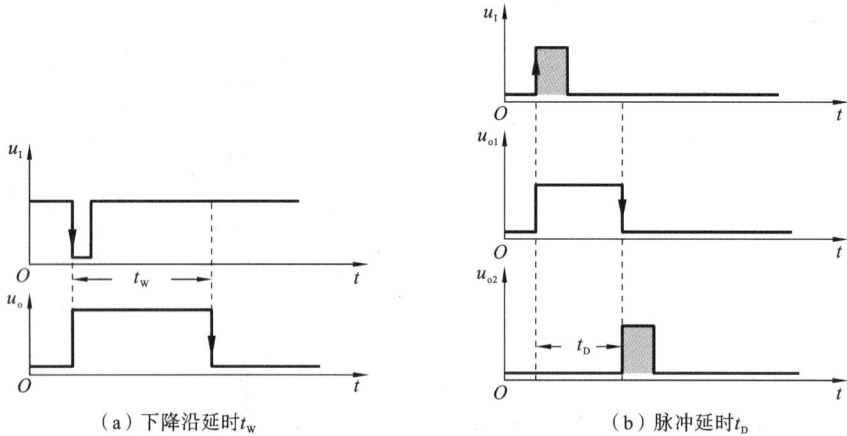

（a）下降沿延时 $t_\mathrm{W}$  （b）脉冲延时 $t_\mathrm{D}$

图 5.12　脉冲延时

### 5.1.4　施密特触发器

施密特触发器是另一种对已有波形进行变换整形，使其输出为矩形波的电路。它的输出有两个相对稳定的状态，可以把变化缓慢的输入波形变换成边沿陡峭的矩形波输出，常用于波形的变换、整形、幅度鉴别、构成多谐振荡器等。

**1. 由门电路构成的施密特触发器**

图 5.13 所示的是由门电路构成的施密特触发器，它是将两个非门串接起来，并通过分压电阻 $R_2$ 把输出端的电压反馈到输入端。当输入信号从 $u_\mathrm{o}$ 端输出时，由于它与输入信号同相，因此称其为同相输出施密特触发器；当输出信号从 $u_\mathrm{o}'$ 端输出时，由于它与输入信号反相，因此称其为反相输出施密特触发器。施密特触发器的逻辑符号如图 5.14(a)、(b)所示。

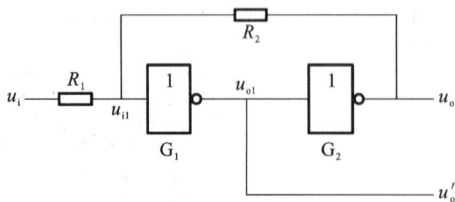

图 5.13　门电路构成的施密特触发器

（a）同相输出　（b）反相输出

图 5.14　施密特触发器的逻辑符号

图 5.13 中，设 $G_1$、$G_2$ 的阈值电压为 $U_\mathrm{TH} \approx \dfrac{1}{2}U_\mathrm{CC}$，$R_1 < R_2$，且输入信号 $u_\mathrm{i}$ 为三角波。$G_1$

门的输入电平 $u_{i1}$ 决定着电路的状态,根据叠加原理有:

$$u_{i1} = \frac{R_2}{R_1 + R_2} u_i + \frac{R_1}{R_1 + R_2} u_o \tag{5.3}$$

(1)当 $u_i = 0$ 时,$u_o' = U_{OH}$,$u_o = U_{OL} \approx 0$,电路处于第一个稳定状态,此时 $u_{i1} = 0$。

(2)当 $u_i$ 从 0 逐渐上升到 $G_1$ 的阈值电压 $U_{TH}$ 时,电路产生如下正反馈过程:

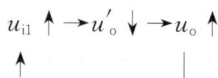

$$u_{i1} \uparrow \rightarrow u_o' \downarrow \rightarrow u_o \uparrow$$

正反馈的结果使输出 $u_o$ 的状态由低电平跳变为高电平,即 $u_o = U_{OH} \approx U_{CC}$。电路处于第二个稳定状态。

通常把 $u_i$ 在上升过程中,电路状态发生转换时所对应的输入电压称为正向阈值电压,又称为上限阈值电压,用 $U_{T+}$ 表示,由式(5.3)可得:

$$u_{i1} = \frac{R_2}{R_1 + R_2} u_i = U_{TH} \tag{5.4}$$

$$u_i = \frac{R_1 + R_2}{R_2} U_{TH} \tag{5.5}$$

$$U_{T+} = \left(1 + \frac{R_1}{R_2}\right) U_{TH} \tag{5.6}$$

(3)此后 $u_i$ 继续升高,电路状态保持不变,仍有 $u_o = U_{OH} \approx U_{CC}$,而且

$$u_{i1} = \frac{R_2}{R_1 + R_2} u_i + \frac{R_1}{R_1 + R_2} u_{CC} > U_{TH} \tag{5.7}$$

(4)当 $u_i$ 逐渐下降并达到阈值电压 $U_{TH}$ 时,电路将发生又一个正反馈过程:

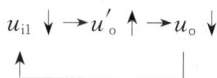

$$u_{i1} \downarrow \rightarrow u_o' \uparrow \rightarrow u_o \downarrow$$

正反馈的结果使电路的输出状态迅速由高电平跳变为低电平 $u_o = U_{OL} \approx 0$,电路返回到第一个稳定状态。

通常把 $u_i$ 在下降过程中,电路状态发生转换时所对应的输入电压称为负向阈值电压,又称为下限阈值电压,用 $U_{T-}$ 表示,此时有:

$$u_{i1} = U_{TH} = \frac{R_2}{R_1 + R_2} u_i + \frac{R_1}{R_1 + R_2} U_{CC} \tag{5.8}$$

$$u_i = \frac{R_1 + R_2}{R_2} U_{TH} - \frac{R_1}{R_2} U_{CC} \tag{5.9}$$

$$U_{T-} = \frac{R_1 + R_2}{R_2} U_{TH} - \frac{R_1}{R_2} U_{CC} = \left(1 - \frac{R_1}{R_2}\right) U_{TH} \tag{5.10}$$

此后 $u_i$ 继续下降,只要 $u_i < U_{TH}$,电路状态就保持不变,即 $u_o = U_{OL} \approx 0$。

图 5.15 所示的为施密特触发器的工作波形和电压传输特性。从图 5.15 可知,传输特性的最大特点是该电路有两个稳态:一个稳态输出高电平 $U_{OH}$;另一个稳态输出低电平 $U_{OL}$。但是这两个稳态要靠输入信号电平来维持。

施密特触发器的另一个特点是输入与输出信号的回差特性。当输入信号幅值增大或者减少时,电路状态的翻转对应不同的阈值电压 $U_{T+}$ 和 $U_{T-}$,而且 $U_{T+} > U_{T-}$,$U_{T+}$ 与 $U_{T-}$ 的差值

（a）工作波形

（b）同相特性　　　　　　　　（c）反相特性

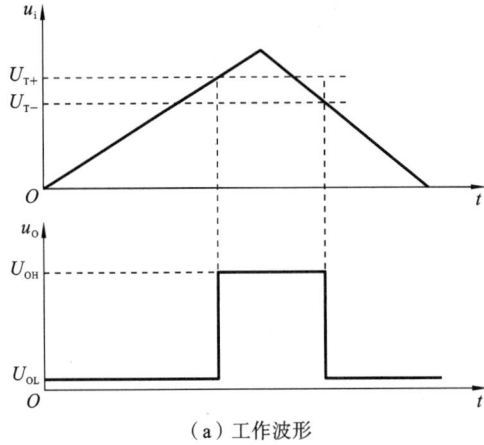

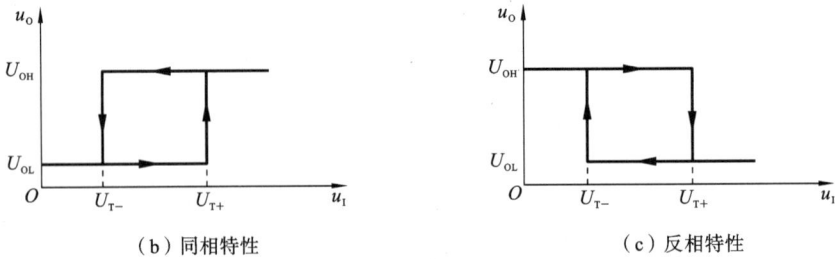

图 5.15　施密特触发器的工作波形及电压传输特性

称为回差电压。

　　由门电路构成的施密特触发器有阈值电压稳定性差、抗干扰能力弱等缺点，不能满足实际数字系统的需要。而集成施密特触发器以其性能一致性好、触发阈值电压稳定、可靠性高等优点，在实际中得到广泛的应用。TTL 集成施密特触发器有 74LS13、74LS14、74LS132 等。74LS13 为施密特触发的双四输入与非门，74LS14 为施密特触发的六反相器，74LS132 为施密特触发的四二输入与非门。CMOS 集成施密特触发器有 74C14、74HC14 等。

　　2. 施密特触发器的应用

　　1）波形变换

利用施密特触发器触发输入反相器可以把正弦波、三角波等变化缓慢的波形变换成矩形波，如图 5.16 所示。

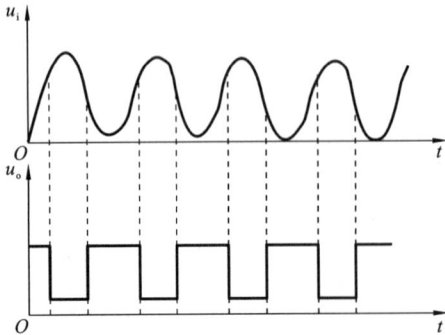

图 5.16　波形变换

　　2）脉冲整形

有些信号在传输过程中或放大时往往会发生畸变，通过施密特触发器电路，可对这些信号进行整形。作为整形电路时，如果要求输出与输入相同，则可在上述施密特触发器触发输入端反相器之后再接一个反相器。整形波形如图 5.17 所示。

　　3）幅度鉴别

施密特触发器的翻转取决于输入信号是否大于 $U_{T+}$ 和是否小于 $U_{T-}$。利用这一特点可将它作为幅度鉴别电路。例如,一串幅度不等的脉冲信号输入施密特触发器,则只有那些幅度大于 $U_{T+}$ 的信号才会在输出形成一个脉冲;而幅度小于 $U_{T+}$ 的输入信号则被消去,如图 5.18 所示。

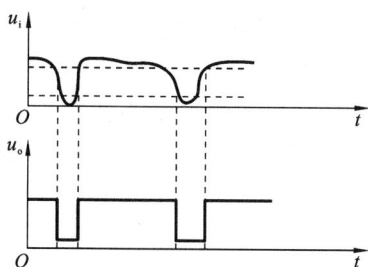

图 5.17 脉冲整形

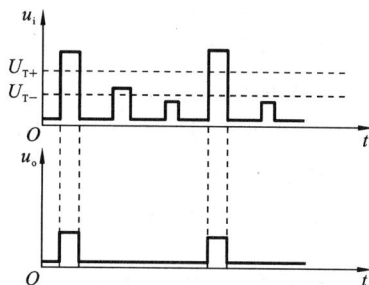

图 5.18 脉冲幅度鉴别

### 4) 构成多谐振荡器

利用施密特触发器可构成多谐振荡器,电路及工作波形如图 5.19 所示。该电路非常简单,仅由两个施密特触发器、一个电阻和一个电容组成。

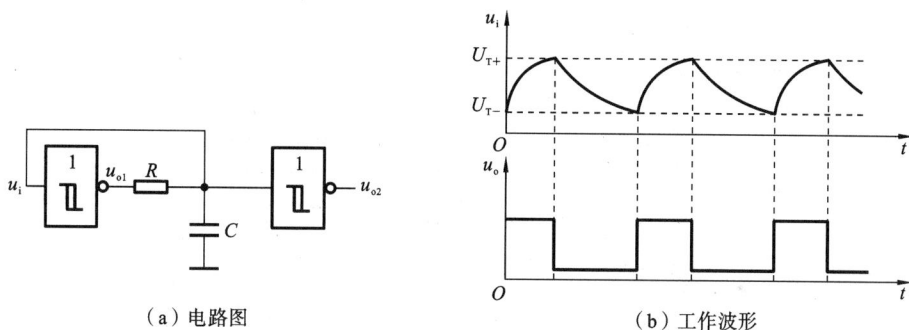

(a) 电路图

(b) 工作波形

图 5.19 施密特触发器构成的多谐振荡器

该电路的工作原理是:接通电源瞬间,电容 $C$ 上的电压为 0,因此输出 $u_{o1}$ 为高电平。此时 $u_{o1}$ 通过电阻 $R$ 对电容 $C$ 充电,电压 $u_I$ 逐渐升高。当 $u_I$ 达到 $U_{T+}$ 时,施密特触发器翻转,输出 $u_{o1}$ 为低电平。此后电容 $C$ 又通过 $R$ 放电,$u_I$ 随之下降。当 $u_I$ 降到 $U_{T-}$ 时,触发器又发生翻转。如此周而复始地形成振荡。

# 任务 5.2 555 定时器

### 【任务要求】

555 定时器是一种多用途集成电路,其结构简单、成本低廉,只要在其外部接少量阻容元件就可以构成施密特触发器、单稳态触发器和多谐振荡器等。本任务要求掌握 555 定时器的电路结构、逻辑功能和使用方法。

### 【任务目标】

➢ 熟悉并掌握 555 定时器的内部结构及工作原理。

> 理解 555 定时器组成施密特触发器的工作原理。
> 理解 555 定时器组成单稳态触发器的工作原理。
> 理解 555 定时器组成多谐振荡器的工作原理。

集成时基电路又称为 555 定时器或 555 电路,是一种将模拟功能器件和数字逻辑功能器件巧妙结合在一起的中规模集成电路。电路功能灵活,适用范围广泛。使用时,只需外接少量元件,就可以方便地构成脉冲产生和整形电路。因此,555 定时器在工业控制、定时、仿声、电子乐器及防盗报警等方面应用十分广泛。常用的 555 定时器有 TTL 和 CMOS 两类,它们的引脚编号和功能都是一致的。

### 5.2.1  电路组成及工作原理

**1. 电路内部结构**

555 定时器的电路结构如图 5.20 所示,该集成电路由以下几个部分组成。

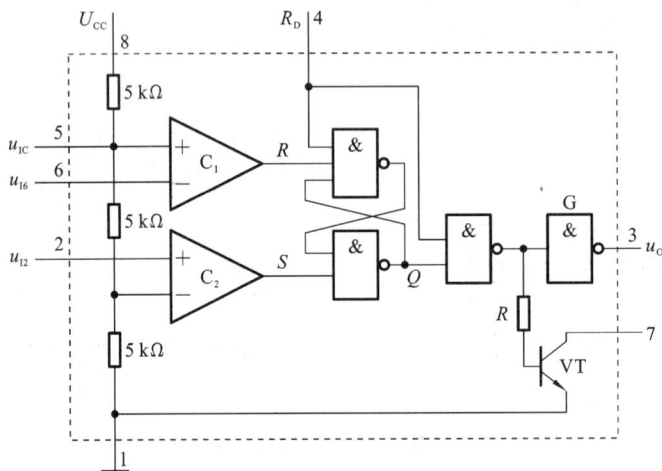

图 5.20  555 定时器电路结构图

1) 基本 RS 触发器

由两个与非门组成(具体功能见项目 3 中的 3.1.1),$R_D$ 是专门设置的可从外部进行置 0 的复位端,当 $R_D=0$ 时,使 $Q=0$,$\overline{Q}=1$。

2) 比较器

$C_1$ 和 $C_2$ 是两个电压比较器。比较器有两个输入端,即同相输入端"+"和反相输入端"−",如果 $U_+$ 和 $U_-$ 表示相应输入上所加的电压,那么当 $U_+>U_-$ 时,其输出为高电平 $U_{OH}$;反之,当 $U_+<U_-$ 时,其输出为低电平 $U_{OL}$。比较器 $C_1$ 的输出为基本 RS 触发器内部置 0 的复位端 $R$,而比较器 $C_2$ 的输出为基本 RS 触发器内部置 1 端 $S$。

3) 电阻分压器

将 3 个阻值均为 5 kΩ 的电阻串联起来可构成分压器(555 也因此得名),为比较器 $C_1$ 和 $C_2$ 提供参考电压。比较器 $C_1$ 的参考电压为 $\frac{2}{3}V_{CC}$(同相端),比较器 $C_2$ 的参考电压为 $\frac{1}{3}V_{CC}$(反相端)。

4）晶体管开关和输出缓冲器

晶体管 VT 可构成开关，其状态受 $\overline{Q}$ 端控制，当 $\overline{Q}=0$ 时 VT 管截止，当 $\overline{Q}=1$ 时 VT 导通。输出缓冲器就是接在输出端的反相器 G，其作用是提高定时器的带负载能力和隔离负载对定时器的影响。

2. 电路工作原理

555 定时器的功能主要取决于比较器，比较器的输出控制着 RS 触发器和三极管 VT 的状态。$R_D$ 为复位端。当 $R_D=0$ 时，输出 $u_O=0$，VT 管饱和导通。此时其他输入端的状态对电路无影响。当正常工作时，应将 $R_D$ 接高电平。

5 脚为控制电压输入端。当 5 脚悬空时，比较器 $C_1$、$C_2$ 的基准电压分别是 $\frac{2}{3}V_{CC}$ 和 $\frac{1}{3}V_{CC}$。这时，为了滤除高频干扰，提高比较器参考电压的稳定性，通常将 5 脚通过 $0.01\ \mu F$ 电容接地。如果 5 脚外接固定电压 $u_{IC}$，则比较器 $C_1$、$C_2$ 的基准电压为 $u_{IC}$ 和 $\frac{1}{2}u_{IC}$。

由图 5.20 可知，若 5 脚悬空，则工作原理如下：

（1）当 $u_{I6}<\frac{2}{3}V_{CC}$，$u_{I2}<\frac{1}{3}V_{CC}$ 时，比较器 $C_1$、$C_2$ 分别输出高电平和低电平，即 $R=1$，$S=0$，使基本 RS 触发器置 1，放电三极管 VT 截止，输出 $u_o=1$。

（2）当 $u_{I6}<\frac{2}{3}V_{CC}$，$u_{I2}>\frac{1}{3}V_{CC}$ 时，比较器 $C_1$、$C_2$ 的输出均为高电平，即 $R=1$，$S=1$。RS 触发器维持原状态，使输出 $u_o$ 保持不变。

（3）当 $u_{I6}>\frac{2}{3}V_{CC}$，$u_{I2}>\frac{1}{3}V_{CC}$ 时，比较器 $C_1$ 输出低电平，比较器 $C_2$ 输出高电平，即 $R=0$，$S=1$，基本 RS 触发器置 0，放电三极管 VT 导通，输出 $u_o=0$。

（4）当 $u_{I6}>\frac{2}{3}V_{CC}$，$u_{I2}<\frac{1}{3}V_{CC}$ 时，比较器 $C_1$、$C_2$ 均输出低电平，即 $R=0$，$S=0$。这种情况对于基本 RS 触发器属于禁止输入状态。

综合上述分析，可得 555 定时器功能表，如表 5.2 所示。

表 5.2　555 电路的逻辑功能表

| $R_D$ | $u_{I6}$ | $u_{I2}$ | $u_o$ | VT 状态 |
|---|---|---|---|---|
| 0 | × | × | 0 | 导通 |
| 1 | $<\frac{2}{3}V_{CC}$ | $<\frac{1}{3}V_{CC}$ | 1 | 截止 |
| 1 | $>\frac{2}{3}V_{CC}$ | $>\frac{1}{3}V_{CC}$ | 0 | 导通 |
| 1 | $<\frac{2}{3}V_{CC}$ | $>\frac{1}{3}V_{CC}$ | 不变 | 不变 |

## 5.2.2　555 定时器构成施密特触发器

将 555 定时器的 $u_{I6}$ 和 $u_{I2}$ 输入端连在一起作为信号的输入端，即可组成施密特触发器，如

图 5.21 所示。

假设输入信号是一个三角波,由 555 定时器的功能表 5.2 可知,当输入 $u_I$ 从 0 逐渐增大时,若 $u_I < \frac{1}{3}V_{CC}$,则 555 定时器输出高电平;若 $u_I$ 增加到 $u_I > \frac{2}{3}V_{CC}$ 时,则 555 定时器输出低电平。

当 $u_I$ 从 $u_I > \frac{2}{3}V_{CC}$ 逐渐下降到 $\frac{1}{3}V_{CC} < u_I < \frac{2}{3}V_{CC}$ 时,555 定时器输出仍保持低电平不变;若继续减小到 $u_I < \frac{1}{3}V_{CC}$ 时,555 定时器输出又变为高电平。如此连续变化,则在输出端可得到一个矩形波,其工作波形如图 5.22 所示。

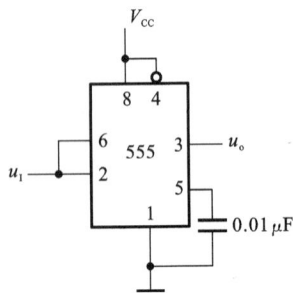

**图 5.21**　555 定时器构成施密特触发器

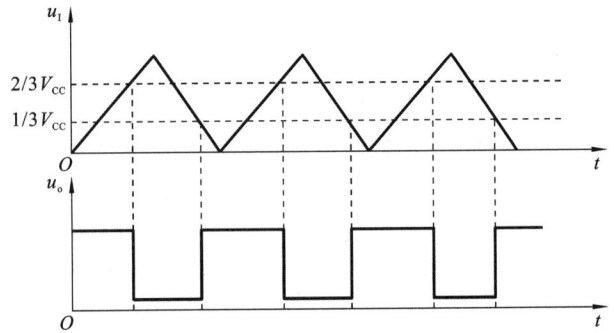

**图 5.22**　图 5.21 电路的工作波形

从工作波形上可以看出,上限阈值电压 $U_{T+} = \frac{2}{3}V_{CC}$,下限阈值电压 $U_{T-} = \frac{1}{3}V_{CC}$,回差电压为 $\frac{1}{3}V_{CC}$。

如果在 5 脚加控制电压,则可改变回差电压的值。回差电压越大,电路的抗干扰能力越强。

### 5.2.3　555 定时器构成单稳态触发器

图 5.23 所示的是由 555 定时器及外接元件 $R$、$C$ 构成的单稳态触发器。根据 555 定时器的功能表 5.2,可分析其工作原理。

(1) 稳定状态 0。接通电源瞬间,电路有一个稳定的过程。即电源通过电阻 $R$ 向电容 $C$ 充电,使 $u_C$(即 $u_{I6}$)上升。当 $u_C$ 上升到 $\frac{2}{3}V_{CC}$ 且 2 脚为高电平 $\left(u_{I2} > \frac{1}{3}V_{CC}\right)$ 时,其输出为低电平 0。此时,放电三极管 VT 导通,电容 $C$ 又通过三极管 VT 迅速放电,使 $u_C$ 急剧下降,直到 $u_C$ 为 0,输出保持低电平 0。如果没有外加触发脉冲到来,则该输出状态一直保持不变。

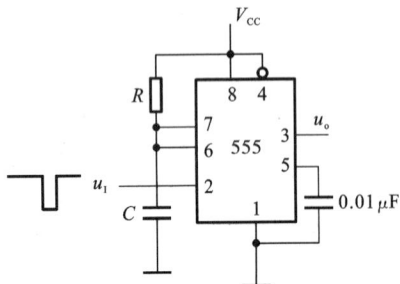

**图 5.23**　555 定时器构成单稳态触发器

(2) 暂稳状态 1。当外加负触发脉冲 $\left(u_{I2} < \frac{1}{3}V_{CC}\right)$ 作用时,触发器发生翻转,使输出 $u_o$ 为

1，电路进入暂稳态。这时，三极管 VT 截止，电源可通过 $R$ 给 $C$ 充电，$u_c$ 逐渐上升。当负触发脉冲撤销 $\left(u_{12}>\dfrac{1}{3}V_{cc}\right)$ 后，输出状态保持暂稳态 1 不变。当电容 $C$ 继续充电到大于 $\dfrac{2}{3}V_{cc}$ 时，电路又发生翻转，输出 $u_o$ 回到 0，VT 导通，电容 $C$ 放电，电路自动恢复至稳态。可见，暂稳态时间由 $R$、$C$ 参数决定。若忽略 VT 的饱和压降，则电容 $C$ 上电压从 0 上升到 $\dfrac{2}{3}V_{cc}$ 的时间，就是暂稳态的持续时间。通过计算可得输出脉冲的宽度为

$$t_w = RC\ln3 \approx 1.1RC \tag{5.11}$$

通常 $R$ 取值在几百欧姆到几兆欧姆，电容取值在几百皮法到几百微法。因此，电路产生的脉冲宽度可从几微秒到数分钟，精度可达 0.1%。这种单稳态触发器的工作波形如图 5.24 所示。

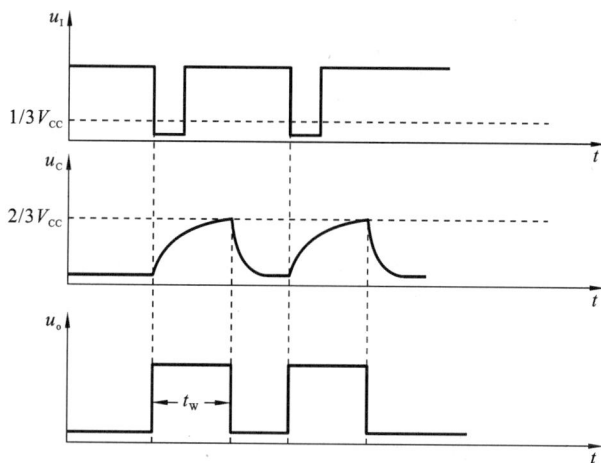

图 5.24  图 5.23 电路的工作波形

通过上述分析可以看出，它要求触发脉冲的宽度小于 $t_w$，并且其周期大于 $t_w$。如果触发脉冲的宽度大于 $t_w$，可通过 RC 微分电路变窄后再输入到 555 定时器的 2 脚上。

### 5.2.4  555 定时器构成多谐振荡器

555 定时器构成的多谐振荡器如图 5.25 所示。根据 555 定时器的功能表 5.2，可分析其工作原理。

当接通电源后，电容 $C$ 上的初始电压为 0 V，使电路输出为 1，放电管 VT 截止，电源通过 $R_1$、$R_2$ 向 $C$ 充电。当 $u_c$ 上升到 $\dfrac{1}{3}V_{cc}$ 时，电路状态保持不变，当 $u_c$ 继续充电到 $\dfrac{2}{3}V_{cc}$ 时，使电路发生翻转，输出变为 0。这时 VT 导通，电容 $C$ 通过 $R_2$、VT 到地放电，$u_c$ 开始下降。当降到 $\dfrac{1}{3}V_{cc}$ 时，输出又翻回到 1 状态，放电管 VT 截止，电容 $C$ 又开始充电。如此周而复始，就可在 3 脚输出连续的矩形波信号，工作波形如图 5.26 所示。

由图 5.26 可见，$u_c$ 将在 $\dfrac{1}{3}V_{cc}$ 与 $\dfrac{2}{3}V_{cc}$ 之间变化，因而可求得电容 $C$ 上的充电时间 $T_1$ 和

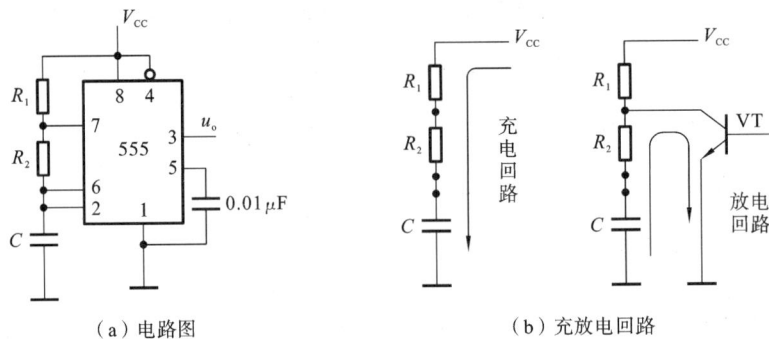

（a）电路图　　　　　　　　（b）充放电回路

图 5.25　555 定时器构成多谐振荡器

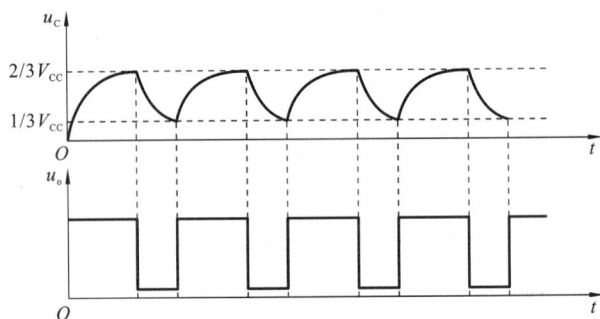

图 5.26　图 5.25 电路的工作波形

放电时间 $T_2$：

$$T_1 = (R_1 + R_2)C\ln2 \approx 0.7(R_1 + R_2)C \tag{5.12}$$

$$T_2 = R_2C\ln2 \approx 0.7R_2C \tag{5.13}$$

所以输出波形的周期为

$$T = T_1 + T_2 = (R_1 + 2R_2)C\ln2 \approx 0.7(R_1 + 2R_2)C \tag{5.14}$$

振荡频率为

$$f = \frac{1}{T} \approx \frac{1.44}{(R_1 + 2R_2)C} \tag{5.15}$$

输出波形的占空比为

$$q = \frac{T_1}{T} \approx \frac{R_1 + R_2}{R_1 + 2R_2} > 50\% \tag{5.16}$$

# 任务 5.3　防盗报警器的设计与调试

## 【任务要求】

用 555 定时器和相关元器件，在理解防盗报警电路工作原理的基础上设计并调试该电路。

## 【任务目标】

➢ 进一步理解 555 定时器构成的单稳态触发器电路、多谐振荡器电路的工作原理。

➢ 理解防盗报警电路主要参数的调整方法和原理。

➢ 掌握防盗报警电路的调试及故障分析方法。

### 5.3.1 电路功能介绍

1. 555 定时器引脚图

555 定时器引脚图和实物图如图 5.27 所示。

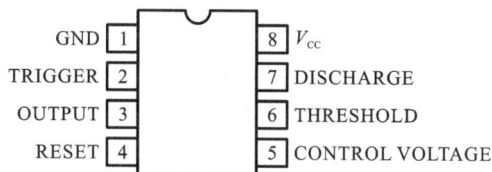

（a）NE555P引脚图 （b）NE555P实物图

**图 5.27 NE555P 引脚图和实物图**

引脚功能如下。

1 脚:外接电源负端 $V_{SS}$ 或接地,一般情况下接地。

8 脚:外接电源 $V_{CC}$,双极型时基电路 $V_{CC}$ 的取值范围为 4.5～16 V,CMOS 型时基电路 $V_{CC}$ 的取值范围为 3～18 V,一般用 5 V。

3 脚:输出端 $V_o$。

2 脚:低触发端 $T_L$。

6 脚:高触发端 $T_H$。

4 脚:直接清零端。当该端接低电平时,时基电路不工作,此时不论 $T_H$ 处于何电平,时基电路输出为“0”,该端不用时应接高电平。

5 脚: $V_C$ 为控制电压端。若该端外接电压,则可改变内部两个比较器的基准电压,当该端不用时,应将该端串入一只 0.01 $\mu F$ 电容接地,以防引入干扰。

7 脚:放电端。该端与放电管集电极相连,用作定时器时对外接电容放电。

2. 电路连接

图 5.28 为触摸式防盗报警电路的原理图,它由两片 555 电路组成。图中,$A_1$ 构成单稳态触发器电路,$A_2$ 构成多谐振荡器电路。当盗贼触摸到触片 M 时,$A_1$ 的第 3 脚输出高电平,使得 $A_2$ 振荡,驱动扬声器发出报警声,过一段时间后 $A_1$ 的输出自动回到低电平,$A_2$ 停止振荡,报警声消失。

### 5.3.2 调试与检修

电路连接检查无误后,接入 6 V 电源,用手触摸触片,扬声器会发出声响且约 1 min 后自动停止,则说明电路功能正常。

用不同阻值的电阻器更换电路中的 $R_1$(或用不同容量的电容器更换电路中的 $C_1$),比较

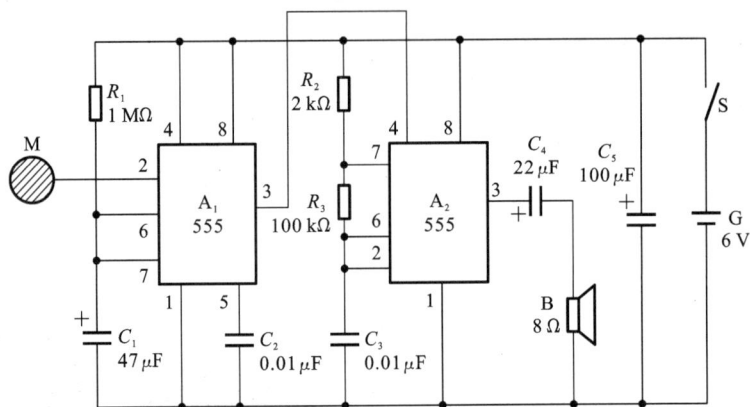

图 5.28  触摸式防盗报警电路的原理图

扬声器所发出声响的时间长短变化情况。

用不同阻值的电阻器更换电路中的 $R_2$、$R_3$(或用不同容量的电容器更换电路中的 $C_3$),比较扬声器所发出声响的声调变化情况。

自行设计表格,将以上结果记录在表格中。

若电路功能不正常,则按照以下步骤进行检修:

(1) 重新检查电路连接是否正确。由输入到输出逐级检查,必要时可以与同学互换检查,有助于发现问题。

(2) 通电后用万用表 10 V 直流电压挡接在 $A_1$ 的第 3 脚和地之间,在没有用手触摸触片之前,万用表指示应该接近 0 V;用手触摸触片后,万用表指示应接近电源电压 6 V,且 1 min 左右自动降低到 0 刻度附近。若此处不正常,则应检查 $A_1$ 周围元器件的连接,或 $A_1$ 已损坏,更换后重试。

(3) 若 $A_1$ 输出正常,将 $A_2$ 的第 4 脚与 $A_1$ 的第 3 脚之间的连接断开,并将 $A_2$ 的第 4 脚直接连接到电源的正极,用示波器观察 $A_2$ 的第 3 脚的输出波形,在示波器上应能观测到频率为 700 Hz(周期为 1.4 ms)左右的矩形波。若无波形或波形参数误差较大,则应检查 $A_2$ 周围元器件的连接,或 $A_2$ 已损坏,更换后重试。

# 【思考与练习】

1. 多谐振荡器(    )(需要,不需要)外加触发脉冲的作用。

2. 单稳态触发器有(    )个稳定状态和(    )个暂稳态。

3. 单稳态触发器(    )(需要,不需要)外加触发脉冲的作用。

4. 74LS121 是(    )(可重复触发,不可重复触发)单稳态触发器,74LS123 是(    )(可重复触发,不可重复触发)单稳态触发器。

5. 利用施密特触发器可以把正弦波、三角波等波形变换成(    )波形。

6. 555 定时器的 4 脚为复位端,在正常工作时应接(    )(高,低)电平。

7. 555 定时器的 5 脚悬空时,电路内部比较器 $C_1$、$C_2$ 的基准电压分别是(    )和(    )。

8. 当 555 定时器的 3 脚输出高电平时,电路内部放电三极管 VT 处于(    )(导通,截止)状态。3 脚输出低电平时,三极管 VT 处于(　　)(导通,截止)状态。

9. TTL555 定时器的电源电压为(　　)。

10. 555 定时器构成单稳态触发器时,稳定状态为(　　)(1,0),暂稳状态为(　　)(1,0)。

11. 555 定时器可以配置成三种不同的应用电路,它们是(　　)。

12. 555 定时器构成单稳态触发器时,要求外加触发脉冲是负脉冲,该负脉冲的幅度应满足(　　)$\left(u_1>\frac{1}{3}V_{CC},u_1<\frac{1}{3}V_{CC}\right)$,且其宽度要满足(　　)条件。

13. 在图 5.23 所示的单稳态触发电路中,$R=10$ kΩ,$C=50$ μF,则其输出脉冲宽度为(　　)。

14. 555 定时器构成多谐振荡器时,电容电压 $u_C$ 将在(　　)和(　　)之间变化。

15. 在图 5.25 所示的电路中,充电时间常数为(　　),放电时间常数为(　　)。

16. 在图 5.25 所示的电路中,如果 $R_1=2.2$ kΩ,$R_2=4.7$ kΩ,电容 $C=0.022$ μF,则该电路的输出频率为(　　),占空比为(　　)。

17. 根据图 5.29 所示的输入信号,画出施密特触发器的输出波形。

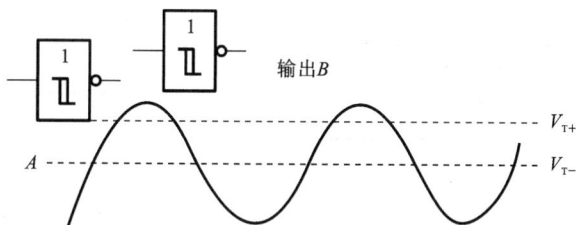

图 5.29　题 17 图

18. 使用 74LS121 集成电路设计不可重复触发单稳态触发器,要求在输入脉冲的上升沿进行触发,且输出脉冲宽度为 10 ms。

19. 用两个 555 定时器可以组成如图 5.30 所示的模拟声响电路。适当选择定时元件,当接通电源时,可使扬声器以 1 kHz 频率间歇鸣响。

(1) 说明两个 555 定时器分别构成什么电路。

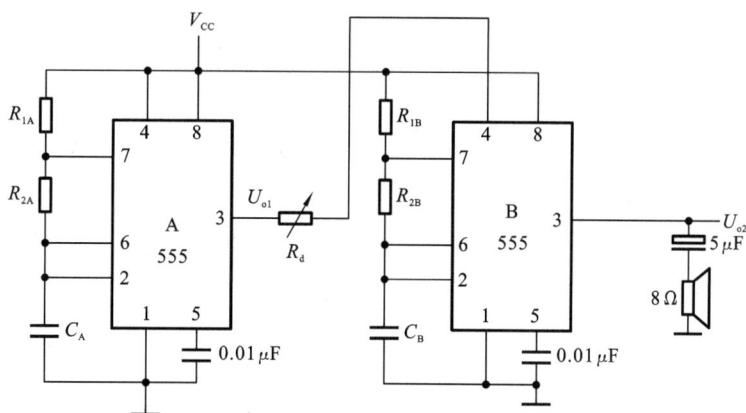

图 5.30　题 19 图

（2）改变电路中什么参数可改变扬声器间歇鸣响时间？

（3）改变电路中什么参数可改变扬声器鸣响的音调高低？

20. 用两级 555 定时器构成单稳态电路，实现图 5.31 所示输入电压 $u_1$ 和输出电压 $u_o$ 波形之间的关系，并确定定时电阻 $R$ 和定时电容 $C$ 的数值。

21. 图 5.32 所示的为一个防盗报警电路，$a$、$b$ 两端被一细铜丝接通，此铜丝置于小偷必经之处。当小偷闯入室内将铜丝碰断后，扬声器即发出报警声（扬声器电压为 1.2 V，通过电流为 40 mA）。

（1）试问 555 定时器接成何种电路？

（2）简要说明该报警电路的工作原理。

（3）如何改变报警声的音调？

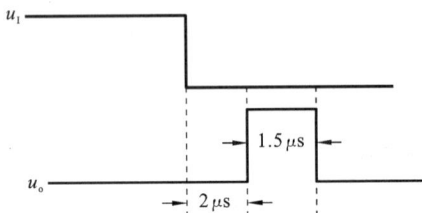

图 5.31  题 20 图

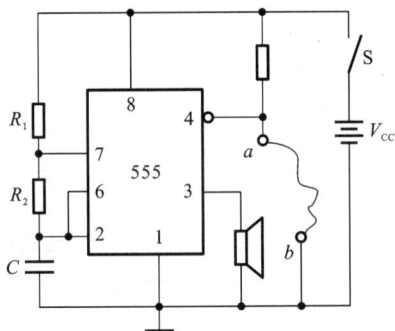

图 5.32  题 21 图

# 项目 6 数字电压表的设计与调试

**【知识目标】**

➤ 了解 D/A 转换和 A/D 转换器的基本知识。

➤ 掌握 D/A 转换器和 A/D 转换器的工作原理。

➤ 了解 D/A 转换器和 A/D 转换器的技术指标。

➤ 掌握集成 D/A 转换器和 A/D 转换器的应用。

**【能力目标】**

➤ 掌握数字集成电路资料查阅、识别、测试和选取的方法。

➤ 掌握集成 D/A 转换器和 A/D 转换器的应用。

➤ 掌握数字电压表的电路组成及工作原理。

➤ 能完成数字电压表的设计与调试。

**【项目介绍】**

A/D 及 D/A 转换是现代自动控制技术的重要组成部分,目前 A/D 及 D/A 转换技术越来越集成化,常以芯片或一个集成芯片的部分功能出现在电子市场中。掌握 A/D 及 D/A 转换的原理及常用芯片的应用是电类专业学生必须具备的技能。

数字电压表由模拟电路和数字电路两大部分组成,由于被测电压一般为模拟信号,需要经A/D 转换变成数字量,才能进行计数、译码和显示,所以 A/D 转化器是数字电压表的核心。本项目通过对数字电压表进行设计与调试,将 A/D 转换、D/A 转换原理、译码、显示等知识的应用有机地结合在一起,使同学们更好地学习相关知识和技能,提高职业素养。

# 任务 6.1 D/A 转换器

**【任务要求】**

数字量是用代码按数位组合起来表示的,对于有权码,每位代码都有一定的权。为了将数字量转换成模拟量,必须将每一位的代码按其权的大小转换成相应的模拟量,然后将这些模拟量相加,即可得到与数字量成正比的模拟量,从而实现 D/A 转换。本任务要求掌握 D/A 转换原理,了解 D/A 转换的主要技术指标。

**【任务目标】**

➤ 了解 D/A 转换器的电路结构框图。

➤ 理解倒 T 型电阻网络 D/A 转换器的工作原理。

➤ 了解 D/A 转换器的模拟输出与数字输入之间的关系。

➤ 了解 D/A 转换器的 3 个主要技术参数。

➤ 掌握集成 DAC0832 及其应用。

一般来说,工业现场中的物理量大都是连续变化的模拟信号,如温度、时间、角度、速度、流量、压力等。由于数字电子技术的迅速发展,尤其是计算机在自动控制、自动检测以及许多领域中的广泛应用,用数字电路处理模拟信号的情况非常普遍。这就需要将模拟量转换为数字量,这种转换称为模/数转换(analog/digital,A/D),实现模数转换的电路称为 A/D 转换器(analog/digital conversion,ADC);而将数字信号变换为模拟信号称为数/模转换(digital/analog,D/A),实现数模转换的电路称为 D/A 转换器(digital/analog conversion,DAC)。

### 6.1.1　D/A 转换器的基本原理

1. D/A 转换器的组成

D/A 转换器用于将数字信号转换成与该数字量成正比的模拟电压或模拟电流信号。图 6.1 为 D/A 转换器的原理框图,主要由数码寄存器、模拟电子开关、解码网络、求和电路及基准电压几部分组成。数字量以串行或并行方式输入并存储于数码寄存器中,寄存器输出的每位数码驱动对应的数位上的电子开关将在电阻解码网络中获得的相应数位权值送入求和电路。求和电路将各位权值相加便得到与数字量对应的模拟量。

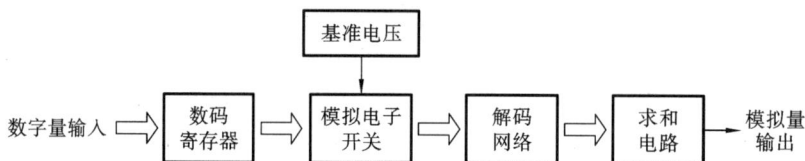

图 6.1　D/A 转换器的结构框图

2. D/A 转换器的转换特性

D/A 转换器的转换特性,是指其输出模拟量和输入数字量之间的转换关系。理想的 D/A 转换器的转换特性,应是输出模拟量与输入数字量成正比,即输出模拟量 $A=KD$($A$ 指模拟电压或模拟电流)。其中,$K$ 为电压或电流转换比例系数,$D$ 为输入二进制数所代表的十进制数。如果输入为 $n$ 位二进制数 $D=D_{n-1}D_{n-2}\cdots D_1D_0$,则输出模拟量 $A$ 为

$$A=K(D_{n-1}\cdot 2^{n-1}+D_{n-2}\cdot 2^{n-2}+\cdots+D_1\cdot 2^1+D_0\cdot 2^0) \tag{6.1}$$

### 6.1.2　常见的 D/A 转换器

1. 二进制权电阻网络 D/A 转换器

图 6.2 所示的为 4 位二进制权电阻网络 D/A 转换器电路,它由权电阻网络 $R$、$2R$、$4R$、$8R$,4 个模拟电子开关 $S_3$、$S_2$、$S_1$、$S_0$ 和求和放大器组成。$D_3$、$D_2$、$D_1$、$D_0$ 为二进制代码输入端,$V_{REF}$ 为基准电压。集成运放反相输入端为"虚地",每个开关可以切换到两个不同的位置,切换到哪个位置由相应位数字量控制。当数字量为"1"时,开关接集成运放反向输入端,有支路电流 $I_i$ 流向求和放大电路;当数字量为"0"时,开关接地,支路电流 $I_i$ 为零。

不论模拟开关接到运算放大器的反相输入端(虚地)还是接到地,也就是不论输入数字信

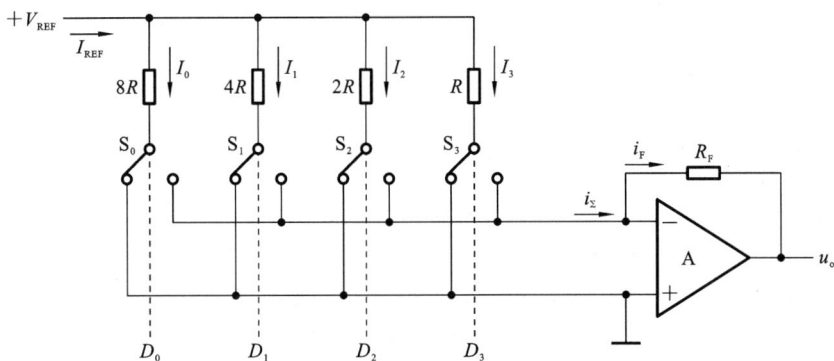

**图 6.2** 4 位二进制权电阻网络 D/A 转换器

号是 1 还是 0，各支路的电流是不变的。

$$I_0 = \frac{V_{REF}}{8R}, \quad I_1 = \frac{V_{REF}}{4R}, \quad I_2 = \frac{V_{REF}}{2R}, \quad I_3 = \frac{V_{REF}}{R} \tag{6.2}$$

$$i_\Sigma = I_0 D_0 + I_1 D_1 + I_2 D_2 + I_3 D_3 = \frac{V_{REF}}{8R} D_0 + \frac{V_{REF}}{4R} D_1 + \frac{V_{REF}}{2R} D_2 + \frac{V_{REF}}{R} D_3$$

$$= \frac{V_{REF}}{2^3 R}(2^3 D_3 + 2^2 D_2 + 2^1 D_1 + 2^0 D_0) \tag{6.3}$$

设 $R_F = R/2$，由式(6.3)可得：

$$u_o = -R_F i_F = -\frac{R}{2} \cdot i_\Sigma = -\frac{V_{REF}}{2^4}(2^3 \cdot D_3 + 2^2 \cdot D_2 + 2^1 \cdot D_1 + 2^0 \cdot D_0) \tag{6.4}$$

由式(6.4)可得输出的模拟电压正比于输入的二进制数，故实现了数字量与模拟量的转换。

对于 $n$ 位二进制权电阻网络 D/A 转换电路，则有

$$u_o = -\frac{V_{REF}}{2^n}(2^{n-1} \cdot D_{n-1} + 2^{n-2} \cdot D_{n-2} + \cdots + 2^1 \cdot D_1 + 2^0 \cdot D_0) \tag{6.5}$$

【例 6-1】 4 位二进制权电阻网络 DAC 如图 6.2 所示，设基准电压 $V_{REF} = -8$ V，$R_F = R/2$，试求：

(1) 输入二进制数 $D_3 D_2 D_1 D_0 = 0001$ 时的输出电压值；

(2) 输入二进制数 $D_3 D_2 D_1 D_0 = 1000$ 时的输出电压值；

(3) 输入二进制数 $D_3 D_2 D_1 D_0 = 1111$ 时的输出电压值。

**解** 根据 D/A 转换器的输出电压表达式(6.4)，可求出各输出电压值为

(1) $u_o = -\dfrac{V_{REF}}{2^4}(2^3 \cdot D_3 + 2^2 \cdot D_2 + 2^1 \cdot D_1 + 2^0 \cdot D_0)$

$\qquad = -\dfrac{-8\ V}{2^4}(2^3 \times 0 + 2^2 \times 0 + 2^1 \times 0 + 2^0 \times 1) = 0.5$ V

(2) $u_o = -\dfrac{V_{REF}}{2^4}(2^3 \cdot D_3 + 2^2 \cdot D_2 + 2^1 \cdot D_1 + 2^0 \cdot D_0)$

$\qquad = -\dfrac{-8\ V}{2^4}(2^3 \times 1 + 2^2 \times 0 + 2^1 \times 0 + 2^0 \times 0) = 4$ V

(3) $u_o = -\dfrac{V_{REF}}{2^4}(2^3 \cdot D_3 + 2^2 \cdot D_2 + 2^1 \cdot D_1 + 2^0 \cdot D_0)$

$$= -\frac{-8\ \text{V}}{2^4}(2^3 \times 1 + 2^2 \times 1 + 2^1 \times 1 + 2^0 \times 1) = 7.5\ \text{V}$$

结论：当输入的 $n$ 位数字量全为 0 时，输出的模拟电压 $u_o = 0$；当输入的 $n$ 位数字量全为 1 时，输出的模拟电压 $u_o = -\dfrac{2^n - 1}{2^n}V_{REF}$，所以 $u_o$ 的取值范围是 $0 \sim -\dfrac{2^n - 1}{2^n}V_{REF}$。

二进制权电阻网络 D/A 转换器的优点是电路简单、速度较快，但这种类型的 D/A 转换器有一个缺点，就是各个电阻的阻值相差较大，而且随着输入二进制代码位数的增多，电阻的差值也随之增加，难以保证对电阻精度的要求，这给电路的转换精度带来很大的影响，同时也不利于集成化。例如，一个 8 位转换器需要 8 个电阻，阻值范围从 $R$ 到 $128R$ 递增变化，而且要保证每个电阻都有很高的精度，以便精确地转换输入，这使得这种类型的 D/A 转换器难以大量生产。

## 2. 倒 T 型电阻网络 D/A 转换器

图 6.3 所示的为 $R\text{-}2R$ 倒 T 形电阻网络 D/A 转换器，主要由模拟电子开关 $S_3 \sim S_0$、$R\text{-}2R$ 倒 T 形电阻网络、基准电压 $V_{REF}$ 和求和运算放大器等部分组成。由图 6.3 可知，电阻网络中只有 $R$ 和 $2R$ 两种阻值的电阻，这就给集成电路的设计和制作带来了很大的方便。当数字量为"1"时，开关接集成运放反向输入端，有支路电流 $I_i$ 流向求和放大电路；当数字量为"0"时，开关接地，支路电流 $I_i$ 为零。

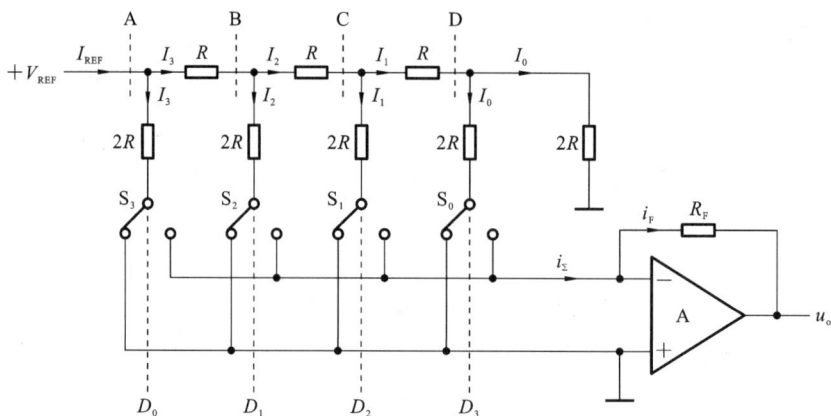

图 6.3  $R\text{-}2R$ 倒 T 形电阻网络 D/A 转换器

$R\text{-}2R$ 倒 T 形电阻网络的特点如下。

(1) 分别从虚线 A、B、C、D 处向右看的二端网络等效电阻都是 $R$。

(2) 不论模拟开关接到运算放大器的反相输入端（虚地）还是接到地，也就是不论输入数字信号是 1 还是 0，各支路的电流不变。

由图 6.3 可知，从参考电压端输入的电流为：$I_{REF} = \dfrac{V_{REF}}{R}$。

$$I_3 = \frac{1}{2}I_{REF} = \frac{V_{REF}}{2R}, \quad I_2 = \frac{1}{4}I_{REF} = \frac{V_{REF}}{4R}$$

$$I_1 = \frac{1}{8}I_{REF} = \frac{V_{REF}}{8R}, \quad I_0 = \frac{1}{16}I_{REF} = \frac{V_{REF}}{16R}$$

求和运算放大器的输出电压为

$$u_{\mathrm{o}}=-R_{\mathrm{F}}i_{\mathrm{F}}=-R_{\mathrm{F}}i=-\frac{V_{\mathrm{REF}}R_{\mathrm{F}}}{2^4R}(2^3\cdot D_3+2^2\cdot D_2+2^1\cdot D_1+2^0\cdot D_0) \quad (6.6)$$

当 $R_{\mathrm{F}}=R$ 时,有

$$u_{\mathrm{o}}=-\frac{V_{\mathrm{REF}}}{2^4}(2^3\cdot D_3+2^2\cdot D_2+2^1\cdot D_1+2^0\cdot D_0) \quad (6.7)$$

式(6.7)说明,输出的模拟电压正比于输入的二进制数,故实现了数字量与模拟量的转换。式(6.7)和式(6.4)具有相同的形式。

进一步推广,可得到 $n$ 位数字量的输出电压为

$$u_{\mathrm{o}}=-\frac{R_{\mathrm{F}}V_{\mathrm{REF}}}{2^nR}(2^{n-1}\cdot D_{n-1}+2^{n-2}\cdot D_{n-2}+\cdots+2^1\cdot D_1+2^0\cdot D_0) \quad (6.8)$$

【例 6-2】 4 位 $R$-$2R$ 倒 T 形电阻网络 DAC 如图 6.3 所示,设基准电压 $V_{\mathrm{REF}}=-12$ V,$R_{\mathrm{F}}=R$,试求其最大输出电压值。

**解** 将 $D_3D_2D_1D_0=1111$ 代入式(6.7)得:

$$v_{\mathrm{o}}=-\frac{V_{\mathrm{REF}}}{2^4}(2^3\cdot D_3+2^2\cdot D_2+2^1\cdot D_1+2^0\cdot D_0)$$
$$=-\frac{-12\ \mathrm{V}}{2^4}(2^3\times1+2^2\times1+2^1\times1+2^0\times1)$$
$$=11.25\ \mathrm{V}$$

故其最大输出电压值为 11.25 V。

### 6.1.3 D/A 转化器的主要技术参数

#### 1. 分辨率

分辨率表示 DAC 能输出最小电压的能力,用输入二进制数的有效位数表示。在分辨率为 $n$ 位的 D/A 转换器中,输出电压能区分 $2^n$ 个不同的输入二进制代码状态,能给出 $2^n$ 个不同等级的输出模拟电压。

分辨率也可以用 D/A 转换器的最小输出电压 $V_{\mathrm{LSB}}$(输入数字只有最低位为 1)与最大输出电压 $V_{\mathrm{FSR}}$(输入数字全为 1)的比值来表示,即

$$分辨率=\frac{V_{\mathrm{LSB}}}{V_{\mathrm{FSR}}}=\frac{1}{2^n-1}$$

位数 $n$ 越大,其输出模拟电压的取值个数越多($2^n$ 个)或取值间隔($2^n-1$ 个)越多,则D/A 转换器输出模拟电压的变化量越小,就越能反映出输出电压的细微变化。

#### 2. 转换精度

D/A 转换器的转换精度是指输出模拟电压的实际值与理想值之差,即最大静态转换误差,常用百分比表示。它是一个综合指标,包括零点误差、增益误差等,不仅与 DAC 的元器件参数、放大器的温漂有关,还与环境温度、分辨率等有关。所以除了正确选用 DAC 的分辨率,还要考虑选用低温漂高精度的运算放大器,才能保证 DAC 的转换精度。通常要求 D/A 转换器的误差小于 $V_{\mathrm{LSB}}/2$。

#### 3. 转换时间(输出建立时间)

转换时间(转换速度)是指从输入数字信号起,到输出电压或电流到达稳定值时所需要的

时间,称为转换时间(或输出建立时间),是反映 DAC 工作速度的重要指标。转换时间越短,
工作速度越快。

### 6.1.4 集成 D/A 转换器

市场上的单片集成 D/A 转换器有很多种,DAC0832 是采用 CMOS 工艺制成的单片电流
输出型 8 位数/模转换器。DAC0832 的逻辑符号和引脚图如图 6.4 所示。

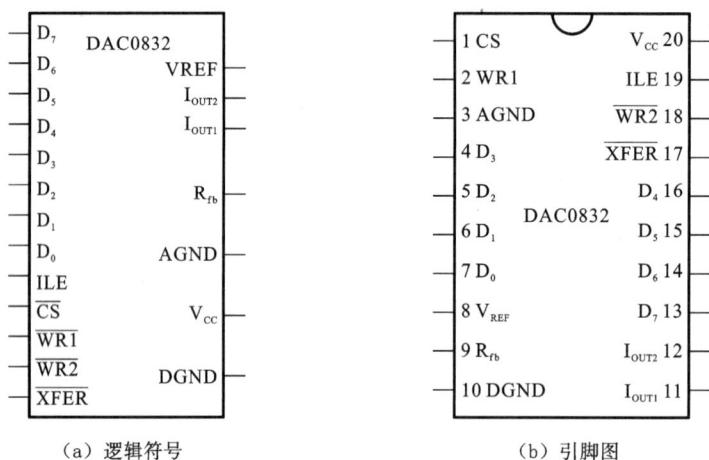

(a) 逻辑符号  (b) 引脚图

图 6.4 DAC0832 的逻辑符号和引脚图

DAC0832 输出的是电流,要转换为电压,还必须经过一个外接的运算放大器,芯片内部已
设置了一个反馈电阻 $R_{fb}$,只要将 9 脚接到运算放大器的输出端即可。若运算放大器增益不
够,可外加一个反馈电阻与 $R_{fb}$ 串联。图 6.5 所示的是其典型应用电路。需要转换的数字信号
通过 $D_0 \sim D_7$ 送入 DAC0832,经转换后的输出电流信号接入由运放所构成的电路,将电流变为

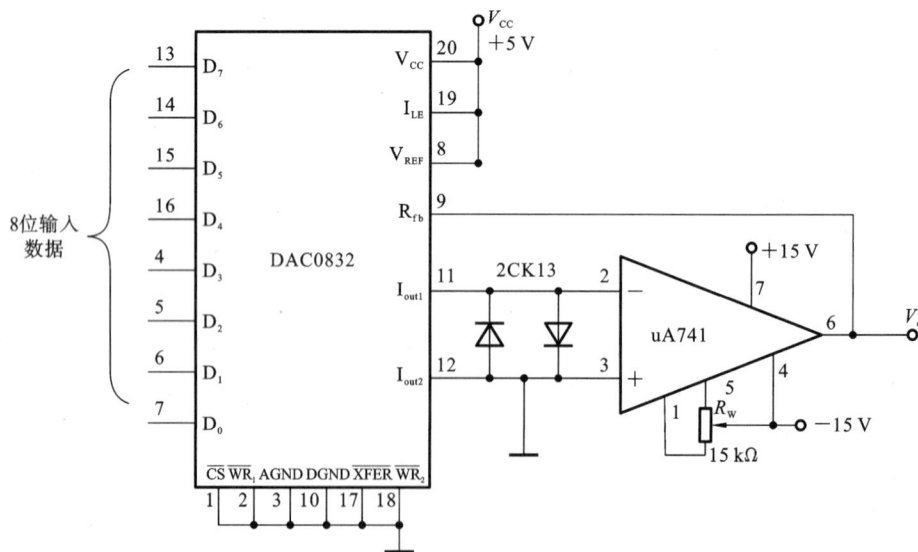

图 6.5 DAC0832 的典型应用电路

电压输出：

$$I_{\text{OUT1}} = \frac{V_{\text{REF}}}{R} \times \frac{D_{10}}{256} \tag{6.9}$$

$$I_{\text{OUT2}} = \frac{V_{\text{REF}}}{R} \times \frac{255 - D_{10}}{256} \tag{6.10}$$

$$V_{\text{O}} = -(I_{\text{OUT1}} \times R_{\text{fb}}) \tag{6.11}$$

式(6.9)~式(6.11)中 $R$ 为 $R\text{-}2R$ 电阻网络中的电阻。

# 任务 6.2  A/D 转换器

【任务要求】

A/D 转换器是连接模拟和数字世界的一个重要接口，将现实世界的模拟信号变换成数字位流以进行处理、传输及其他操作。本任务要求了解 A/D 转换器的种类及主要技术参数，掌握集成 A/D 转换器的应用。

【任务目标】

➢ 了解 A/D 转换器的种类。
➢ 了解 A/D 转换器的数字输出与模拟输入之间的关系。
➢ 了解 A/D 转换器的主要技术参数。
➢ 熟悉常见集成 A/D 转换器的功能及其应用。

## 6.2.1  A/D 转换的过程

为了将时间和幅值都连续变化的模拟信号转换成时间和幅值都离散变化的数字信号，A/D 转换一般要经过采样、保持、量化和编码四个步骤。前两个步骤在采样-保持电路中完成，后两个步骤在 A/D 转换器中完成。

1. 采样-保持

所谓采样，就是将一个时间上连续变化的模拟量转化为时间上离散变化的模拟量。模拟信号的采样过程如图 6.6 所示，其中 CP 为采样脉冲信号，$u_i$ 为输入模拟信号，$u_o$ 为采样后输出信号。采样过程的实质就是将连续变化的模拟信号变换成一串等距不等幅的脉冲。

采样电路实质上是一个受控开关。在采样脉冲 CP 有效期 $\tau$ 内，采样开关接通，使 $u_o = u_i$；在其他时间 $T_s - \tau$ 内，输出 $u_o = 0$。因此，每经过一个采样周期，在输出端便得到输入信号的一个采样值。为了保证采样后的输出信号 $u_o$ 能用来表示输入模拟信号 $u_i$（即信号不失真），其采样频率 $f_s$ 必须大于或等于输入模拟信号包含的最高频率 $f_{\max}$ 的 2 倍。

采样后的值必须保持不变，直到下一次采样，所以采样后应有保持电路。

采样和保持往往在同一电路中完成，这就是采样-保持电路，主要由采样开关、保持电容和缓冲放大器组成，如图 6.7 所示。

图 6.7 中，场效应管 VT 相当于采样开关。在取样脉冲 CP 带来的时间 $\tau$ 内，开关接通，输入模拟信号 $u_i$ 向电容器 $C$ 充电，当电容器 $C$ 的充电时间常数 $t_C \ll \tau$ 时，电容器 $C$ 上电压在时

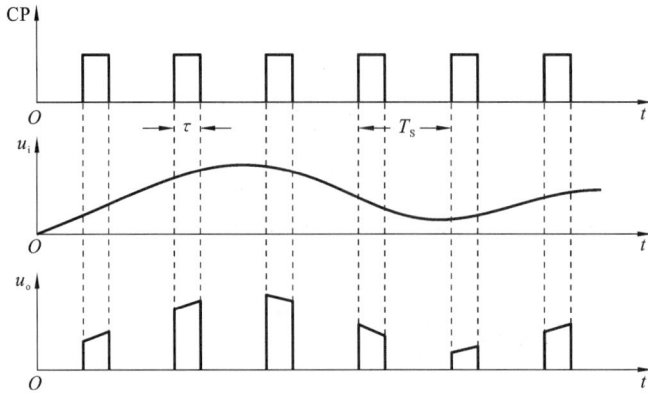

图 6.6  对输入模拟信号的采样过程

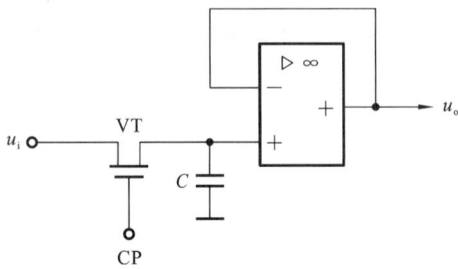

图 6.7  采样-保持电路

间 $\tau$ 内跟随 $u_i$ 变化。采样脉冲结束后,开关断开,因电容的漏电很小且运算放大器的输入阻抗又很高,所以电容 $C$ 上电压可保持到下一个采样脉冲到来为止。运算放大器构成跟随器,具有缓冲作用,以减少负载对保持电容器的影响。

**2. 量化-编码**

在保持期间,采样的模拟电压经过量化与编码电路后转换成一组 $n$ 位二进制数据。任何一个数字量的大小,可以用某个最小数量单位的整数倍来表示,因此,用数字量表示采样电压大小时,必须规定一个合适的最小数量单位,也称为量化单位或量化间隔,用 $\Delta$ 表示。量化单位一般是数字量最低位为 1 时所对应的模拟量。由于模拟电压是连续的,它就不一定能被 $\Delta$ 整除,因而量化过程不可避免地会引入误差,这种误差称为量化误差。

量化误差的大小与转换输出的二进制代码的位数及基准电压 $V_{REF}$ 的大小有关,还与量化电平的划分有关。例如,要求把 $0\sim1$ V 的模拟电压量化为 3 位二进制代码,可取基准电压 $V_{REF}=1$ V,然后将其平均分为 8 份,则量化单位 $\Delta=1/8$ V,并规定凡数值在 $0\sim1/8$ V 的输入模拟电压都用 $0\Delta$ 代替,输出的二进制数为 000(即编码);凡数值在 $1/8\sim2/8$ V 的输入模拟电压都用 $1\Delta$ 代替,输出的二进制数为 001;依次类推,具体情况如图 6.8(a)所示。可以看出,这种量化电平划分的最大量化误差可达 $\Delta=1/8$ V。

为了减小量化误差,通常采用图 6.8(b)所示的改进方法划分量化电平,这种划分量化电平的方法中,取量化电平为每一段中间的模拟电压值,小于 $\Delta/2$ 则归并在本段对应的二进制码上,大于 $\Delta/2$ 则归并到高一段对应的二进制码上。取量化电平 $\Delta=2/15$ V,并规定 $0\sim1/15$ V 时,认为输入的模拟电压为 $0\Delta=0$ V,对应输出数字量为 000;$1/15\sim3/15$ V 时,认为输入的模拟电压为 $1\Delta=2/15$ V,对应的数字量为 001,依次类推。如此每个输出的二进制数对应的模拟电压与其上下两个电平划分量之差的最大值为 $\Delta/2=1/15$ V。由于使最大量化误差减少了一半,因此实际采用的往往都是这种方法。

比较上述两种不同量化编码的情况可以看出,编码位数越多,量化误差越小,准确度越高。

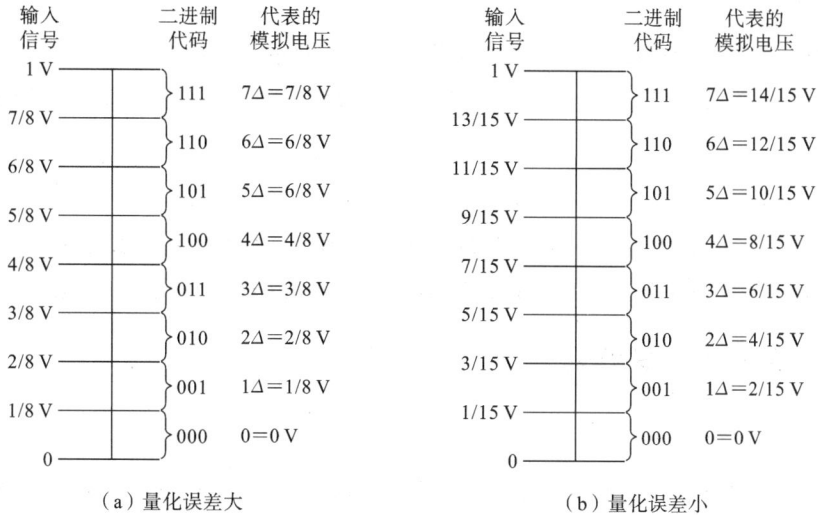

（a）量化误差大　　　　　　　　　　（b）量化误差小

**图 6.8　划分量化电平的两种方法**

## 6.2.2　A/D 转换器的类型

### 1. A/D 转换器的种类

A/D 转换器按照工作原理的不同可分为直接 A/D 转换器和间接 A/D 转换器。直接 A/D 转换器是将输入模拟电压直接转换成数字量,间接 A/D 转换器是先将输入模拟电压转换成中间量,如时间或频率,然后将这些中间量转换成数字量。常用的直接 A/D 转换器有并联比较型 A/D 转换器和逐次比较型 A/D 转换器。常用的间接 A/D 转换器有中间量为时间的双积分型 A/D 转换器、中间量为频率的电压-频率转换型 A/D 转换器。

### 2. 常用 A/D 转换器的工作特点

- 转换速度最高的是并联比较型 ADC;
- 转换速度最低的是双积分型 ADC;
- 转换精度最高的是双积分型 ADC;
- 转换精度最低的是并联比较型 ADC;
- 转换速度和转换精度均较高的是逐次比较型 ADC。

上述各种类型 A/D 转换器的工作原理在此不做详述,可参考有关资料。

## 6.2.3　主要技术参数

### 1. 分辨率

分辨率是指 A/D 转换器输出数字量的最低位变化一个数码随对应输入模拟量的变化范围。例如,输入模拟电压的变化范围为 $0 \sim 5$ V,输出 8 位二进制数可以分辨的最小输入模拟电压为 $5\text{ V} \times 2^{-8} = 20$ mV;而输出 12 位二进制数可以分辨的最小输入模拟电压为 $5\text{ V} \times 2^{-12} \approx 1.22$ mV。由此可见,位数越多,分辨最小模拟电压的值越小,分辨率就越高。

**2. 转换误差**

转换误差(也称相对精度)是指 A/D 转换器实际输出的数字量和理论输出的数字量之间的最大差值,通常用最低有效位(LSB)的倍数表示。例如,转换误差不大于 1/2LSB,就表示最大相对误差不超过 1/2LSB。

**3. 转换速度**

转换速度是指 A/D 转换器完成一次转换所需的时间,即从接到转换控制信号开始,到输出端得到稳定的数字输出信号所经过的这段时间。转换时间越小,转换速度越高。

### 6.2.4 集成 A/D 转换器

**1. 集成电路 ADC0809**

市面上出现的集成 A/D 转换器很多,下面介绍较常用的一种即 ADC0809。ADC0809 是采用 CMOS 工艺制成的单片 8 位 8 通道逐次比较型 A/D 转换器,器件的核心部分是 8 位 A/D转换器,它由比较器、逐次渐近寄存器、开关树、256R 网络及控制和定时等部分组成,其原理框图如图 6.9 所示。

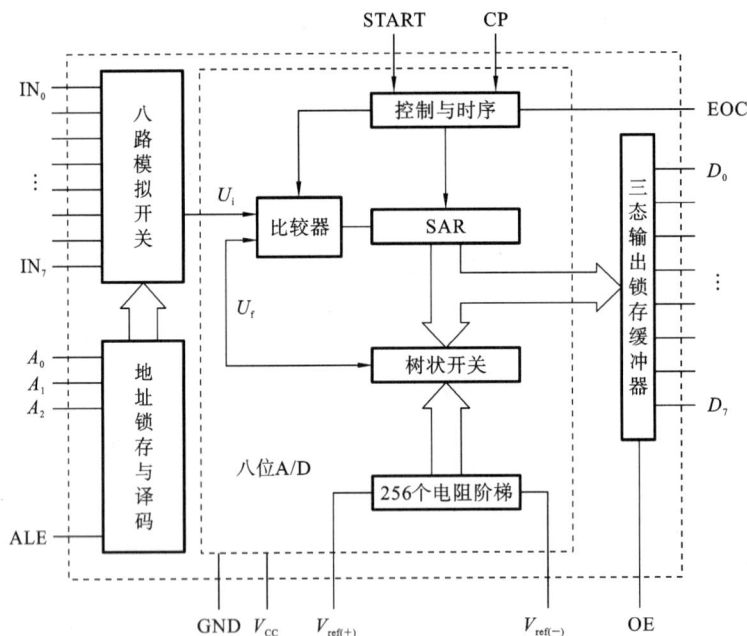

图 6.9 ADC0809 原理框图

**2. 引脚功能**

ADC0809 芯片引脚排列图如图 6.10 所示,引脚功能说明如下。

$IN_0 \sim IN_7$:8 路模拟信号输入端。

$A_2$、$A_1$、$A_0$:8 路模拟信号的地址码输入端。

ALE:地址锁存允许输入信号,在此脚施加正脉冲,上升沿有效,此时锁存地址码,从而选通相应的模拟信号通道,以便进行 A/D 转换。

START:启动信号输入端,应在此脚施加正脉冲,当上升沿到达时,内部逐次逼近寄存器复位,在下降沿到达后,开始 A/D 转换过程。

EOC:在 START 信号上升沿之后 1~8 个时钟周期内,EOC 信号变为低电平。当转换结束后,转换后数据可以读出时,EOC 变为高电平。

OE:输出允许信号,高电平有效。

CLK:时钟信号输入端,外接时钟频率一般为 640 kHz。

$V_{CC}$:+5 V 单电源供电。

$V_{REF(+)}$、$V_{REF(-)}$:基准电压的正端和负端。一般 $V_{REF(+)}$ 接+5 V,$V_{REF(-)}$ 接地。

$D_7 \sim D_0$:数字信号输出端。

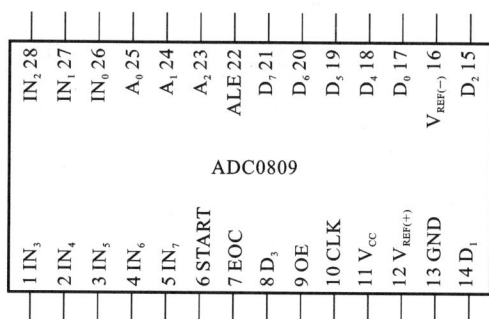

图 6.10　ADC0809 的芯片引脚排列图

### 3. 主要技术指标

分辨率:8 位。

转换时间:100 $\mu s$。

功耗:15 mW。

电源:5 V。

ADC0809 由 $A_2$、$A_1$、$A_0$ 三个地址输入端选通 8 路模拟输入通道的任意一路进行 A/D 转换,地址输入端与模拟输入通道的选通关系如表 6.1 所示。

表 6.1　地址输入与模拟输入通道的选通关系

| 选通模拟通道 | | $IN_0$ | $IN_1$ | $IN_2$ | $IN_3$ | $IN_4$ | $IN_5$ | $IN_6$ | $IN_7$ |
|---|---|---|---|---|---|---|---|---|---|
| 地址 | $A_2$ | 0 | 0 | 0 | 0 | 1 | 1 | 1 | 1 |
| | $A_1$ | 0 | 0 | 1 | 1 | 0 | 0 | 1 | 1 |
| | $A_0$ | 0 | 1 | 0 | 1 | 0 | 1 | 0 | 1 |

在 ADC0809 启动信号输入端 START 加启动脉冲(正脉冲)时,A/D 转换即开始。如将启动信号输入端 START 与转换结束端 EOC 直接相连,转换将连续进行。

图 6.11 所示的是 ADC0809 的一个典型应用电路。输入模拟信号 $u_i$ 经放大后送入

ADC0809 的输入端 $IN_0$,转换结果由 $D_0 \sim D_7$ 输出,CP 时钟脉冲由计数脉冲源提供,$A_2 \sim A_0$ 地址端为 000。接通电源后,在启动端 START 加一正单次脉冲,即开始 A/D 转换。

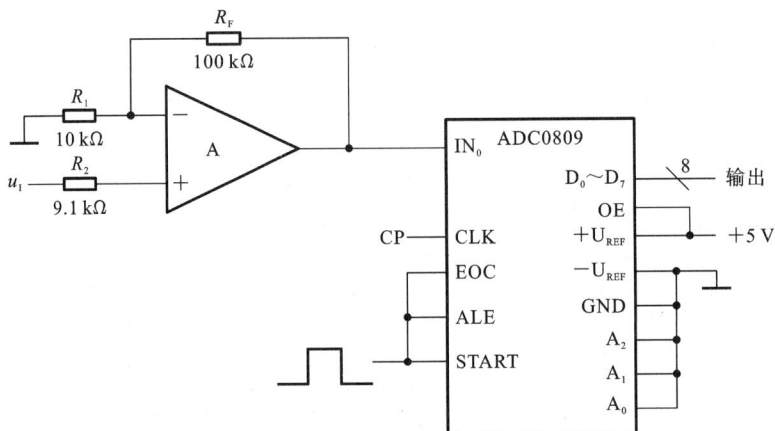

图 6.11　ADC0809 典型应用电路

理想情况下,当 $IN_0$ 端输入模拟信号为 0~5 V 时,其转换后的数字输出为 00000000~11111111。

# 任务 6.3　数字电压表的设计与调试

【任务要求】

用 A/D 转换器、锁存七段译码驱动器、发光数码管等器件,在理解数字电压表电路工作原理的基础上设计并调试该电路。

【任务目标】

➤ 掌握 $3\frac{1}{2}$ 位双积分 A/D 转换器 CC14433 的性能及引脚功能。

➤ 掌握以 CC14433 为核心构成直流数字电压表的设计与调试方法。

➤ 能排除电路中出现的故障。

➤ 进一步训练学生典型电子产品设计的工程实践能力。

## 6.3.1　电路功能介绍

1. A/D 转换器 CC14433

CC14433 是采用 CMOS 集成工艺制成的 $3\frac{1}{2}$ 位双积分型 A/D 转换器,仅需外接两个电阻器和两个电容器就可以组成具有自动调零和自动极性转换的 A/D 转换系统,广泛应用于数字电压表、数字温度计等各种低速数据采集系统中。CC14433 是 24 引脚双列直插式封装,其结构框图和引脚排列如图 6.12 所示,各引脚功能如表 6.2 所示。

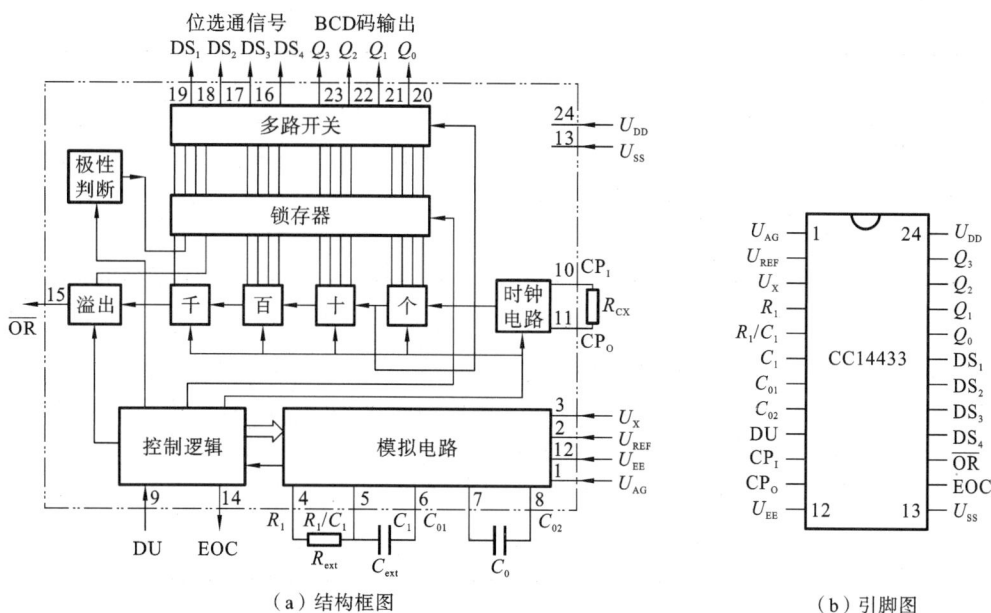

（a）结构框图    （b）引脚图

**图 6.12 双积分型 A/D 转换器 CC14433**

**表 6.2 A/D 转换器 CC14433 的引脚功能**

| 引脚号 | 符 号 | 名 称 | 主 要 功 能 |
|---|---|---|---|
| 1 | $U_{AG}$ | 模拟地 | 被测输入电压 $U_X$ 和基准电压 $U_{REF}$ 的参考地 |
| 2 | $U_{REF}$ | 基准电压 | 外接基准电压；若量程为 1.999 V，则 $U_{REF}=2$ V；若量程为 199.9 mV，则 $U_{REF}=200$ mV |
| 3 | $U_X$ | 被测电压输入 | 按量程不同，可输入的最大电压分别为 1.999 V 和 199.9 mV |
| 4 | $R_1$ | 外接积分电阻 | 当量程为 2 V 时，外接电阻 $R_{ext}$ 取 470 kΩ；当量程为 200 mV 时，外接电阻 $R_{ext}$ 取 27 kΩ |
| 5 | $R_1/C_1$ | 外接阻容公共端 | 外接积分电阻器和电容器（$R_{ext}$、$C_{ext}$）的公共连接端 |
| 6 | $C_1$ | 外接积分电容 | 外接积分电容器 $C_{ext}$，一般取 0.1 μF |
| 7、8 | $C_{01}$、$C_{02}$ | 外接补偿电容 | 补偿电容 $C_0$ 通常取 0.1 μF |
| 9 | DU | 实时输出控制 | 主要控制转换结果输出，若将该端与 14 脚（EOC）直接相连，则每一转换周期结果都将被输出 |
| 10、11 | $CP_I$、$CP_O$ | 时钟输入、输出 | 在 $CP_I$ 与 $CP_O$ 之间外接电阻 $R_{CX}=470$ kΩ，CC14433 可自行产生时钟，若外加时钟，则从 $CP_I$ 输入 |
| 12 | $U_{EE}$ | 负电源 | 模拟电路负电源，一般取 −5 V |
| 13 | $U_{SS}$ | 数字地 | 除 CP 外所有输入端的低电平基准，通常与 1 脚连接 |
| 14 | EOC | 转换结束标志 | 高电平有效；每个 A/D 转换周期结束时，EOC 输出一正脉冲，脉宽为时钟周期的 1/2 |
| 15 | $\overline{OR}$ | 过程量标志 | 低电平有效；当 $|U_X|>U_{REF}$ 时，$\overline{OR}$ 输出低电平；反之，$\overline{OR}$ 输出高电平 |

| 引脚号 | 符　号 | 名　　称 | 主 要 功 能 |
|---|---|---|---|
| 19~16 | $DS_1 \sim DS_4$ | 位选通信号 | 千位、百位、十位、个位输出位选通信号,高电平有效。4 种选通脉冲均为 18 个时钟周期宽的正脉冲,间隔时间为 2 个时钟周期 |
| 20~23 | $Q_0 \sim Q_3$ | BCD 码数据输出 | A/D 转换结果输出端,为 BCD 码,$Q_0$ 为低位,$Q_3$ 为高位 |
| 24 | $U_{DD}$ | 正电源 | 工作电压范围为 4.5~8 V 或 9~16 V |

位选通脉冲信号 $DS_1 \sim DS_4$ 由多路开关输出,在每一次 A/D 转换周期结束时,先输出一个 EOC 信号,再一次输出 $DS_1$,$DS_2$,$DS_3$,$DS_4$,$DS_1$,$DS_2$,…,大约 16400 个时钟周期循环一次,其时序关系如图 6.13 所示。在 $DS_1$ 输出正脉冲期间,$Q_3Q_2Q_1Q_0$ 输出千位及过程量、欠程量和极性标志,编码如表 6.3 所示。在 $DS_2$、$DS_3$、$DS_4$ 输出正脉冲期间,$Q_3Q_2Q_1Q_0$ 输出 BCD 码,分别为 $DS_2$ 对应输出百位数,$DS_3$ 对应输出十位数,$DS_4$ 对应输出个位数。

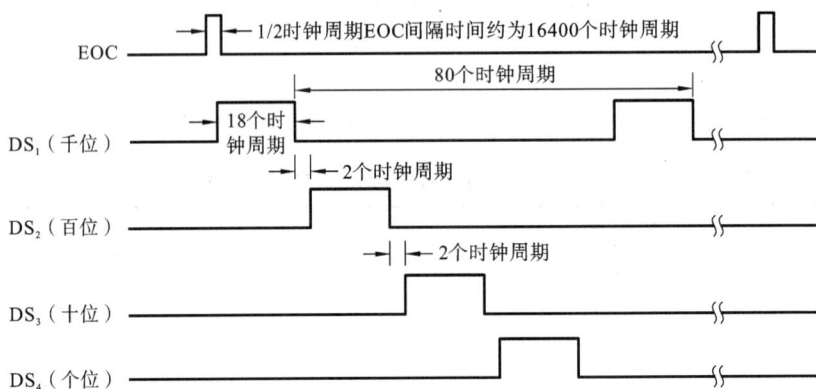

图 6.13　位选通脉冲信号 $DS_1 \sim DS_4$ 的时序图

表 6.3　$Q_3Q_2Q_1Q_0$ 输出功能编码

| $DS_1 = 1$ | | | | 意　义 | 说　　明 |
|---|---|---|---|---|---|
| $Q_3$ | $Q_2$ | $Q_1$ | $Q_0$ | | |
| 0 | × | × | × | "千"位数 1 | 用 $Q_3$ 状态表示"千"位数取值 |
| 1 | × | × | × | "千"位数 0 | |
| × | 1 | × | × | 正极性 | 用 $Q_2$ 状态表示电压极性 |
| × | 0 | × | × | 负极性 | |
| × | × | × | 0 | 量程合适 | 用 $Q_0$ 状态表示量程是否合适。在量程不合适时,结合 $Q_3$ 状态表示是过程量还是欠程量 |
| 0 | × | × | 1 | 过程量 | |
| 1 | × | × | 1 | 欠程量 | |

## 2. 电路组成

数字电压表电路主要由 A/D 转换器、七段译码显示驱动器、显示器等器件组成,电路如图 6.14 所示。

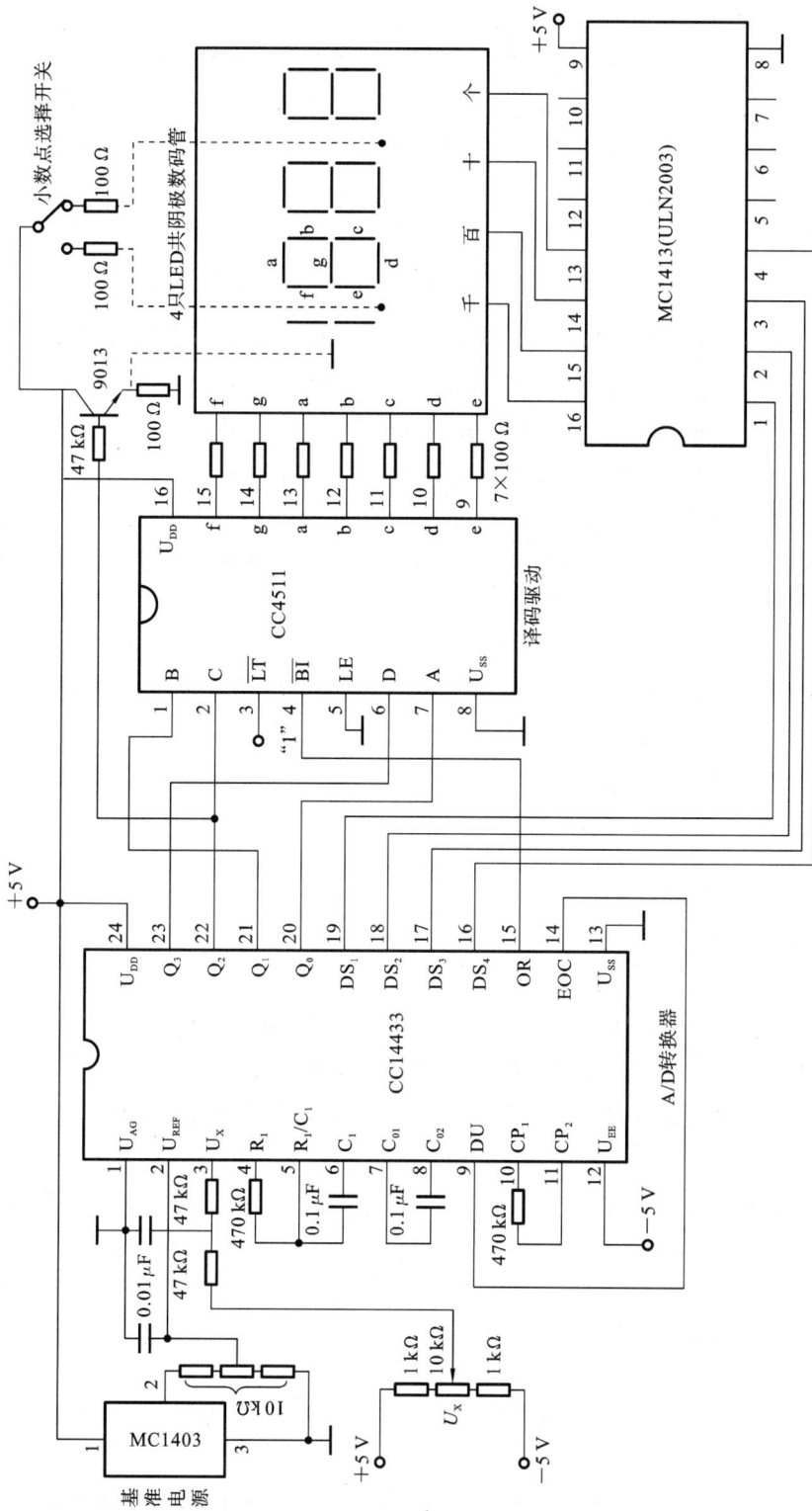

图6.14 数字电压表电路图

其中,

双极型 A/D 转换器 CC14433:将输入的模拟电压信号转换成数字信号。

精密基准电源 MC1403:提供精密电压,作为 A/D 转换器的参考电压。

七段译码-驱动器 CC4511:将二-十进制(8421BCD)码转换成驱动 LED 显示的 7 段信号。

显示器 MC1413:将译码器输出的 7 段信号进行数字显示,读出 A/D 转换结果。

MC1403、CC4511、MC1413 等芯片的相关资料请自行查阅。

3. 电路工作原理

由图 6.14 可知,被测电压 $U_X$ 经 A/D 转换后以动态扫描形式输出,数字量输出端 $Q_3Q_2Q_1Q_0$ 上的数字信号(8421BCD 码)按照时间先后顺序输出。位选通信号 $DS_1$、$DS_2$、$DS_3$、$DS_4$ 通过 MC1413 分别控制着千位、百位、十位和个位上的 4 只 LED 数码管的公共阴极。数字信号经七段译码器 CC4511 译码后,驱动 4 只 LED 数码管的各段阳极,这样就把 A/D 转换器按时间顺序输出的数据用扫描的方式在 4 只数码管上依次显示出来。由于选通的重复频率较高,工作时从高位到低位以每位每次约 300 μs 的速率循环显示,即一个 4 位数的显示周期是 1.2 ms,因此人眼就可以清晰地看到 4 位数码管同时显示 3 位半的十进制数字量。

当参考电压 $U_{REF}=2$ V 时,满量程显示为 1.999 V;当 $U_{REF}=200$ mV 时,满量程显示为 199.9 mV。可通过选择开关经限流电阻实现对千位和十位数码管的小数点显示的控制。

最高位(千位)显示时仅驱动 LED 数码管的 b、c 段,所以千位只显示 1 或不显示;用千位的 g 段来显示电压的负值(正值不显示),可由 CC14433 的 $Q_2$ 端通过晶体管 9013 来控制 g 段。

## 6.3.2 安装与调试

1. 电路安装

(1) 将检测合格的元器件按照图 6.14 所示的电路连接,并安装在实验平台或万能板上。

(2) 在插接集成电路时,先校准两排引脚,使之与集成座或底板上插孔对应,轻轻用力将芯片插上,在确定引脚和插孔吻合后,再稍用力将其插紧,以免将集成电路的引脚弯曲、折断或者接触不良。

(3) 导线应粗细适当,一般选取 0.6~0.8 mm 的单股导线,最好用不同色线以区分不同用途,如电源线用红色,接地线用黑色。

(4) 接线应有次序地进行,随意乱接容易造成漏接或接错。较好的方法是,首先接好固定电平,如电源线、地线、门电路闲置输入端、触发器异步置位复位端等,其次,按信号源的顺序从输入到输出依次接线。

(5) 连线应避免过长,避免从集成元器件上方跨越和多次的重叠交错,以利于更换元器件以及故障检查和排除。

(6) 安装过程要细心,防止导线绝缘层破损,不要让线头、螺钉、垫圈等异物落入安装电路中,以免造成短路或漏电。

（7）电路安装完后，要仔细检查电路连接，确认无误后再接入电源。

2. 电路调试

（1）用数字万用表检查 MC1403 的输出 2 脚是否为 2.5 V，然后调整 10 kΩ 电位器，使其输出电压 $U_{REF}$ 为 2.0 V，调整结束后，去掉电源线。

（2）检查自动调零功能。将 CC14433 的输入 $U_X$ 与 $U_{AG}$ 短路（或 $U_X$ 端无信号输入时），LED 数码管应显示 0000。

（3）检查超量程溢出功能。调节 $U_X$ 值，当 $U_X$ 为 2 V（或 $|U_X|>U_{REF}$），观察 LED 数码管的显示情况，此时 $\overline{OR}$ 端应为低电平。

（4）检查自动极性转换功能。改变 $U_X$ 的极性，使 $U_X=-1.000$ V，观察最高位数码管的"$-$"是否显示。

（5）调试线性度误差。调节电位器，用标准数字电压表（或数字万用表）测量输入电压 $U_X$，使 $U_X=1.000$ V。但此时 4 位 LED 数码管的指示值可能不是"1.000"，调整基准电压，使指示值与标准值的误差 $\leqslant \pm 5$LSB。

## 【思考与练习】

1. 将数字量转换成模拟量的电路称为（　　　），简称（　　　）。

2. 将模拟量转换成数字量的电路称为（　　　），简称（　　　）。

3. A/D 转换器的转换过程通过（　　　）、（　　　）、（　　　）和（　　　）四个步骤完成。

4. A/D 转换器采样过程中要满足采样定理，即采样频率（　　　）输入信号的最大频率。

5. A/D 转换器量化误差的大小与（　　　）和（　　　）有关。

6. 已知 A/D 转换器的分辨率为 8 位，其输入模拟电压范围为 0～5 V，则当输出数字量为 10000001 时，对应的输入模拟电压为（　　　）。

7. D/A 转换器的转换特性，是指其输出（　　　）（模拟量，数字量）和输入（　　　）（模拟量，数字量）之间的转换关系。

8. 已知 D/A 转换电路中，当输入数字量为 10000000 时，输出电压为 6.4 V，则当输入为 01010000 时，其输出电压为（　　　）。

9. 某 D/A 转换器的电阻网络如图 6.15 所示。若 $V_{REF}=10$ V，电阻 $R=10$ kΩ，试求输出电压 $u_o$。

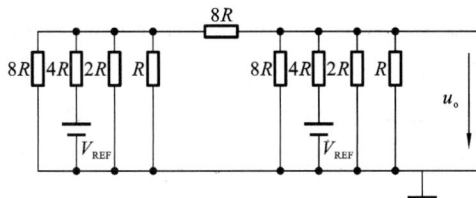

图 6.15　题 9 图

10. 八位权电阻 D/A 转换器电路如图 6.16 所示。输入 $D=D_7D_6\cdots D_0$，相应的权电阻

$R_7 = R_0/2^7, R_6 = R_0/2^6, \cdots, R_1 = R_0/2^1$，已知 $R_0 = 10 \text{ M}\Omega, R_F = 50 \text{ k}\Omega, V_{REF} = 10 \text{ V}$。

（1）求 $u_o$ 的输出范围。

（2）求输入 $D = 10010110$ 时的输出电压。

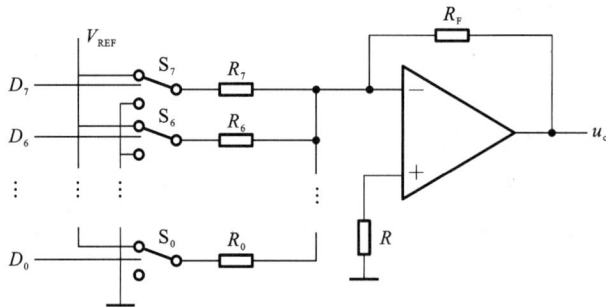

图 6.16  题 10 图

11. 10 位倒 T 型电阻网络 D/A 转换器如图 6.17 所示，当 $R = R_f$ 时：

（1）试求输出电压的取值范围；

（2）若要求电路输入数字量为 200 H 时输出电压 $u_o = 5$ V，试问 $V_{REF}$ 应取何值？

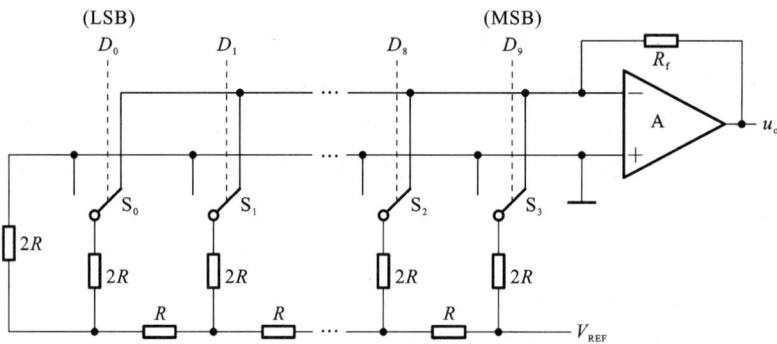

图 6.17  题 11 图

12. $n$ 位权电阻 D/A 转换器如图 6.18 所示。

（1）试推导输出电压 $u_o$ 与输入数字量的关系式；

（2）如 $n = 8, V_{REF} = -10$ V，当 $R_f = \dfrac{1}{8}R$ 时，如输入数码为 20 H，试求输出电压值。

13. 由 AD7520 组成的双极性输出 D/A 转换器如图 6.19 所示，通过查阅 AD7520 的内部电路，推导出输出电压 $u_o$ 的表达式。

14. 并联比较型 A/D 转换器电路如图 6.20 所示。$C_i$ 为比较器，当输入 $V_+ > V_-$ 时，比较器输出为 1，反之比较器输出为 0。求 $v_I$ 分别为 9 V、6.5 V、4 V、1.5 V 时，电路对应的二进制输出 $CBA$。

15. 计数型 A/D 转换器电路如图 6.21 所示。设 3 位 D/A 转换器的最大输出为 +7 V，CP 的频率 $f_{CP} = 100$ kHz，A/D 转换前触发器处于 0 状态。在图示输入波形条件下画出输出波形，并说明完成转换时计数器的状态及完成这次转换所需的时间。

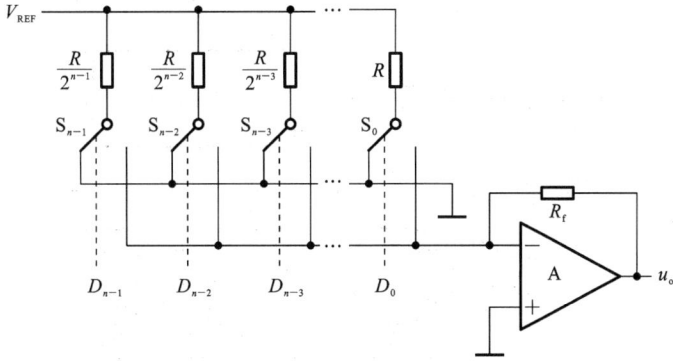

图 6.18 题 12 图

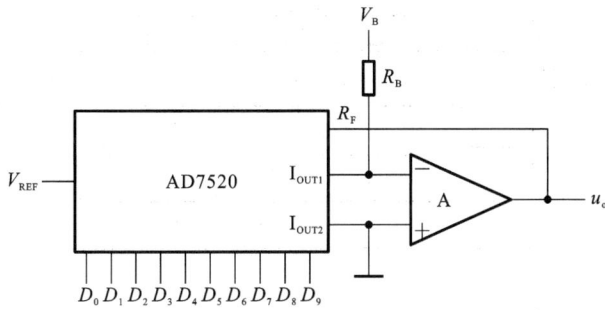

图 6.19 题 13 图

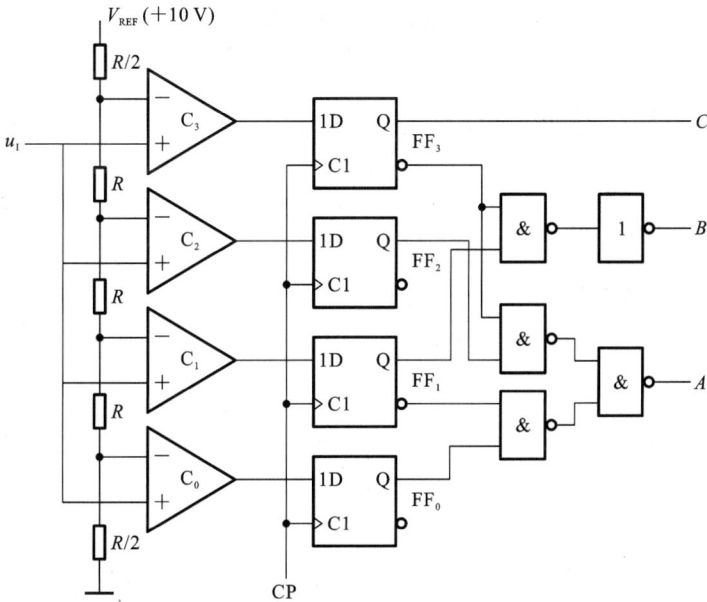

图 6.20 题 14 图

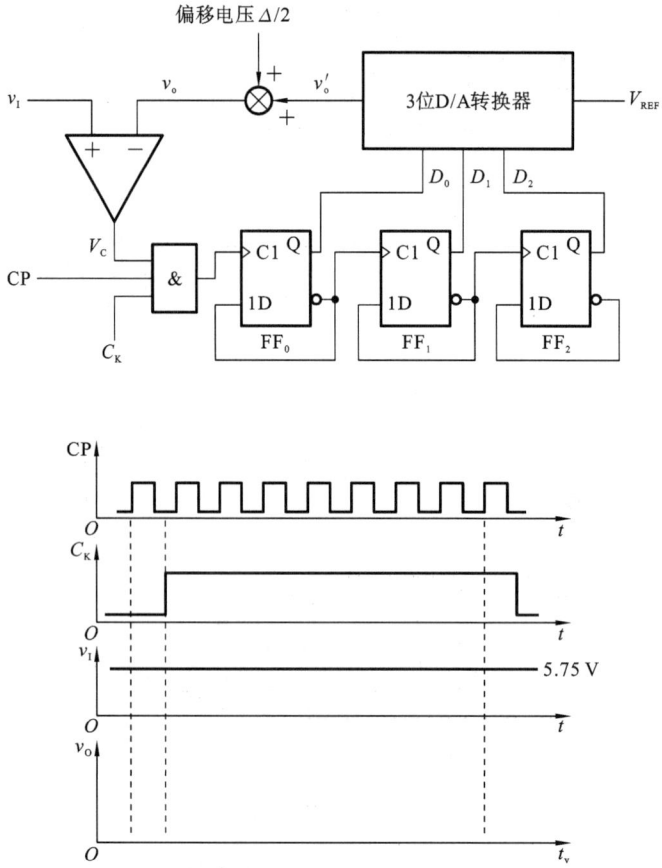

图 6.21 题 15 图

# 参 考 文 献

[1] 牛百齐,张帮凤. 数字电子技术项目教程［M］. 2 版. 北京:机械工业出版社,2017.

[2] 佘新平,蔡昌新. 数字电子技术［M］. 3 版.武汉:华中科技大学出版社,2019.

[3] 刘祝华. 数字电子技术［M］. 2 版. 北京:电子工业出版社,2020.

[4] 黎艺华. 数字电子技术项目教程［M］. 4 版. 北京:电子工业出版社,2021.

[5] 周晴,陆淑伟. 数字电子技术项目教程［M］. 北京:高等教育出版社,2018.

[6] 朱祥贤. 数字电子技术项目教程(项目式)［M］. 北京:机械工业出版社,2017.

[7] 李福军. 数字电子技术项目教程［M］. 北京:清华大学出版社;北京交通大学出版社,2015.

[8] 马艳阳,侯艳红,张生杰. 数字电子技术项目化教程［M］. 西安:西安电子科技大学出版社,2013.

[9] 郭永贞,许其清,袁梦,等. 数字电子技术［M］. 4 版.南京:东南大学出版社,2018.

[10] 韦建英,陈振云. 数字电子技术［M］. 武汉:华中科技大学出版社,2013.

[11] 王翠玉,晏永红. 电类专业基础实践教程［M］. 天津:天津大学出版社,2019.

[12] 胡晓光,徐东,刘丽. 数字电子技术基础［M］. 3 版. 北京:北京航空航天大学出版社,2021.

[13] 刘丽. 数字电子技术基础(第 3 版)学习指导与习题解答［M］. 北京:北京航空航天大学出版社,2022.

[14] 黎艺华. 数字电子技术项目教程［M］.4 版.北京:电子工业出版社,2021.

[15] 李承,徐安静. 数字电子技术［M］. 2 版. 北京:清华大学出版社,2022.

[16] 曹文,贾鹏飞,杨超. 硬件电路设计与电子工艺基础［M］. 2 版. 北京:电子工业出版社,2022.

[17] Forrest M. Mims Ⅲ. 手绘揭秘电子电路基本原理和符号［M］. 侯立刚,译. 北京:机械工业出版社,2019.

[18] Thomas Floyd.. 数字电子技术［M］.10 版.余璆,译北京:电子工业出版社,2014.

[19] 阎石. 数字电子技术基础［M］. 6 版. 北京:高等教育出版社,2016.

[20] 阎石,王红. 数字电子技术基础(第 6 版)学习辅导与习题解答［M］. 北京:高等教育出版社,2016.